Introduction to Oracle Architecture for Professional Engineers
Second Edition

プロとしての

Oracle アーキテクチャ入門

第2版

株式会社コーソル
渡部亮太 著

図解と実例解説で学ぶ、データベースの仕組み

Oracle現場主義

SB Creative

はじめに

本書は、Oracle Database（以下、Oracle）のアーキテクチャ（内部構成）について解説した入門書です。2008年の初版刊行以来、5回の増刷を重ねるなど、とても多くの方にご愛読いただきましたが、この度、最新のOracle 12cに対応した改訂版をお届けできることになりました。

Oracleは最初のリリースから30年以上経つ、長い歴史を持ったRDBMS（Relational Database Management System：リレーショナルデータベース管理システム）です。バージョンアップのたびに、アーキテクチャの改良や機能の改善・追加が行われ、今では非常に使いやすいRDBMSに進化しています。Oracleの進化を飛行機の進化に例えるならば、たくさんの計器・メーター類を常に監視しながら操縦桿（そうじゅうかん）などのたくさんの制御装置を操縦しなければならなかった昔の飛行機が、技術の進歩により、少しの計器・メーター類と制御装置で、自動運転・自動離着陸などが行える最新式の飛行機に進化したようなものといえるでしょう。最新式の飛行機がパイロットの作業負荷を格段に減らしたように、Oracleは開発者やデータベース管理者の作業負荷を格段に減らしています。

しかし、残念ながら現段階では開発時の設計作業や運用時の管理作業をまったく必要としないレベルには至っていません。依然としてハードウェアやOSの構成や制約、システムの要件などに応じて適切に設計を行う必要があり、各種障害に起因したトラブルが発生した場合や、性能が劣化してチューニングが必要となった場合は、問題の切り分けやボトルネックの抽出といった作業が必要となります。そして、これらの作業を適切に行うには、Oracleのアーキテクチャに関する理解が必要不可欠です。

本書では、設計作業や管理作業を適切に行うことができるよう、多くの図版を用いた概念的な説明と、実際にアーキテクチャを確認する方法を掲載することで、あやふやな知識ではなく、実務で活用できるアーキテクチャの理解を目指しています。Oracleを真に理解し、最適解を導けるエンジニアへスキルアップしていく道程の中で、本書がその一助になれば光栄です。

2015年4月

株式会社コーソル 渡部亮太

本書について

本書をお読みいただくにあたっての注意事項および前提事項をここに記載します。読み進める前にご一読ください。

対象読者

これからOracleデータベースを使用する初心者の方から、実際にOracleを用いたシステムの開発または管理経験があるSEおよびデータベース管理者を対象としています。ただし、コンピュータやSQL、Oracleデータベースのごく初歩的で基本的な知識を持っていることを前提としています。

なお、本書はOracle Master Bronze／Silver／Goldなどの資格試験の副読本としても活用できます。

本書対応のOracleのバージョン

本書はOracle 10g R10.1からOracle 12c R12.1までの各バージョンに対応しています。バージョンによって内容が異なる個所については、その旨を文中に明記し、できる限りすべてのバージョンについて説明しています。

サンプルコード実行時の注意点

本書では学習の助けとして、本文と関連するアーキテクチャを確認するために、具体的なサンプルコードとその実行例・実行結果を記載しています。これらのサンプルコードは特に断りがない限り、SYSDBA権限を指定したSYSユーザーでログインし、SQL文を実行することを想定しています。また、その際にOS認証が有効に機能すると仮定しています。OS認証が機能しない環境では、明示的にSYSユーザーを指定してOracleに接続してください。本書のサンプルコードを実行して、「ORA-00942: 表またはビューが存在しません。」などのエラーが発生した場合、SYSユーザーで実行しているかどうかを確認してください。

また、実行結果は一部を除きWindows版Oracleでサンプルコードを実行したものを記載しています。UNIX/Linux版Oracleをご利用の場合はパスの区切り文字を適宜読み替えてください。

なお、本書に記載されている各実行例は執筆時に作成したサンプルデータベースでの実行結果です。そのため、同じSQL文を実行した場合でも実行結果は環境により異なるので注意してください。またDML文やDDL文を含むプログラムを実行したまま例題を実行するとエラーが発生することがあります。運用中のシステムで実行する場合は、データベース管理者と十分に相談してから実行してください。

本書の書式

本書では以下の書体や記号を使用しています。

書式

本文で表記している以下の項目は、該当項目における書式や公式を表しています。そのため、実際に利用・実行する際は「<>」(ギュメ)で囲まれた部分を任意の値に置き換えてください。また「[]」(ブラケット)で囲まれた部分は省略可を意味します。

書式 書式例

```
GRANT <オブジェクト権限> ON <オブジェクト> TO <付与対象ユーザー>
[WITH GRANT OPTION];
```

また、書式内および本文中に記載されている以下の記号はそれぞれのデータベース環境ごとの固定値となります。読み進める際は環境に応じて、適宜読み替えてください。

表00-00 データベース環境ごとの値

記号	内容
<SID>	ご利用のデータベースのSID
<ORACLE_HOME>	ご利用環境のORACLE_HOMEに対応するディレクトリパス
<ORACLE_BASE>	ご利用環境のORACLE_BASEに対応するディレクトリパス

●実行例・SQL例

本文で表記している以下の項目は、該当項目における実行例・SQL例を表しています。書式と組みになっているものに関しては上部に記載されているものの実行例となります。

実行例はSQL*Plusでの実行画面をイメージして作成されています。なお、表示されるSQLや出力結果の中にある❶は本文中において解説するために追加しています。実際の実行画面には表示されません。また、行の先頭に記載している「SQL>」はSQL*Plusのコマンドプロンプトを、「C:¥」はWindowsのコマンドプロンプト（またはDOSプロンプト）を示します。

実行例 00-00 サンプル

```
SQL> connect / as sysdba
SQL> SELECT tablespace_name, username, max_bytes FROM DBA_TS_QUOTAS
  2   WHERE username = 'TEST';

TABLESPACE_NAME                USERNAME          BYTES  MAX_BYTES
------------------------------ ------------ ---------- ----------
USERS                          TEST                  0   10485760

SQL> connect test_quota/ test
接続されました。

SQL>  CREATE TABLE test1 (n varchar2(10)) STORAGE (INITIAL 10M); ──❶

表が作成されました。

SQL>  CREATE TABLE test0 (n varchar2(10)) STORAGE (INITIAL 10M);
 create table test0 (n varchar2(10)) storage (initial 10M)
*
行1でエラーが発生しました。:
ORA-01536: 表領域USERSに対する領域割当て制限を使い果たしました。
```

マニュアルのダウンロード

本書内で紹介しているマニュアルはOTN Japan（Oracle Technology Network JAPAN）のサイトから無料でダウンロードすることができます。本書で解説するOracleアーキテクチャの内容について参考となるマニュアルを以下に抜粋します。より詳しい情報が必要な場合は必要に応じて目を通しておくとよいでしょう。

なお、各マニュアルはOracleのバージョンごとに分かれているので使用しているバージョンに対応するマニュアルをダウンロードしてください。各マニュアルはOTN Japanのマニュアルページの「データベース」→〈該当バージョンを選択〉→「Download」からダウンロードできます。

- 「概要」
- 「管理者ガイド」
- 「リファレンス」
- 「SQL言語リファレンス」
- 「パフォーマンス・チューニング・ガイド」

●OTN Japan（Oracle Technology Network Japan）

URL http://www.oracle.com/technetwork/jp/index.html

●OTN Japanのマニュアルページ

URL http://www.oracle.com/technetwork/jp/indexes/documentation/index.html

CONTENTS

SECTION Ⅲ SQL処理の仕組み 211

INTRODUCTION

なぜOracleの アーキテクチャを学ぶのか

本書はOracleのアーキテクチャに関する解説書です。アーキテクチャとは、ソフトウェア内部の構造であり、機能を実現するための内部的な動作です。ではなぜ、Oracleのアーキテクチャを理解する必要があるのでしょうか。Oracleといえども単なるソフトウェアであり、機能が利用できれば良いはずです。この問いに対する回答は、人によってさまざまだと思いますが、筆者は以下のように考えています。

> **データ処理が中心の企業向けITシステムでは、RDBMSが中心的な役割を果たしており、そのアーキテクチャを知らなくては、システム全体の設計、データベースの物理設計、チューニング、トラブル発生時のトラブルシュートを適切に実施できないため**

RDBMSは現在主流のデータベースシステムであり、企業向けITシステムのほぼすべてがRDBMSを利用しているといっても過言ではないほど、広く利用されています。そして、そのような重要なRDBMSの中において、最も高いシェアを獲得しているのがOracleです。

規模の大小にかかわらず広く利用されているOracleのアーキテクチャを理解することで、設計・構築・運用などあらゆる場面で活用できる地盤ともいうべきスキルを身に付けることができます。また、RDBMS製品ごとに特徴はありますが、基本的な考え方や動作の仕組みはOracleに限らず他の製品を利用する際にも役立ちます。

RDBMS(Oracle)の重要性

通常、企業向けITシステムでは、科学技術計算のような高度な計算処理や、映像や画像などのマルチメディアデータ処理、デバイスやセンサーの制御処理を行う機能は求められません。求められるのは企業活動におけるデータの更新処理や参照処理であり、その結果を蓄積する機能です。

売上が計上されたり、商品が出荷されればデータは更新されます。日々の企業活動を管理する際には蓄積されているデータが参照されます。企業活動はデータを中心に動いているのです。つまり、あらゆるシステムの中心にRDBMSが位置付けられていることになります。

Oracleアーキテクチャの重要性

このように重要な位置付けを持つRDBMSが適切に動作しなくなったらどうなるでしょうか。血液の流れが滞った人間のように、データの流れが滞り、企業活動に影響を及ぼすでしょう。RDBMSが要求された性能を発揮しつづけることは、企業向けITシステムにとって、また、企業活動にとって非常に重要です。

では、要求された性能を発揮するシステムを構築し、そして性能を維持しながら運用を継続してゆくために、なぜOracleのアーキテクチャを理解しなくてはならないのでしょうか。それには企業向けITシステムの特性やOracleの特性が大きく関係しています。

企業向けITシステムの特性

企業向けITシステムに求められる機能や性能は、システムごとに大きく異なります。多くのITシステムが、その企業向けに一から作成される点からも明らかです。また、アプリケーションの機能だけではなく、ハードウェアやテクノロジー製品、ネットワーク構成などのシステム構成もシステムごとに作成されます。

Oracleの特性

さまざまなシステム構成や利用形態、アプリケーションに対応するために、Oracleは多様な動作環境に対応し、柔軟なシステム設計／物理設計が行えるようになっています。例えば、データベースを構成する1つ1つのファイルの配置やサイズ、初期起動プロセス数や最大プロセス数、処理に用いられるメモリ領域のサイズなどを個別に調整することができます。

柔軟な設計が可能であることは素晴らしい利点ですが、すべての設計パターンにおいて効果を確認することはできないので、あらかじめそれぞれの設計によって得られる効果について理解しておかなくてはなりません。そのためにはOracleのアーキテクチャに関する理解が必要となります。

例えば、ファイルのサイズを増やす際に、どのファイルがどのような役割を担っているかをアーキテクチャレベルで理解していなければ、適切な判断ができません。これは、プロセスやメモリについても同様です。

また、Oracleのアーキテクチャを理解しておく必要があるのは、システム導入前の設計段階だけではありません。運用初期にまったく問題のないITシステムは少ないでしょうし、導入後、運用状況や使用状況の変化によって問題が露見してくる場合もあります。このような場合、設計の見直しや、さらなるカスタマイズやチューニング、トラブルシュートが必要になります。

チューニングをするためには、最低でもアーキテクチャレベルでOracle内部の動作を理解しておかなくては、ボトルネックを解消するための手段を考え出すことはできません。また、トラブルシュートにおいても、発生したエラーから真の原因を追究することはできないでしょう。また、ハードウェアの増設や増強、ネットワークの更改などにより、動作環境が変わってくる場合もあるでしょう。

これらの作業においてアーキテクチャの知識が必要になります。アーキテクチャを理解したうえで最適解を導けるエンジニアと、その場しのぎのトラブルシュートしか実施できないエンジニアでは、提供するシステムの安定稼動に絶対的な差が生まれます。

本書の構成

本書は6部で構成されています。SECTION Ⅰ「Oracleアーキテクチャ概要」では、Oracleのアーキテクチャの全体図とOracleアーキテクチャを構成する個々の構成要素（プロセス、ファイル、メモリ）について説明します。ここで説明する内容は、SECTION Ⅱ以降の説明の基礎となる知識です。さまざまな処理を実行したとき、Oracle内部で個々の構成要素がどのように関連しあうのか、どのように連携して動作するのかを理解する必要があります。

SECTION Ⅱ「スキーマオブジェクトとデータの格納方式」では、ユーザーとスキーマの概念、テーブル、索引、ビュー、マテリアライズドビューなどのスキーマオブジェクトと、それらのデータがOracleに格納される仕組みについて説明します。ここでの内容を理解することで、SQLの処理対象であり、論理的な存在であるオブジェクトと、OS上に存在し、物理的な存在であるデータファイルとのつながりが明確になります。

SECTION Ⅲ「SQL処理の仕組み」では、参照／更新のSQL処理を実行する際のOracle内部の動作を説明します。SQL処理の実行において、SECTION Ⅰで説明した構成要素がどのように連携して動作するかを説明します。ここでの説明を理解するには、SECTION Ⅱで説明する索引やデータの格納方式に関する知識が必要となります。ここでの説明は、SQL処理におけるチューニング作業の基礎となります。

SECTION Ⅳ「トランザクション処理」では、トランザクションの概念、ACID特性について説明し、トランザクションを実現するためのOracleの仕組み、トランザクションに関するOracle特有の概念を説明します。「SQL処理の仕組み」で説明した更新処理は、Oracleではトランザクションとして実行されます。ここでは、一般的に理解が難しいとされるトランザクションについて、シーケンス図を中心とした多くの図版を用意することで、理解が容易になるように工夫しています。トランザクションはRDBMS製品ごとに動作が異なる部分が多いため、ここでの説明をもとにOracle特有の概念をしっかりと理解してください。

SECTION Ⅴ「起動・停止とリカバリの仕組み」では、起動処理、終了処理、リカバリ処理を実行する際のOracle内部の動作を説明します。ここでの説明は、主にデータベース管理者向けの内容ですが、開発環境などでOracleの運用を行わなければならない担当者にも有用です。また、リカバリはトランザクションの持続性と密接に関連しているため、この点からトランザクションに関する理解を深めることができます。

SECTION Ⅵ「Oracle Net Servicesとクライアント／サーバー」では、ネットワークを介してOracleへアクセスする場合のシステム構成であるクライアント／サーバーアーキテクチャとそれを実現するOracle Net Servicesの構成方法について説明します。Oracle Net Servicesの構成要素についての理解を深めることで、解決に時間を要しがちなネットワーク関連のトラブルの発生時でも、円滑に問題の切り分けを実施できるようになります。

SECTION Ⅰ

Oracle アーキテクチャ概要

ここでは、Oracleアーキテクチャの概要を説明します。まず、データベースとインスタンスの関係を説明します。永続的なファイルから構成されるデータベースと、プロセスやメモリなど動的な要素から構成されるインスタンスの関係を中心に説明します。次に、Oracleを構成する主要な個々の構成要素について説明します。これらの内容は本書全体で説明するOracleアーキテクチャの基礎知識となるものです。SECTIONⅡ以降でわからないことがあった場合は、本SECTIONの内容を再度読み直してください。

CHAPTER

01 データベースとインスタンス

本章では、Oracleアーキテクチャの全体像をつかんでもらうために、Oracleアーキテクチャの個々の構成要素の詳しい説明に先立ち、大きな構成要素である「Oracleソフトウェア」、「データベース」、「インスタンス」の3つを説明します。個々の構成要素については後の章で順次説明していきますので、ここではマクロ的な視点でOracleアーキテクチャを理解してください。特にインスタンスの概念を理解することは重要です。Oracleを使用するには、インスタンスを起動し、インスタンスに接続する必要があることをきちんと理解しましょう。

以下にOracleアーキテクチャの全体像を記載します。下図の色の付いた網かけ部分が、Oracleアーキテクチャ全体から見た、データベースとインスタンスに関連する構成要素です。

図01-01 Oracleアーキテクチャの全体像

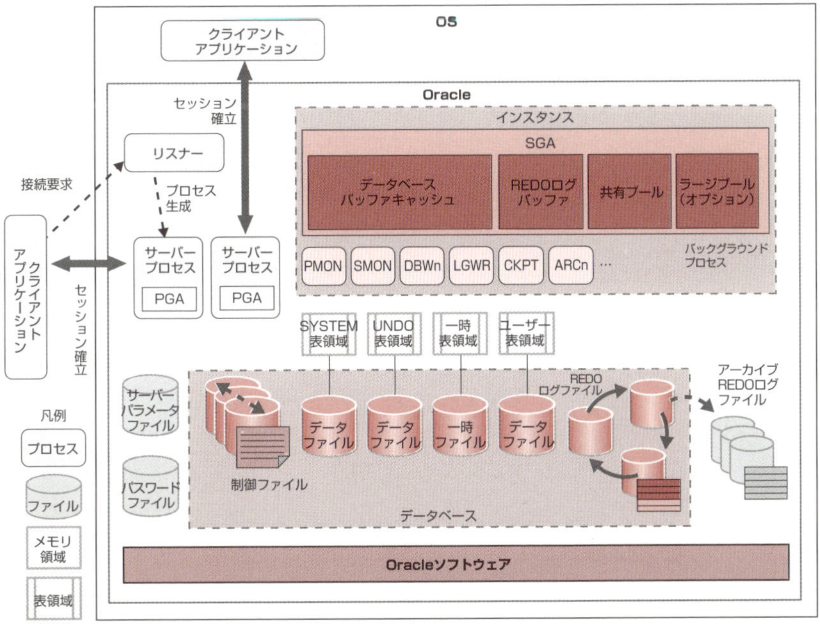

なお、本書では原則的に各章のはじめに前ページの図を示し、解説の対象を明示しています。全体の中のどこを学んでいるのか常に意識しながら読み進めると理解度が増します。

Oracleソフトウェア

Oracleを構築するには、まずOracleソフトウェアをインストールし、インストールしたOracleソフトウェアに含まれる**DBCA**（Database Configuration Assistant）を使用してデータベースとインスタンスを作成する必要があります。そのため、データベースとインスタンスについて説明する前に、Oracleの構築手順を通して、OracleソフトウェアとOracleの関係について説明します。

ORACLE_HOMEとORACLE_BASE

Oracleソフトウェアは、CD-ROMやDVD-ROMなどのインストールメディアやOTN（Oracle Technology Network）からダウンロードしたインストールファイルに含まれる**OUI**（Oracle Universal Installer）というインストーラを実行してインストールします。

OUIを実行して、インストールする際に「**ORACLE_HOME**」と「**ORACLE_BASE**」と呼ばれる2つのディレクトリを指定します。

ORACLE_HOMEはOracleソフトウェアのインストール先となるディレクトリであり、ORACLE_BASEはOracleに関連するさまざまなファイルを配置するための基点となるディレクトリです。通常、ORACLE_BASEにはORACLE_HOMEに指定したディレクトリの上位ディレクトリを設定します。

なお、OUIでは、ORACLE_HOMEは「ORACLEホーム」や「ソフトウエアの場所」と表記され、ORACLE_BASEは「ORACLEベース」と表記されます。

図01-02 ORACLE_HOMEとORACLE_BASEの指定

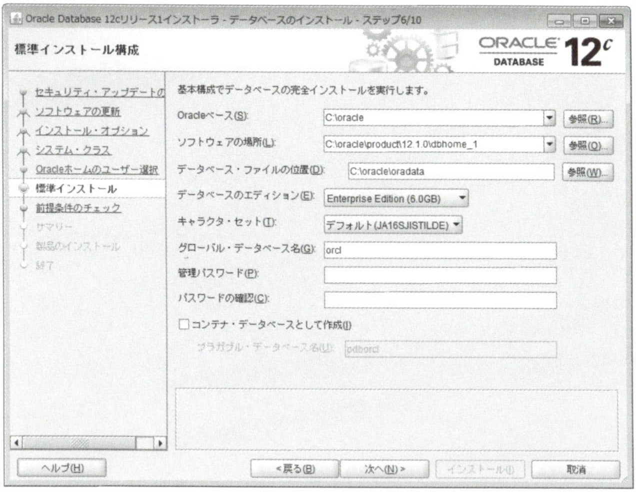

ORACLE_HOME以下には多数のディレクトリやファイルがインストールされます。特に重要なディレクトリを下表にまとめます。

表01-01 ORACLE _HOME以下にある重要なディレクトリ

ディレクトリ名	用途
database	Windows版Oracleのサーバーパラメータファイルやパスワードファイルが配置される※
dbs	UNIX/Linux版Oracleのサーバーパラメータファイルやパスワードファイルが配置される
network¥admin	ネットワーク接続関連の設定ファイルが格納される※※
bin	SQL*PlusなどのOracle関連のプログラムが配置される。Oracleの運用管理において有用なプログラムが配置されているので、シェルやコマンドプロンプトからプログラムを実行できるように、このディレクトリに対して環境変数PATHを設定することが望ましい
sqlplus	SQL*Plus関連のファイルが配置される
rdbms¥admin	Oracle関連のSQLファイルが配置される
inventory	インストールされたツールに関する情報や、ORACLE_HOMEに関する情報が格納される

※ サーバーパラメータファイルについては**CHAPTER 05「サーバーパラメータファイルと制御ファイル」**で、パスワードファイルについては**CHAPTER 06「その他の構成要素」**で詳しく説明します。

※※ 本ディレクトリに格納されるファイルについては**CHAPTER 20「基本的な接続形態とNet Servicesの構成」**で詳しく説明します。

DBCAとSID

インストールされたOracleソフトウェアには**DBCA**（Database Configuration Assistant）と呼ばれるデータベース作成用のツールが含まれます。このツールを使用してデータベースを作成します。作成時に「**グローバル・データベース名**」と「**SID**」を指定します。

図01-03 グローバル・データベース名とSIDの指定

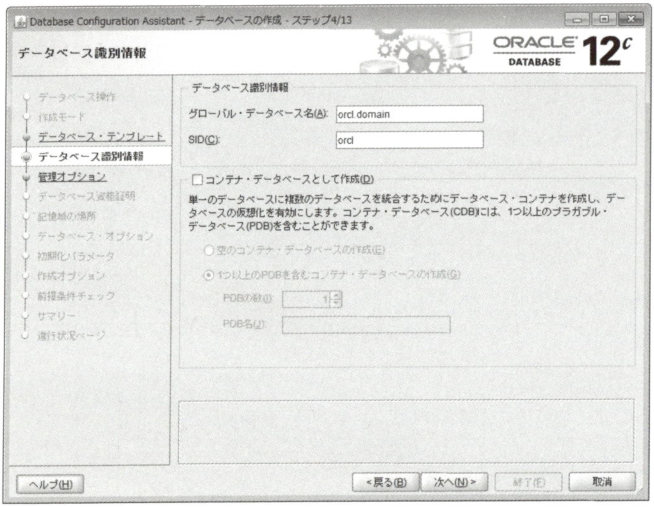

グローバル・データベース名は、ネットワークにおいてデータベースを特定するための名称です。「**DB_NAME**」（データベース名）と「**DB_DOMAIN**」（データベースドメイン）から構成され、以下の書式で設定します。DB_DOMAINの指定がない場合はデータベース名と同じ値になります。

```
<DB_NAME>.<DB_DOMAIN>
```

グローバル・データベース名は、ネットワーク内に、同じDB_NAMEを持つ複数のデータベースが存在する場合に有用です。DB_DOMAINに別の値を設定することで、同じDB_NAMEを持つデータベースを識別することができます。

SID（System Identifier：Oracleシステム識別子）はインスタンスの識別子です。通常、SIDには対応するデータベースのDB_NAME（データベース名）と同じ値を設定します。同一のマシン上に複数のインスタンスを動作させる場合は、インスタンスごとに異なるSIDを指定する必要があります。

データベースとインスタンス

データベースはデータファイルや制御ファイルなどのデータを格納するファイル群から構成され、インスタンスはSGA（System Global Area：システムグローバル領域）と呼ばれるメモリ領域とバックグラウンドプロセスと呼ばれるプロセス群から構成されます。通常のOracleの構成ではデータベースとインスタンスは下図のように1対1で対応します（シングル構成※）。

※ RAC（Real Application Cluster）と呼ばれるクラスタ構成の場合は、1つのデータベースに対して複数のインスタンスが対応します（P.23）。

図01-04 データベースとインスタンス

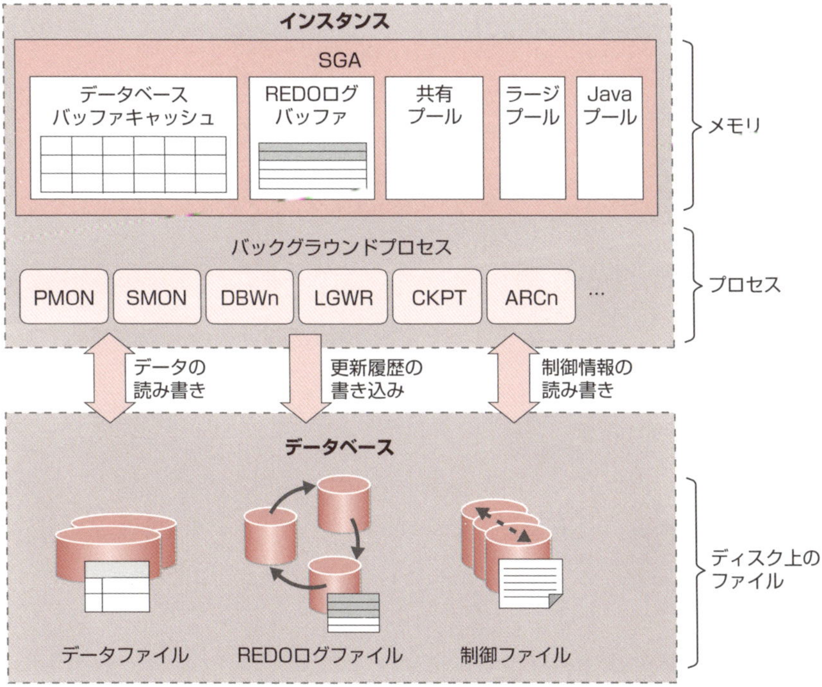

なお、本書では単に“データベース”と記載した場合は「制御ファイル」、「データファイル」、「REDOログファイル」から構成される図01-04に示すデータベースを指し、“Oracle”と記載した場合は「データベース」、「インスタンス」などから構成されるOracleデータベース全体を指します。

データベース

データベースは、1つ以上のデータファイルと、2つ以上のREDOログファイル、1つ以上の制御ファイルで構成されます。

図01-05 データベースの構成要素

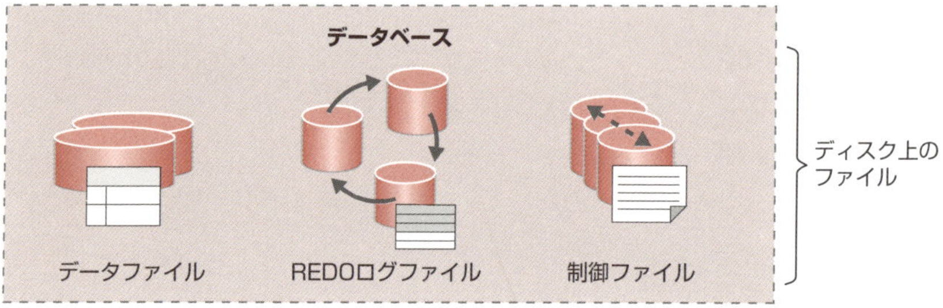

下表に、ファイル種別ごとのファイルに格納されるデータやファイルサイズをまとめます。

表01-02 データベースを構成するファイル

ファイルの種別	格納されるデータ	ファイルサイズ
データファイル	・テーブル ・索引 ・UNDOデータ ・一時データ ・システムの管理データ	数MB～数TB。格納するデータのサイズに応じてファイルサイズは大きく異なる
REDOログファイル	・更新履歴	通常数MB～数十MB程度。データの更新量が多い場合はファイルサイズが大きくなる
制御ファイル	・制御情報	数百KB～数MB

Oracleでは、これら3種類のファイルに分けてデータベースを構成することで、高いパフォーマンスと管理性を実現しています。なお、これらはすべ

てOSのファイルシステム上に存在するファイルです。そのため、UNIXであればlsコマンドで、Windowsであればエクスプローラなどで実体を確認することができます。

●データファイル

データファイルには、ユーザーが作成したテーブルや索引などのデータが格納されます。データベースの役割はデータを保持することなので、データファイルはデータベースの主役といえるでしょう。データベースに格納するデータが多くなればなるほど、データファイルも大きくなります。また、テーブルや索引の他にも「UNDOデータ」と呼ばれる過去のデータや、一時的な作業に使われる「一時データ」、システムの管理データも格納されます※。

※ データファイルについては**CHAPTER 03「データファイルと関連する構成要素」**で詳しく説明します。

●REDOログファイル

REDOログファイルには、データベースの更新履歴が逐次書き込まれます。Oracleは複数のREDOログファイルをローテーションして更新履歴を書き込むので、1つのデータベースに対して最低でも2つのREDOログファイルが必要です。例えば、REDOログファイルが2つある場合、1つのREDOログファイルの空き領域がなくなったら、もう1つのREDOログファイルに更新履歴を書き込みます。そしてこのREDOログファイルの空き領域がなくなったら、元のREDOログファイルに戻って、更新履歴を書き込みます。その際、以前に書き込まれた更新履歴は上書きされます※。

※ REDOログファイルについては**CHAPTER 04「REDOログファイルとREDOデータ」**で詳しく説明します。

●制御ファイル

制御ファイルには、データファイルやREDOログファイルの格納場所（パス）や、各ファイルの最終更新時刻などの制御情報が保存されます。制御ファイルのファイルサイズはさほど大きくなく、システム環境ごとに多少異なりますが、数百KB～数MB程度となります。なお、制御ファイルは1つだけでも問題なく稼動しますが、重要な制御情報が格納されるため、多重化することが推奨されています。

※ 制御ファイルについては**CHAPTER 05「サーバーパラメータファイルと制御ファイル」**で詳しく説明します。

インスタンス

インスタンスが起動していなければ、Oracleを利用することはできません。
インスタンスはSGA（System Global Area：システムグローバル領域）と呼ばれるメモリ領域と、バックグラウンドプロセスから構成されます。下図ではインスタンスに含まれる各プロセスやメモリ領域も記載していますが、まずは大きなくくりであるSGAとバックグラウンドプロセスの役割について説明します。なお、インスタンスはプロセスとメモリ領域から構成されるため、停止している場合は存在しません。

図01-06 インスタンスの構成要素

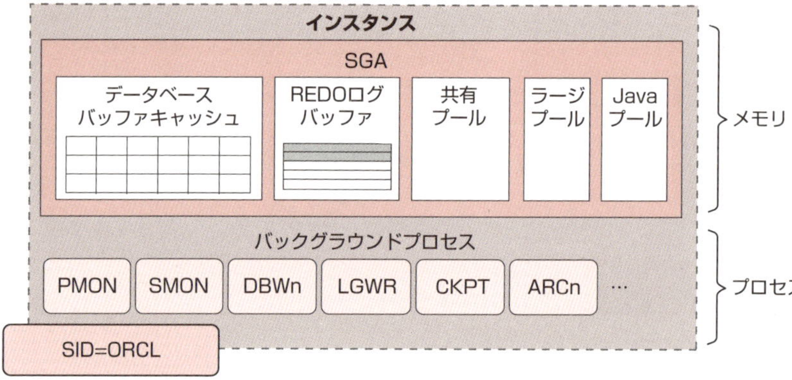

SGA

SGAはデータベースバッファキャッシュや、REDOログバッファ、共有プール、ラージプール、Javaプールなどから構成される、プロセス間で共有されるメモリ領域です。インスタンスを起動すると、Oracleは「**初期化パラメータ**」と呼ばれる設定値に設定されたサイズでSGAを確保します※。

※ SGAについては**CHAPTER 06「Oracleのメモリ管理」**で詳しく説明します。

バックグラウンドプロセス

バックグラウンドプロセスはインスタンスの起動にあわせて起動する一組のプロセス群です。これらのプロセスはユーザーの要求に応じた処理を実行するのではなく、プロセスの監視やファイルへのデータ書き出しといった裏方的な処理を実行します。

SIDと環境変数ORACLE_SID

SQL*PlusなどのクライアントアプリケーションがOracleを使用する場合は、まずインスタンスに接続する必要があります。インスタンスは「SID」と呼ばれる識別子で識別されるので、**環境変数ORACLE_SID**にインスタンスのSIDを設定して、接続するインスタンスを指定します(ローカル接続の場合※)。例えば、同一のマシン上にデータベース名「ORCL」と「PROD」の2つのデータベースが存在する場合、このマシンにはインスタンス名「ORCL」と「PROD」の2つのインスタンスが存在することになります。

※ ローカル接続は、クライアントアプリケーションをOracleと同一のマシン内で実行した場合に使用できる接続方式です(P.346)。

図01-07 ORACLE_SIDによるインスタンスの識別

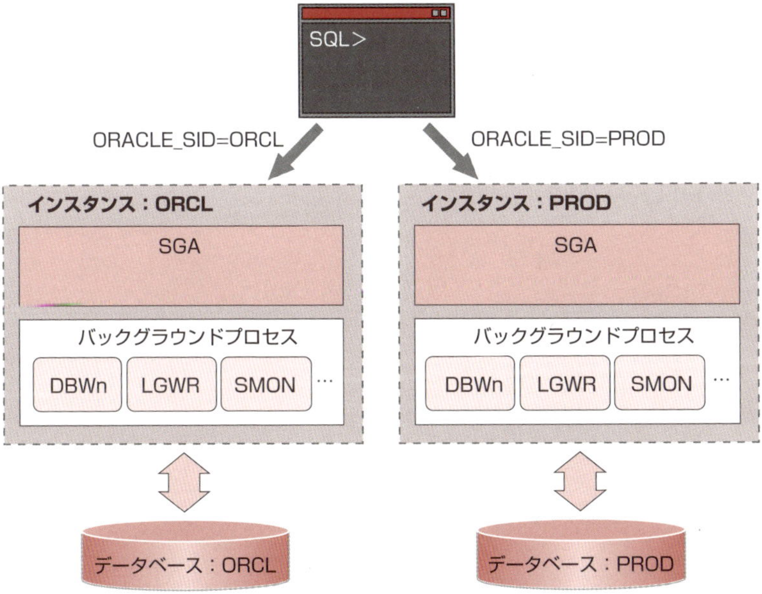

上図の場合、SQL*PlusからインスタンスORCLに接続するには、環境変数ORACLE_SIDに「ORCL」を指定し、インスタンスPRODに接続するには、環境変数ORACLE_SIDに「PROD」を指定します。

データベースの確認

データベースを構成するファイル群はOSのファイルシステム上に存在するので、実際にエクスプローラを用いてファイルを確認してみましょう。

DBCAを使用して、デフォルトの設定でデータベースを作成した場合、データベースを構成するファイルは「<ORACLE_BASE>¥oradata¥<SID>¥」に配置されます※。

※バージョンによっては、制御ファイルのコピーが高速カバリ領域と呼ばれる場所に配置される場合があります。

図01-08 データベースを構成するファイル（エクスプローラでの表示）

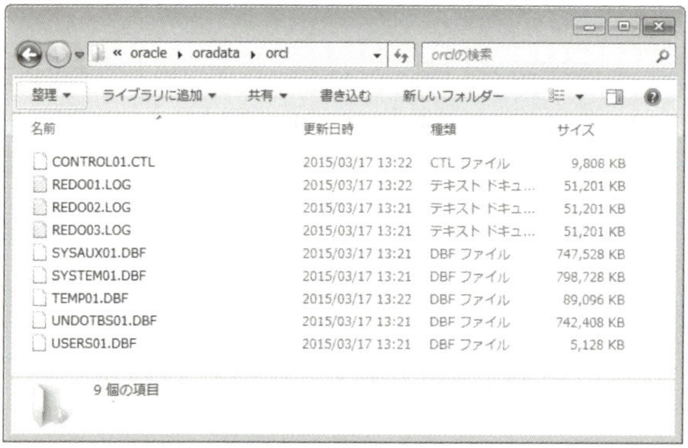

表01-03 データベースを構成するファイルの例

分類	ファイル名
制御ファイル	CONTROL01.CTL
	CONTROL02.CTL※※
	CONTROL03.CTL※※※
REDOログファイル	REDO01.LOG
	REDO02.LOG
	REDO03.LOG
データファイル	SYSTEM01.DBF
	SYSAUX01.DBF
	UNDOTBS01.DBF
	TEMP01.DBF
	USERS01.DBF

※※バージョンによっては、高速カバリ領域と呼ばれる場所に配置される場合があります。
※※※バージョンによっては、作成されない場合があります。

インスタンスの起動と停止

次に、インスタンスを起動して、バックグラウンドプロセスが起動する様子を確認してみましょう。また、同様にインスタンスを停止して、バックグラウンドプロセスが停止する様子も確認します。

インスタンスの起動

インスタンスを起動するには、SYSユーザーでSYSDBA権限を指定して接続し、STARTUPコマンドを実行します。

書式 SYSユーザーでSYSDBA権限を指定して接続(SQL*Plus)

```
connect / as sysdba
```

書式 インスタンスの起動(SQL*Plus)

```
STARTUP
```

以下に、UNIX/Linux環境で、SQL*Plusからインスタンスを起動した場合の実行例を示します。まずOracleに接続し、続いてインスタンスを起動します。なお、Windows環境では、バックグラウンドプロセスがスレッドとして実装されているためpsコマンドを用いてバックグラウンドプロセスを確認することはできません。

実行例 01-01 SQL*Plusからインスタンスへ接続

```
$ export ORACLE_SID=ORCL ―――― ❶
$ sqlplus /nolog ―――― ❷

SQL*Plus: Release 12.1.0.2.0 Production on 土 3月 14 20:57:05 2015

Copyright (c) 1982, 2014, Oracle.  All rights reserved.

SQL> connect / as sysdba ―――― ❸
アイドル・インスタンスに接続しました。
SQL> host ps -ef |grep ora_ |grep -v grep  ┐
                                           ├―― ❹
SQL>                                       ┘
```

まず、接続先のインスタンスのSIDを環境変数ORACLE_SIDに指定しています（❶）。SQL*Plusを起動し（❷）、SYSDBA権限でデータベースに接続しています（❸）。SYSDBA権限で接続すると、接続ユーザーは自動的にSYSとなります。「アイドル・インスタンスに接続しました」というメッセージは、接続先のインスタンスがまだ起動していないことを示しています。

起動していないことを確認するためにhostコマンドを用いて、psコマンドを起動し、grepコマンドを使ってコマンド名に「ora_」が含まれるプロセスを確認していますが、該当するプロセスはありません（❹）。

書式 OSコマンドの実行 (SQL*Plus)

```
host <OSコマンド>
```

UNIX/Linux環境では、バックグラウンドプロセスのプロセス名に「ora_」が含まれているため、バックグラウンドプロセスが起動している場合、バックグラウンドプロセスが表示されるはずです（「grep -v grep」は、grepコマンド自身の出力を取り除くためのコマンドです）。

図01-09 インスタンスが起動していない状態

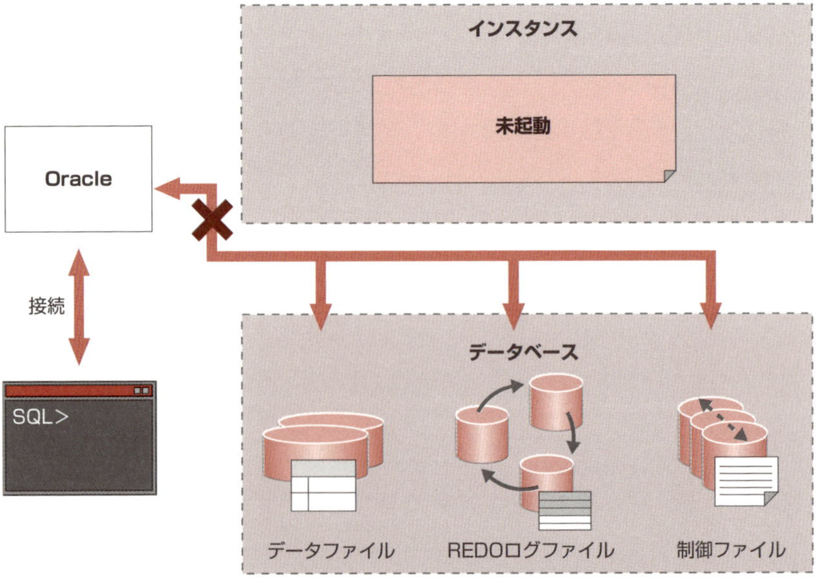

このコマンドの実行結果に何も表示されないことから、バックグラウンドプロセスが起動していないことがわかります。このときのOracleは前図のようにインスタンスが起動していないため、SQL*Plusからデータベースにアクセスすることはできません。

インスタンスが起動していない状態では、SQLを実行してもデータベースにアクセスできないので、以下のようなエラーが発生します。

実行例 01-02 SQLを実行してもエラーになる

```
SQL> SELECT * FROM DUAL;
SELECT * FROM DUAL
*
行1でエラーが発生しました。:
ORA-01034: ORACLE not available
```

実行例01-01では、SQL*Plusを用いてOracleに接続しただけです。データベースからデータを取得するにはインスタンスを起動する必要があります。インスタンスを起動するには、Oracleに接続してSTARTUPマンドを実行します。

実行例 01-03 インスタンスの起動

```
SQL> STARTUP                                              ❶
ORACLEインスタンスが起動しました。

Total System Global Area  419430400 bytes               ❷
Fixed Size                  2925120 bytes
Variable Size             264244672 bytes
Database Buffers          146800640 bytes
Redo Buffers                5459968 bytes
データベースがマウントされました。
データベースがオープンされました。                        ❸

SQL> host ps -ef |grep ora_ |grep -v grep
oracle    1728     1  0 21:00 ?        00:00:00 ora_pmon_orcl
oracle    1730     1  0 21:00 ?        00:00:00 ora_psp0_orcl
oracle    1732     1  2 21:00 ?        00:00:00 ora_vktm_orcl
oracle    1736     1  0 21:00 ?        00:00:00 ora_gen0_orcl
oracle    1738     1  0 21:00 ?        00:00:00 ora_mman_orcl
```

```
oracle     1742     1  0 21:00 ?         00:00:00 ora_diag_orcl
oracle     1744     1  0 21:00 ?         00:00:00 ora_dbrm_orcl
oracle     1746     1  0 21:00 ?         00:00:00 ora_vkrm_orcl
oracle     1748     1  0 21:00 ?         00:00:00 ora_dia0_orcl
oracle     1750     1  0 21:00 ?         00:00:00 ora_dbw0_orcl
oracle     1752     1  0 21:00 ?         00:00:00 ora_lgwr_orcl
oracle     1754     1  0 21:00 ?         00:00:00 ora_ckpt_orcl
oracle     1756     1  0 21:00 ?         00:00:00 ora_smon_orcl
oracle     1758     1  0 21:00 ?         00:00:00 ora_reco_orcl
oracle     1760     1  0 21:00 ?         00:00:00 ora_lreg_orcl
(省略)
```
❹

STARTUPコマンドを用いてインスタンスを起動します(❶)。「Total System Global Area」の出力(❷)から、400MB(419,430,400バイト)のSGAが確保されたことや、❸のメッセージから、データベースを構成するデータファイル、REDOログファイル、制御ファイルが正常にオープンできたことがわかります。また、psコマンドの実行結果から、バックグラウンドプロセスが起動したことがわかります(❹)。

これではじめてインスタンスからデータベースにアクセスが可能な状態になります。インスタンスが起動し、データベースがオープンされた状態でSQLを実行すると、以下のように、正常に処理を実行することができます。

実行例 01-04 インスタンスが起動した状態でSQLを実行した場合

```
SQL> SELECT * FROM DUAL;


D
-
X
```

繰り返しになりますが、Oracleを利用するにはあらかじめインスタンスを起動しておく必要があります。インスタンスが起動している状態(図01-04)と起動していない状態(図01-09)をイメージできるようになりましょう。

SHOW SGA出力 COLUMN

SGAの情報はSQL*PlusのSHOW SGAコマンドで確認することができます。SHOW SGAコマンドで出力される項目を下表にまとめます。なお、SGAを構成するそれぞれの領域についてはCHAPTER 06「Oracleのメモリ管理」で説明します。

表01-04 SHOW SGAコマンドの表示項目

表示項目	説明
Total System Global Area	SGA全体のサイズ
Fixed Size	SGAの管理情報が格納される固定領域のサイズ
Variable Size	共有プール、ラージプール、Javaプール、Streamsプールの合計サイズ
Database Buffers	データベースバッファキャッシュのサイズ
Redo Buffers	REDOログバッファのサイズ

インスタンスの停止

インスタンスを停止します。インスタンスを即時停止※するには、SYSユーザーでSYSDBA権限を指定して接続し、SHUTDOWN IMMEDIATEコマンドを実行します。

※ 即時停止以外のインスタンス停止方法についてはCHAPTER 18「インスタンスの起動と停止」で詳しく説明します。

書式 インスタンスの即時停止

```
SHUTDOWN IMMEDIATE
```

以下にSQL*Plusからインスタンスを停止した場合の実行例を示します。なお、psコマンドを使用してプロセスを確認するため、UNIX/Linux環境で実行しています。

実行例 01-05 インスタンスの即時停止

```
SQL> host ps -ef |grep ora_ |grep -v grep
oracle    2001     1  0 21:02 ?        00:00:00 ora_pmon_orcl
oracle    2003     1  0 21:02 ?        00:00:00 ora_psp0_orcl
oracle    2005     1  1 21:02 ?        00:00:01 ora_vktm_orcl
oracle    2009     1  0 21:02 ?        00:00:00 ora_gen0_orcl
```

```
oracle    2011     1  0 21:02 ?        00:00:00 ora_mman_orcl
oracle    2015     1  0 21:02 ?        00:00:00 ora_diag_orcl
oracle    2017     1  0 21:02 ?        00:00:00 ora_dbrm_orcl   ❶
oracle    2019     1  0 21:02 ?        00:00:00 ora_vkrm_orcl
oracle    2021     1  0 21:02 ?        00:00:00 ora_dia0_orcl
oracle    2023     1  0 21:02 ?        00:00:00 ora_dbw0_orcl
oracle    2025     1  0 21:02 ?        00:00:00 ora_lgwr_orcl
oracle    2027     1  0 21:02 ?        00:00:00 ora_ckpt_orcl
oracle    2029     1  0 21:02 ?        00:00:00 ora_smon_orcl
oracle    2031     1  0 21:02 ?        00:00:00 ora_reco_orcl
oracle    2033     1  0 21:02 ?        00:00:00 ora_lreg_orcl
(省略)

SQL> SHOW SGA

Total System Global Area  419430400 bytes
Fixed Size                  2925120 bytes   ❷
Variable Size             281021888 bytes
Database Buffers          130023424 bytes
Redo Buffers                5459968 bytes

SQL> SHUTDOWN IMMEDIATE   ❸
データベースがクローズされました。
データベースがディスマウントされました。
ORACLEインスタンスがシャットダウンされました。   ❹

SQL> host ps -ef |grep ora_ |grep -v grep

SQL> SHOW SGA
ORA-01034: ORACLE not available   ❺
プロセスID: 0
セッションID: 0、シリアル番号: 0

SQL>
```

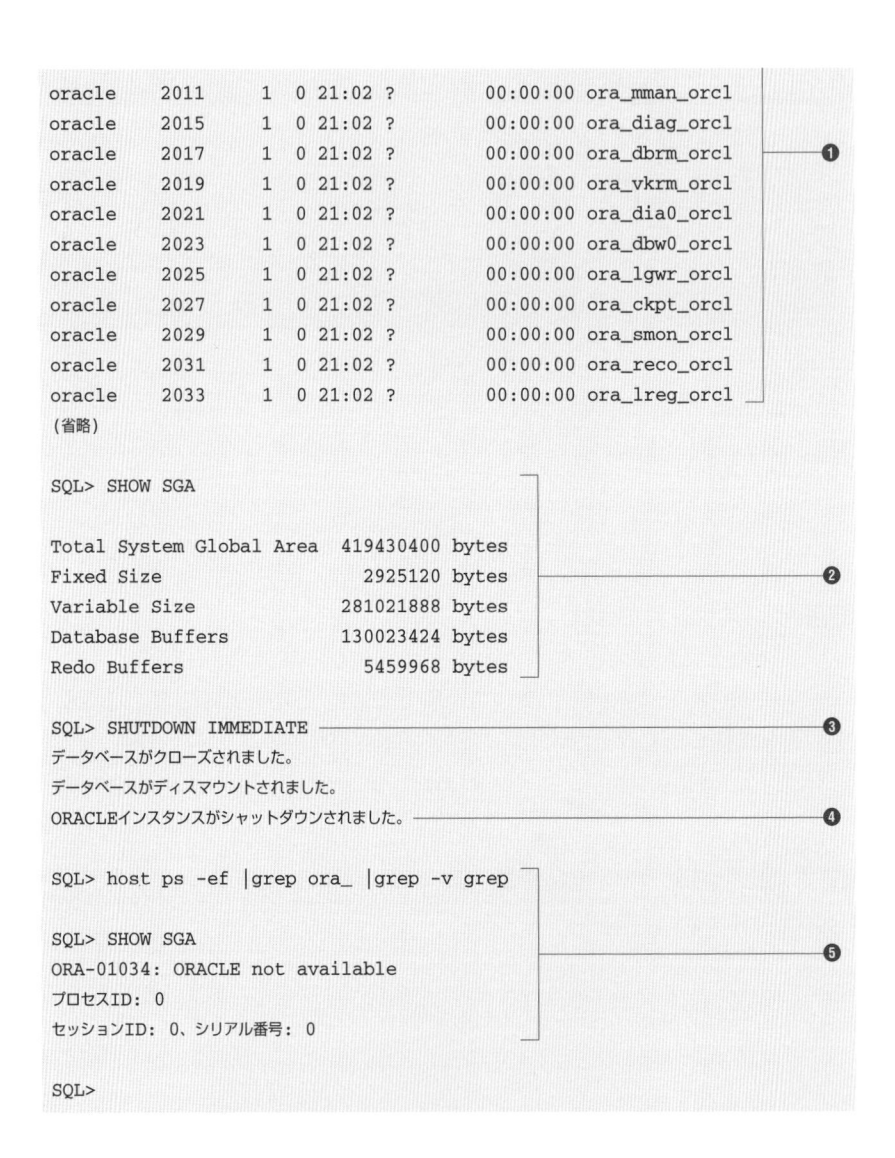

psコマンドの実行結果からバックグラウンドプロセスが起動していることがわかります（❶）。また、SHOW SGAコマンドの実行結果からSGAが確保されていることもわかります（❷）。SHUTDOWN IMMEDIATEコマンドを用いてインスタンスを停止します（❸）。出力されたメッセージから、インスタンスが正常に停止したことがわかります（❹）。また、psコマンドの実行結

果からバックグラウンドプロセスが起動していないこと、SHOW SGAコマンドの実行結果からインスタンスを利用できないことがわかります（❺）。

RAC（Real Application Clusters） COLUMN

Oracleでは、本書で説明するシングル構成以外に、データベースの可用性と拡張性を高めることを目的としたRAC（Real Application Clusters）と呼ばれるクラスタ構成をとることができます。

RACでは、複数のサーバーマシンにそれぞれインスタンスを稼動させ、複数のインスタンスから共有ディスク装置に配置されたデータベースを共有します。それぞれのインスタンスが別々のサーバーマシンで動作するため、特定のサーバーマシンやインスタンスに障害があった場合でも、RAC全体ではサービスを継続して提供できるため、可用性を向上することができます。

また、トランザクションが増加してサーバーの処理負荷が高くなった場合でも、サーバーマシンとインスタンスの追加により、RAC全体の処理パフォーマンスを向上することができます。シングル構成では、インスタンスとデータベースが1対1の関係ですが、RACではインスタンスとデータベースが多対1の関係となります。

図01-10 RAC（Real Application Clusters）

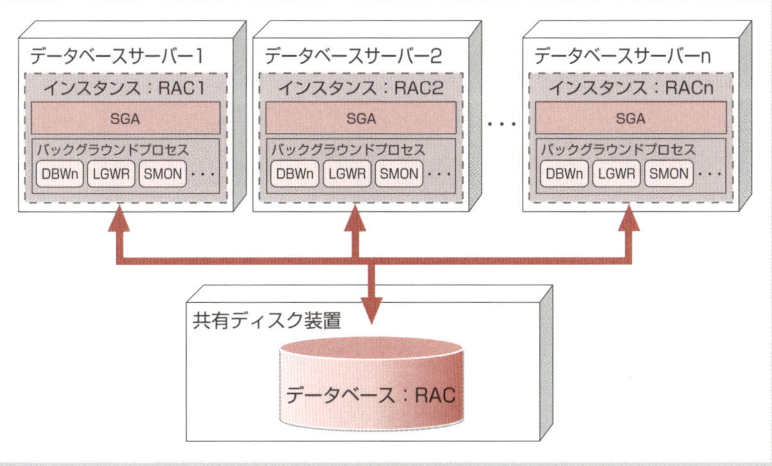

マルチテナントアーキテクチャ

Oracle 12cでは新たに「**マルチテナントアーキテクチャ**」と呼ばれる新しいアーキテクチャが導入されました。

マルチテナントアーキテクチャとは、**CDB**（コンテナデータベース）と呼ばれる統合用のデータベースに、複数のデータベースを含めることができる、データベース統合のための仕組みです。CDBに統合できるデータベースのことを**PDB**（プラガブルデータベース）と呼びます。CDBに統合した複数のPDBは、CDBに対応する**1つのインスタンス**によって管理されます。

下図は、マルチテナントアーキテクチャを用いて3つのPDB（PDB#1, 2, 3）をCDBに統合した際の概念図です。

図01-11 マルチテナントアーキテクチャ

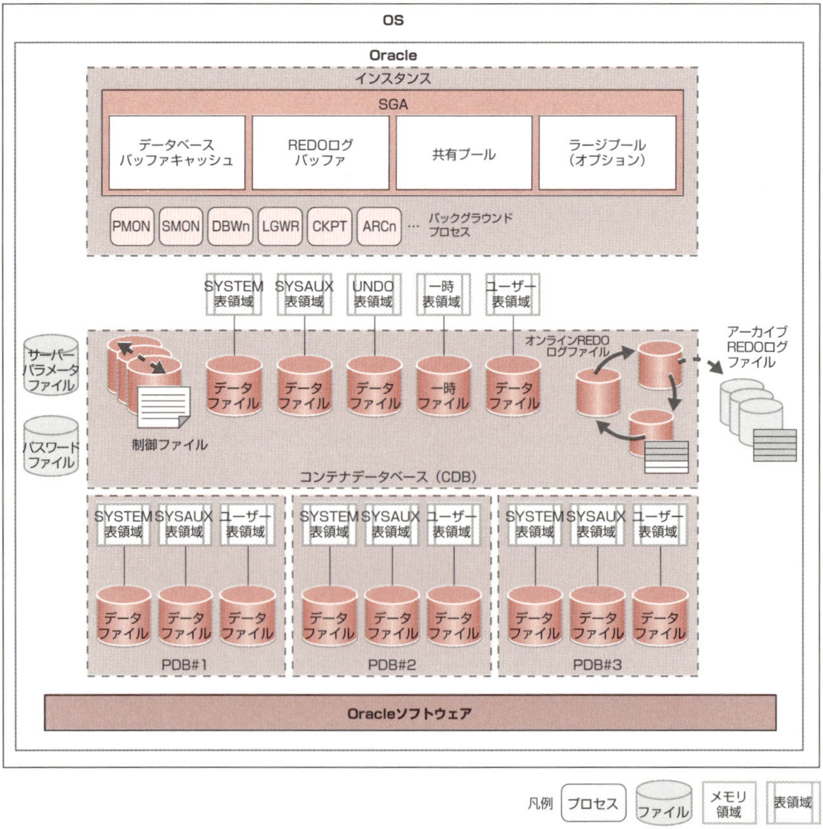

前図のように、マルチテナントアーキテクチャを用いて複数のデータベースを1つのデータベースに統合すると、動作に必要なOSリソースを節約できます。また、データベース管理者が各データベースに対して実行する管理作業の負荷を軽減できるという利点もあります。

なお、従来からあるデータベースをCDBに統合する場合は、PDBに変換する必要があります。現時点ではマルチテナントアーキテクチャが使用されるケースは少ないのですが、将来的には従来からあるデータベースが廃止され、マルチテナントアーキテクチャに一元化されることがOracle社よりアナウンスされているため、徐々にではありますがマルチテナントアーキテクチャへの移行が進んでゆくはずです。

本章のまとめ

●Oracleの構築

・Oracleを利用するには、Oracleソフトウェアをインストールし、データベースとインスタンスを構築する必要がある
・Oracleソフトウェアをインストールしたディレクトリを「ORACLE_HOME」と呼ぶ
・データベースはOracleソフトウェアに含まれるDBCAを実行して構築する

●データベースとインスタンス

・Oracleはデータベースとインスタンスから構成される
・データベースはデータファイル、REDOログファイル、制御ファイルから構成される
・データベースはグローバル・データベース名で識別される
・インスタンスはSGAとバックグラウンドプロセスから構成される
・インスタンスはSIDで識別される
・環境変数ORACLE_SIDにインスタンスのSIDを設定し、接続対象のインスタンスを指定する

●インスタンスの起動と停止

・インスタンスはSQL*PlusのSTARTUPコマンドで起動できる
・インスタンスが起動していないと、Oracleを利用することはできない
・インスタンスが起動すると、SGAが確保され、バックグラウンドプロセスが起動する
・インスタンスはSHUTDOWN IMMEDIATEコマンドで即時停止できる
・インスタンスが停止すると、SGAが解放され、バックグラウンドプロセスが停止する

CHAPTER 02

クライアントアプリケーションとサーバープロセス

CHAPTER 01では、Oracleの構成要素として「インスタンス」と「データベース」があることを説明しました。ここでは、インスタンスとデータベースの各構成要素について詳しく説明する前に、まず、クライアントアプリケーションとサーバープロセス、セッション、リスナーについて説明します。

Oracleの利用者が実際に起動し、SQLを発行するのはクライアントアプリケーションであり、発行されたSQLを処理するのがサーバープロセスです。これらは、いわばOracleの利用者から見た主役のような存在です。本章で説明する内容はOracleアーキテクチャ全体から見た下図の色の付いた網かけ部分になります。Oracleアーキテクチャの中でOracleの利用者に一番近い存在です。

図02-01 クライアントアプリケーションとサーバープロセス

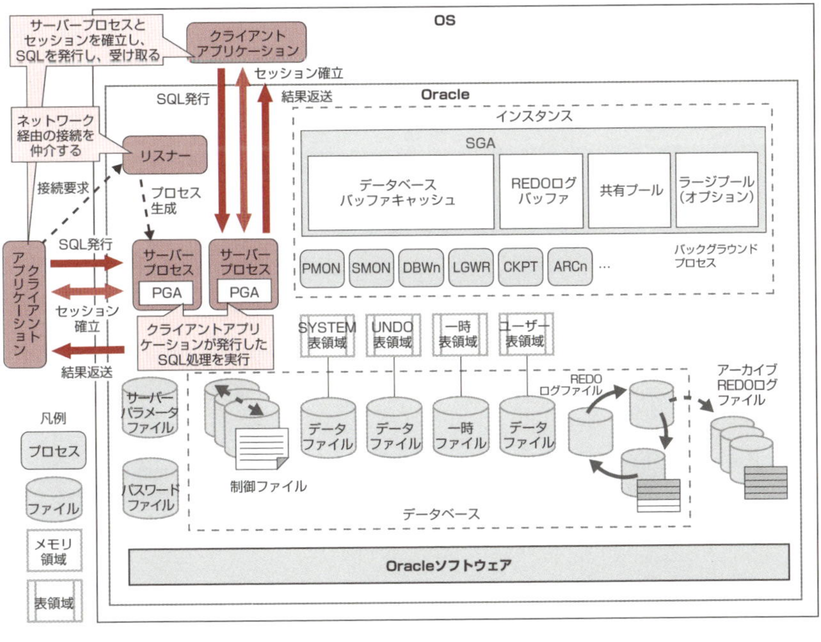

クライアントアプリケーション

クライアントアプリケーションとは、Oracleに対してSQLを発行し、その実行結果を受け取るアプリケーションの総称です※。SQL*Plusのようにユーザーが直接起動し、操作するスタンドアロンアプリケーションの場合もあれば、Oracle Application ServerなどのWebアプリケーションサーバーのように、システムの中間層で動作するサーバーアプリケーションの場合もあります。なお、クライアントアプリケーションは、Oracleの一部ではありません。Oracleに対して処理を要求する、Oracle外部のプロセスです。その名の通り、Oracleから見たら「クライアント（顧客）」の役割を持つプロセスです。

※ Oracle社のマニュアルでは「クライアントアプリケーション」の代わりに「ユーザープロセス」という用語が用いられています。しかし、本書では一般的な用語である「クライアントアプリケーション」という用語を用います。

サーバープロセスとセッション

サーバープロセスは、SQL*Plusなどのクライアントアプリケーションから発行されたSQLを受け取り、検索・更新などの各種処理を実行するプロセスです。クライアントアプリケーションと接続している間のみ起動しています。バックグラウンドプロセスとは異なり、インスタンス起動中、常に起動しているプロセスではありません。クライアントアプリケーションがOracleに接続した際に起動し、接続を切断すると終了します。この「Oracleに接続した状態」のことを、“セッションが確立された”といいます。

専用サーバー接続でのセッション

専用サーバー接続※と呼ばれるデフォルトの接続形態では、1つのセッションごとに、1つのサーバープロセスが起動します。専用サーバー接続時のサーバープロセスとセッションの関係は次の図のようになります。クライアントアプリケーションの接続に応じてセッションが確立され、サーバープロセスが起動します。

※ もう1つの接続形態である「共有サーバー接続」については**CHAPTER 21「動的サービス登録／共有サーバー構成／データベースリンク」**で詳しく説明します。

図02-02 サーバープロセスとセッション

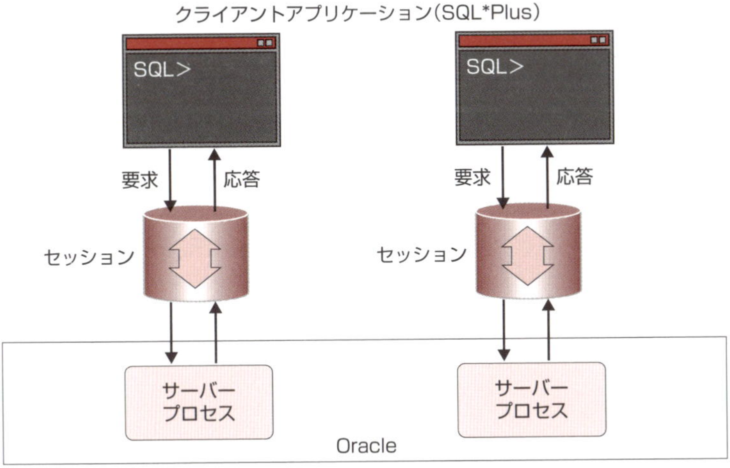

クライアントアプリケーションは、SELECT文などの要求をセッションを介してサーバープロセスに送信します。要求を受け取ったサーバープロセスは要求に応じた処理を行い、処理結果をクライアントアプリケーションに返します(応答)。1つのセッションで複数回の要求・応答をやり取りできます。

なお、あるクライアントアプリケーションから発行された要求はすべて、セッションを介して接続されている1つのサーバープロセスが処理します。

クライアントアプリケーションがセッションを終了すると、サーバープロセスも終了します。

リスナー

リスナーは、クライアントアプリケーションからネットワークを介して送信されたインスタンスへの接続要求を受け付けるプロセスです。接続を受け付けたリスナーは、接続をサーバープロセスに受け渡し、以後の処理をサーバープロセスに引き継ぎます。

接続を引き継いだ時点でサーバープロセスとクライアントアプリケーションでセッションが確立されます。セッションの確立後は、リスナーはそのセッションの処理に関与しません。

このようにリスナーを介した接続形態を「**リモート接続**」と呼びます。ネットワークを介してインスタンスに接続する場合は、インスタンスと同じマシンにリスナーが起動している必要があります。

一方、同じマシンからデータベースに接続する場合は、リスナーを介さずにインスタンスに接続することができます。この接続形態を「**ローカル接続**」と呼びます。ローカル接続のみを使用する場合、データベースサーバーでリスナーを起動しておく必要はありません※。

※リモート接続とリスナーの構成については、CHAPTER 20「**基本的な接続形態とNet Servicesの構成**」で詳しく説明します。

図02-03 リモート接続とローカル接続

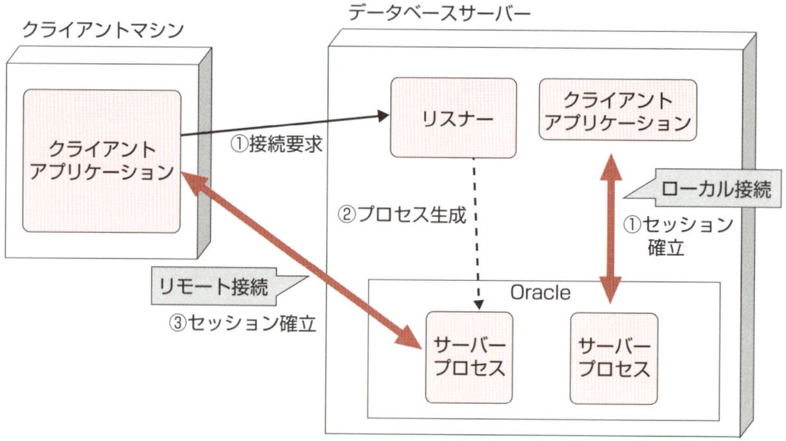

セッションとサーバープロセスの確認

本章で説明した、セッションとサーバープロセスを実際に確認してみましょう。クライアントアプリケーションとOracleの間に確立されたセッションは**V$SESSIONビュー**で確認できます※。

※V$からはじまるビューは「パフォーマンスビュー」と呼ばれる、Oracleの動作状態を確認できる特殊なビューです。パフォーマンスビューについては、CHAPTER 07「**その他の構成要素**」で詳しく説明します。

書式 セッションの確認

```
SELECT sid, serial#, program, username, type
FROM V$SESSION;
```

表02-01 V$SESSIONビューの列値

列名	内容
sid	セッション識別子
serial#	セッションシリアル番号。1つ1つのセッションはsidとserial#の2つの値の組み合わせで識別される
program	Oracleに接続しているプログラム。通常のセッションの場合、クライアントアプリケーションの名称が表示される
username	セッション接続しているユーザー名。DBSNMPやSYSMANユーザーのセッションはEnterprise Manager Database Controlという管理ツールからの接続を示す
type	セッションの種別。「USER」は通常のセッションであることを、「BACKGROUND」はバックグラウンドプロセスの接続によるセッションであることを示す

実行例 02-01 セッションの確認

```
SQL> SELECT sid, serial#, program, username, type FROM V$SESSION;

       SID    SERIAL# PROGRAM              USERNAME   TYPE
---------- ---------- -------------------- ---------- ----------
       135       4016 ORACLE.EXE (q002)               BACKGROUND
       137        227 emagent.exe          DBSNMP     USER
       140       2853 emagent.exe          DBSNMP     USER
       142          1 OMS                  SYSMAN     USER
       144          3 OMS                  SYSMAN     USER
       146         14 OMS                  SYSMAN     USER
       150          1 ORACLE.EXE (q001)               BACKGROUND
       151        227 sqlplus.exe          SYS        USER  ───── ❶
       154          1 ORACLE.EXE (QMNC)               BACKGROUND
       158          7 OMS                  SYSMAN     USER
       159        603 ORACLE.EXE (J000)               USER
       160          1 ORACLE.EXE (MMNL)               BACKGROUND
       161          1 ORACLE.EXE (MMON)               BACKGROUND
       162          1 ORACLE.EXE (CJQ0)               BACKGROUND
       163          1 ORACLE.EXE (RECO)               BACKGROUND
       164          1 ORACLE.EXE (SMON)               BACKGROUND
       165          1 ORACLE.EXE (CKPT)               BACKGROUND
       166          1 ORACLE.EXE (LGWR)               BACKGROUND
```

```
       167           1 ORACLE.EXE (DBW0)              BACKGROUND
       168           1 ORACLE.EXE (MMAN)              BACKGROUND
       169           1 ORACLE.EXE (PSP0)              BACKGROUND
       170           1 ORACLE.EXE (PMON)              BACKGROUND
16行が選択されました。
```

上記の実行例を見ると、Oracleに16個のセッションが存在することがわかります。なお、SYSユーザーのセッションは、現在SELECT文を実行しているSQL*Plusから接続したセッションを表しています（❶）。

セッションとプロセスの関係

「サーバープロセスとセッション」（P.28）で「専用サーバー接続ではサーバープロセスとセッションは1対1に対応する」と説明しました。ここでは、**V$PROCESSビュー**と**V$SESSIONビュー**を結合することで、このことを確認してみましょう。

以下の実行例ではV$PROCESSビューとV$SESSIONビューをプロセスのアドレスを示すV$PROCESSビューのADDR列とV$SESSIONビューのPADDR列で結合し、セッションとサーバープロセスの対応を確認しています。実行結果を見るとSYSユーザーで接続しているセッションは「PID=16」、「SPID=100972」のサーバープロセスに対応していることがわかります（❶）。

実行例 02-02 セッションとサーバープロセスの確認

```
SQL> SELECT s.sid, s.serial#, s.username, s.program "PROGRAM(Client)",
  2         p.pid, p.spic, p.program "PROGRAM(Oracle)"
  3  FROM V$SESSION s, V$PROCESS p
  4  WHERE s.paddr = p.addr AND p.background IS NULL;

   SID   SERIAL# USERNAME  PROGRAM(Client)     PID SPID    PROGRAM(Oracle)
------ --------- --------- ------------------ ---- ------- -------------------
   134      2349           ORACLE.EXE (J000)    15 107572  ORACLE.EXE (J000)
   145      7667 SYS       sqlplus.exe          16 100972  ORACLE.EXE (SHAD)─❶
   137      4651 DBSNMP    emagent.exe          22 72092   ORACLE.EXE (SHAD)
   131      1072 DBSNMP    emagent.exe          23 105168  ORACLE.EXE (SHAD)
(省略)

8行が選択されました。
```

マルチスレッド実行モデル　COLUMN

通常のUNIX/Linux環境では、サーバープロセスおよびバックグラウンドプロセスはOSのプロセスとして実行されます。しかし、Oracle 12cで導入された「マルチスレッド実行モデル」を構成すると、一部のプロセスを除き、ほとんどのプロセスはOSのスレッドとして実行されます。マルチスレッド実行モデルによって、プロセスの起動数を抑え、負荷を軽減することが期待されます。

マルチスレッド実行モデルの構成方法は以下の通りです。

表02-02　マルチスレッド実行モデルの構成方法

プロセス種別	構成方法
バックグラウンドプロセス	初期化パラメータTHREADED_EXECUTIONに「true」を設定する
サーバープロセス	listener.oraにDEDICATED_THROUGH_BROKER_<リスナー名>=ONを設定する

現時点では、マルチスレッド実行モデルは一般的ではありません。しかし、プロセス数が非常に多い状況では、将来的に使用される可能性があります。

本章のまとめ

●クライアントアプリケーション

- クライアントアプリケーションとは、Oracleに対してSQLを発行し、その実行結果を受け取るアプリケーションの総称である
- SQL*Plusはクライアントアプリケーションの1つ

●サーバープロセスとセッション

- 専用サーバー接続構成の場合、クライアントアプリケーションがOracleに接続すると、セッションが確立され、サーバープロセスが起動する
- クライアントアプリケーションとサーバープロセスは1対1に対応し、クライアントアプリケーションが発行したすべてのSQLは、対応するサーバープロセスが処理する
- セッションに関する情報はV$SESSIONビューで確認できる
- サーバープロセスやバックグラウンドプロセスに関する情報はV$PROCESSビューで確認できる

●リスナー

- リスナーはネットワークを経由したインスタンスへの接続を受け付けるプロセスであり、リモート接続を行う場合は起動が必須
- ローカル接続のみを使用する場合、リスナーを起動する必要はない

CHAPTER 03

データファイルと関連する構成要素

本章ではデータファイルと関連する構成要素について詳しく説明します。SQL処理を実行するには、テーブルのデータにアクセスする必要があります。そのデータを格納するファイルがデータファイルです。

また、Oracleでは、データファイルと関連する構成要素として、データファイルをグループ化した論理的な記憶領域である「表領域」や、データのキャッシュ／バッファとして機能する「データベースバッファキャッシュ」を用意しています。データファイルと併せてこれらの構成要素について理解することで、Oracle全体におけるデータファイルの位置付けをより明確に理解できるでしょう。

図03-01 アーキテクチャ全体からみたデータファイルと表領域

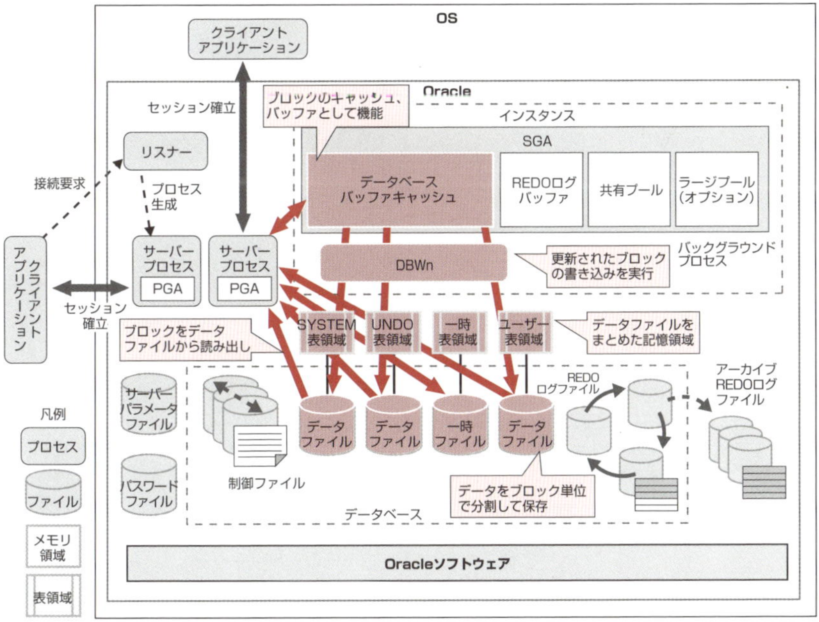

データファイルと表領域の関係

データファイルには、データベースのデータが格納されます。具体的には、テーブルや索引、その他のオブジェクトのデータが格納されます。また、Oracle内部の管理データもデータファイルに格納されます。データファイルは、OSのファイルシステム上に作成される通常のファイルなので、OSのコマンドやユーティリティで実体を確認できます。

表領域とは、1つ以上のデータファイルをグループ化して名前を付けた論理的な記憶領域です。Oracleが定義した記憶領域であり、データファイルとは異なり、OS上には存在しません。

図03-02 データファイルと表領域の関係

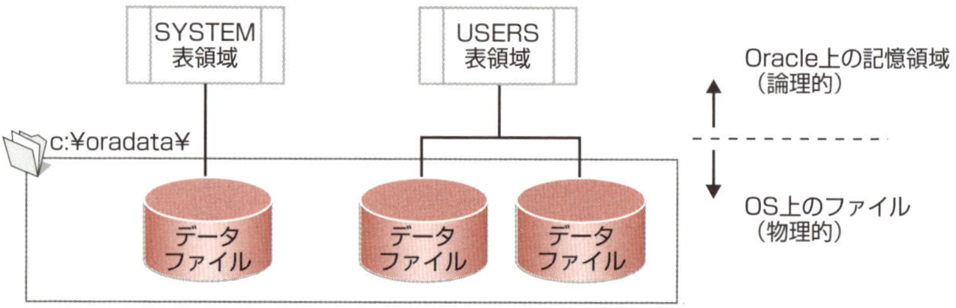

テーブルや索引などのオブジェクトを作成する際に格納先として指定するのは表領域です。データファイルではありません。例えば、以下のように

図03-03 データを格納する場合の指定先

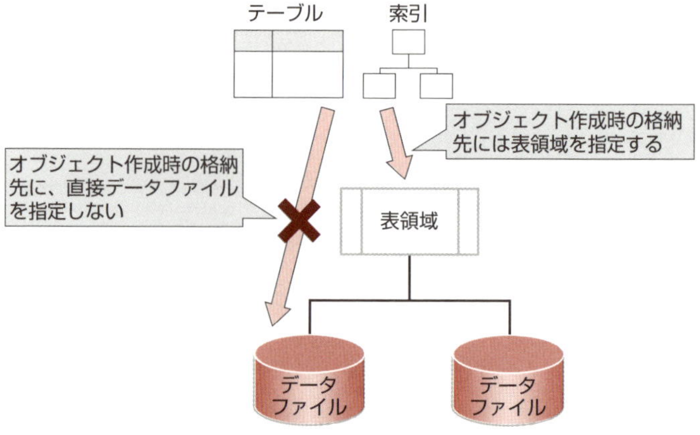

テーブルや索引などのオブジェクトをUSERS表領域に作成する場合に、USERS表領域を構成するデータファイルのファイル名や、データファイルの数などを意識する必要はありません。必要なのは「USERS」という格納先の表領域の名前だけです。

表領域の種類

表領域には「永続表領域」、「UNDO表領域」、「一時表領域」の3種類があります。UNDO表領域、一時表領域は、テーブルや索引などのオブジェクトを格納できない特別な表領域です。なお、本書では、単に「表領域」と記載した場合は永続表領域を指します。

表03-01 表領域の種類

種類	説明
永続表領域	テーブルや索引などのオブジェクトを格納するための、データ保存用の表領域
UNDO表領域	UNDO情報の格納にのみ使用する特別な表領域。テーブルや索引などのオブジェクトを格納することはできない
一時表領域	SQL処理に使われる一時作業用の特別な表領域。テーブルや索引などのオブジェクトを格納することはできない

永続表領域

永続表領域は、Oracleの動作に必須の特殊な永続表領域とデータ格納用の永続表領域の2つに分類されます。

●Oracleの動作に必須の特殊な永続表領域

SYSTEM表領域と**SYSAUX表領域**はOracleの動作に必須の特殊な永続表領域です。SYSTEM表領域にはOracleの動作に必要な管理情報を持つ**データディクショナリ**が格納されます。また、SYSAUX表領域にはデータベースコンポーネント※の動作に必要な管理情報が格納されます。

SYSTEM表領域やSYSAUX表領域にもユーザーが作成したテーブルや索引などのオブジェクトを格納することはできますが、Oracleの動作に必要なオブジェクトとユーザーが作成したオブジェクトが混在すると管理が煩雑になるので避けるべきです。ユーザーが作成したオブジェクトは、データ格納用の永続表領域に格納しましょう。

※ データベースコンポーネントはOracleの拡張機能を実行するソフトウェア製品です。

●データ格納用の永続表領域

上記以外の永続表領域は、データ格納用の永続表領域となります。この表領域にアプリケーションで使うテーブルや索引などのオブジェクトを格納します。DBCAを用いてデータベースを作成するとデフォルトで「USERS」という表領域名でデータ格納用の永続表領域が作成されます。

図03-04 永続表領域とオブジェクト

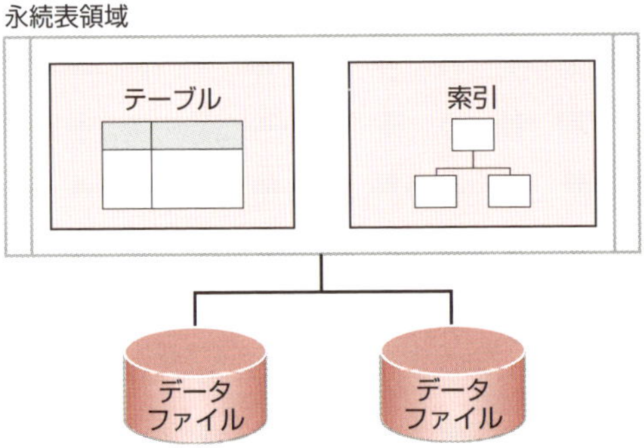

UNDO表領域

UNDO表領域は、「UNDOセグメント」を格納するための専用表領域です。UNDO表領域に、テーブルや索引などのオブジェクトを格納することはできません。DBCAを用いてデータベースを作成するとデフォルトで「UNDOTBS1」という名前のUNDO表領域が作成されます。

●UNDOセグメント

UNDOセグメントは、更新前のデータ（**UNDOデータ**）を保管する特殊な領域です。トランザクションが開始されると、そのトランザクションは、自動的に特定のUNDOセグメントに割り当てられます。そのトランザクションで更新したデータの、更新前のデータは、トランザクションに割り当てられたUNDOセグメントに保管されます。なお、UNDOセグメントは、Oracle 8i以前は「ロールバックセグメント」と呼ばれていました。

UNDOセグメントに格納されたUNDOデータは、トランザクションの**ロールバック**や**読み取り一貫性**による更新前のデータ読み取りを実行する際に利用されます※。Oracle 9i以降のデフォルトである「自動UNDO管理方式」では、

UNDOセグメントの作成や、トランザクションへのUNDOセグメントの割り当て・解放はOracleが自動的に行うため、ユーザーが特に意識する必要はありません。なお、UNDOの管理方式には自動UNDO管理方式以外に「手動UNDO管理方式」もあります。

※ トランザクションのロールバック時の内部動作については、**CHAPTER 19「リカバリ処理の仕組み」**で、読み取り一貫性の概念と、読み取り一貫性を実現するための内部動作については**CHAPTER 16「Oracleのトランザクションと隔離性」**で詳しく説明します。

図03-05 トランザクションとUNDOセグメント

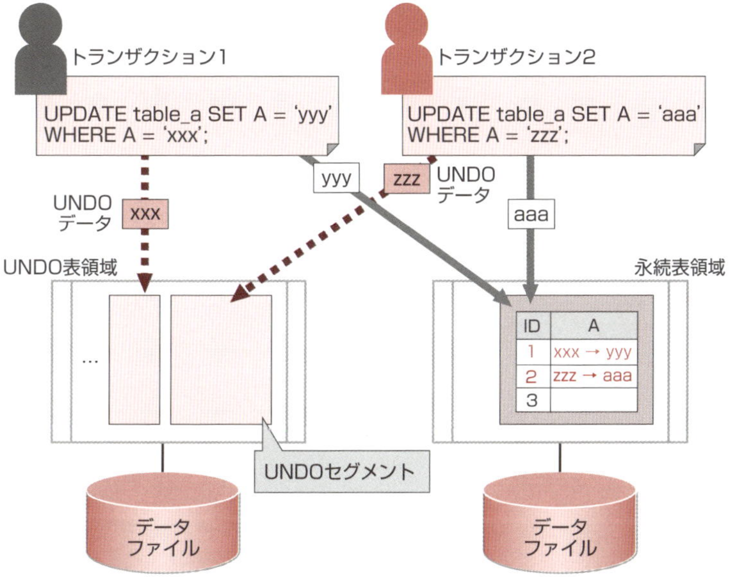

手動UNDO管理方式 COLUMN

自動UNDO管理方式はOracle 9iで導入されたUNDO管理方式です。Oracle 8i以前は、手動UNDO管理方式のみが提供されていました。手動UNDO管理方式では、ロールバックセグメントの管理を管理者が行う必要があります。また、内部動作の特性上、自動UNDO管理方式と比べて、UNDOデータが失われる可能性が高いため、読み出し対象のUNDOデータが見つからないことを示す「ORA-1555エラー」の発生頻度が高くなる傾向があります。そのため、Oracle 9i以降でも手動UNDO管理方式を選択することはできますが、使用するメリットはないので、必ず自動UNDO管理方式を利用してください。

一時表領域

一時表領域は、一時セグメントと呼ばれる作業用のディスク領域を格納する特殊な表領域です。一時表領域に、テーブルや索引などのオブジェクトを格納することはできません。DBCAを用いてデータベースを作成するとデフォルトで「TEMP」という名前の一時表領域が作成されます。

●一時セグメント

一時セグメントは、処理に必要な一時的な作業領域がメモリ上に確保できなかった場合に割り当てられる作業用のディスク領域です。例えば、ソート処理においてデータが少量であれば**PGAのSQL作業領域**内で処理されますが、データが大量になりソートに必要な作業領域のサイズがSQL作業領域のサイズを超えた場合に一時セグメントが割り当てられます。

なお、一時セグメントの割り当てや解放はOracleが必要に応じて自動的に行うため、ユーザーが一時セグメントの管理を行う必要はありません。

図03-06 一時セグメントとPGA

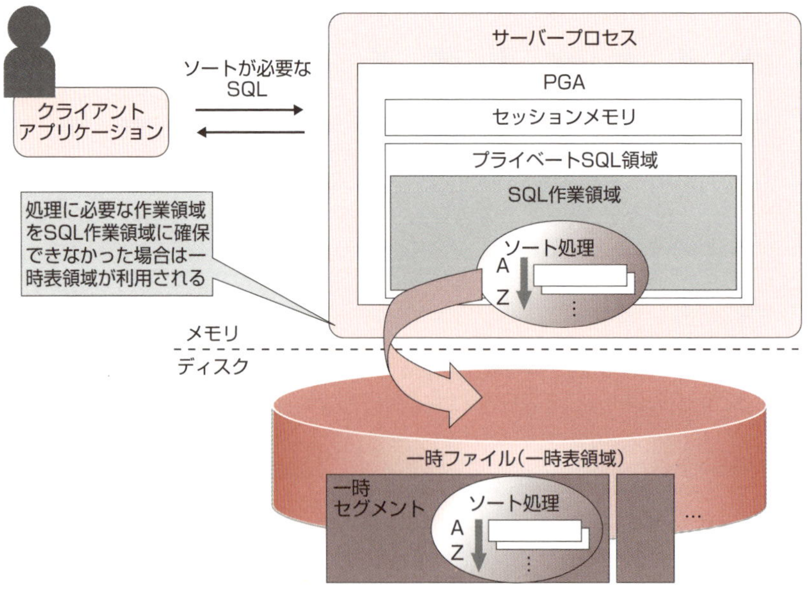

●一時ファイル

一時表領域は「**一時ファイル(一時データファイル)**」と呼ばれる特殊なデータファイルで構成されます。ただし、一時表領域にはオブジェクトを格納できないので、永続表領域のデータファイルのようにバックアップする必要はありません。

図03-07 一時表領域と永続表領域の違い

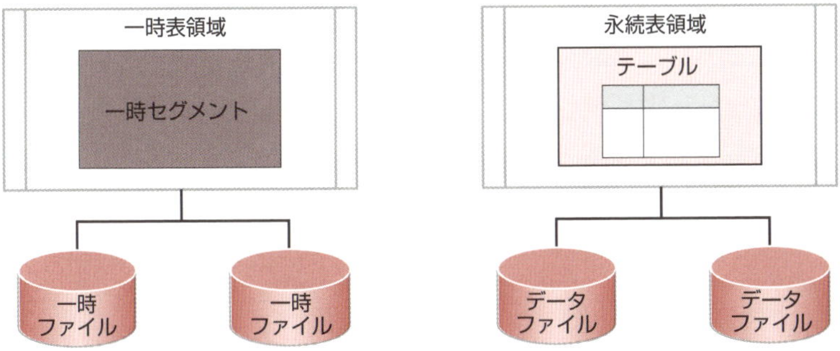

DBCAでデータベースを作成したときの表領域 COLUMN

参考のため、Oracle 12cのDBCAを用いてデータベースを作成したときに自動的に作成される表領域の名前と種類を記載します。

表03-02 DBCAでデータベースを作成したときの表領域

表領域名	種類	説明
SYSTEM	永続	Oracleに必須の表領域。データベースの管理情報が格納される特殊なテーブルであるデータディクショナリが格納される。ユーザーが作成したテーブルや索引などのオブジェクトを格納すべきではない
SYSAUX	永続	SYSTEM表領域の補助表領域であり、Oracle 10g以降のOracleに必須の表領域。SYSTEM表領域と同様に、ユーザーが作成したテーブルや索引などのオブジェクトを格納すべきではない
UNDOTBS1	UNDO	データベースが使用するUNDO表領域
TEMP	一時	データベースのデフォルト一時表領域
USERS	永続	一般ユーザーのオブジェクト格納用の表領域

データファイルと表領域の確認

データベースを構成するデータファイルと表領域に関する情報を、実際に確認してみましょう。

表領域の確認

表領域に関する情報は**DBA_TABLESPACESビュー**で確認できます。表領域の一覧を表示するSELECT文は以下です。なお、名称が「DBA_」、「USER_」、「ALL_」からはじまるビューは「ディクショナリビュー」と呼ばれる、Oracleの内部情報を確認できる特殊なビューです※。

※ディクショナリビューについては**CHAPTER 07「その他の構成要素」**で詳しく説明します。

書式 表領域の確認

```
SELECT tablespace_name, contents
FROM DBA_TABLESPACES;
```

表03-03 DBA_TABLESPACESビューの列値

列名	内容
tablespace_name	表領域の名前
contents	表領域の種別。「PERMANENT」は永続表領域、「UNDO」はUNDO表領域、「TEMPORARY」は一時表領域であることを示す

実行例 03-01 表領域の名称を確認するSELECT文

```
SQL> SELECT tablespace_name, contents FROM DBA_TABLESPACES;

TABLESPACE_NAME CONTENTS
--------------- ---------------------------
SYSTEM          PERMANENT
UNDOTBS1        UNDO
SYSAUX          PERMANENT
TEMP            TEMPORARY
USERS           PERMANENT

5行が選択されました。
```

データファイルの確認

永続表領域やUNDO表領域を構成するデータファイルに関する情報は、**DBA_DATA_FILESビュー**で確認できます。また、一時表領域を構成する一時ファイルに関する情報は**DBA_TEMP_FILESビュー**で確認できます。

永続表領域やUNDO表領域のデータファイルの確認

永続表領域やUNDO表領域を構成するデータファイルに関するデータを確認するSELECT文は以下です。

書式 表領域の名前とデータファイルのパスの確認

```
SELECT f.tablespace_name, f.file_name
FROM DBA_TABLESPACES t, DBA_DATA_FILES f
WHERE t.tablespace_name = f.tablespace_name;
```

表03-04 DBA_DATA_FILESビューの列値

列名	内容
tablespace_name	データファイルが構成する表領域の名前
file_name	データファイルのファイル名

実行例 03-02 表領域の名前とデータファイルのパスの確認

```
SQL> SELECT f.tablespace_name, f.file_name
  2  FROM DBA_TABLESPACES t, DBA_DATA_FILES f
  3  WHERE t.tablespace_name = f.tablespace_name ;

TABLESPACE_NAME  FILE_NAME
---------------- ------------------------------------
USERS            C:¥ORACLE¥ORADATA¥ORCL¥USERS01.DBF
SYSAUX           C:¥ORACLE¥ORADATA¥ORCL¥SYSAUX01.DBF
UNDOTBS1         C:¥ORACLE¥ORADATA¥ORCL¥UNDOTBS01.DBF
SYSTEM           C:¥ORACLE¥ORADATA¥ORCL¥SYSTEM01.DBF
```

一時表領域の表領域名と一時ファイルのパスの確認

一時表領域の表領域名と一時ファイルのパスを確認するSELECT文は次の通りです。

書式 一時表領域の表領域名と一時ファイルのパスの確認

```
SELECT t.tablespace_name, f.file_name
FROM DBA_TABLESPACES t, DBA_TEMP_FILES f
WHERE t.tablespace_name = f.tablespace_name;
```

表03-05 DBA_TEMP_FILESビューの列値

列名	内容
tablespace_name	一時ファイルを構成する表領域の名前
file_name	一時ファイルのファイル名

実行例 03-03 一時表領域の表領域名と一時ファイルのパスの確認

```
SQL> SELECT t.tablespace_name, f.file_name
  2  FROM DBA_TABLESPACES t,  DBA_TEMP_FILES f
  2  WHERE t.tablespace_name = f.tablespace_name;

TABLESPACE_NAME  FILE_NAME
---------------- ------------------------------------
TEMP             C:¥ORACLE¥ORADATA¥ORCL¥TEMP01.DBF
```

データファイルとブロック

Oracleは、データの読み出しや書き込みを「**ブロック(データブロック)**」と呼ばれる固定サイズの領域単位で実行します。そのため、テーブルや索引などのオブジェクトはブロック単位に分割された状態でデータファイルに格納されます※。

ブロックのサイズは、2KB、4KB、8KB、16KB、32KBから指定します。利用するOSごとに設定できるサイズが異なるので注意してください。一般的には**8KB**もしくは**16KB**を指定します。

※オブジェクトの格納方式についてはCHAPTER 11「**その他のオブジェクト**」、CHAPTER 12「**オブジェクトの格納方式と記憶域**」で詳しく説明します。

図03-08 テーブルとブロック

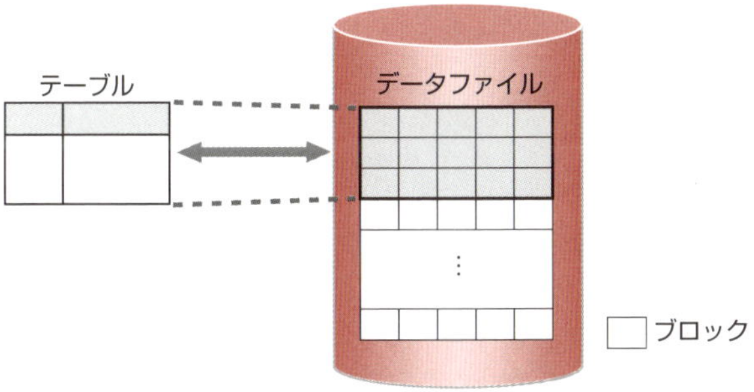

データベースのデフォルトのブロックサイズは、データベースの作成時に指定します。これを「**標準のブロックサイズ**」と呼びます。標準のブロックサイズはデータベースの作成後、変更することができません。

なお、Oracle 9i以降では、標準のブロックサイズと異なるブロックサイズの表領域を作成することもできます。これを「**非標準のブロックサイズ**」と呼びます。非標準のブロックサイズについてはコラム「非標準のブロックサイズ」(P.49)を参照してください。

データベースバッファキャッシュ

データベースバッファキャッシュは、データの読み出しや書き込みを効率化するためのSGA内のメモリ領域です※。通常、Oracleはデータベースバッファキャッシュを介して、ブロックの読み出しや書き込みを行います。その名前の通り、同じブロックの読み出しを効率化するための「キャッシュ」としての役割と、メモリとディスクの処理速度の差を補い、書き込みを効率化するための「バッファ」としての役割を持っています。

データベースバッファキャッシュに割り当てるメモリ領域のサイズは**初期化パラメータDB_CACHE_SIZE**で指定します※※。サイズを大きく設定することで、パフォーマンスの改善を図ることができます。

※ データベースバッファキャッシュを含むSGAの管理についてはCHAPTER 06「Oracleのメモリ管理」で詳しく説明します。
※※ 初期化パラメータについてはCHAPTER 05「サーバーパラメータファイルと制御ファイル」で詳しく説明します。

図03-09 データベースバッファキャッシュ

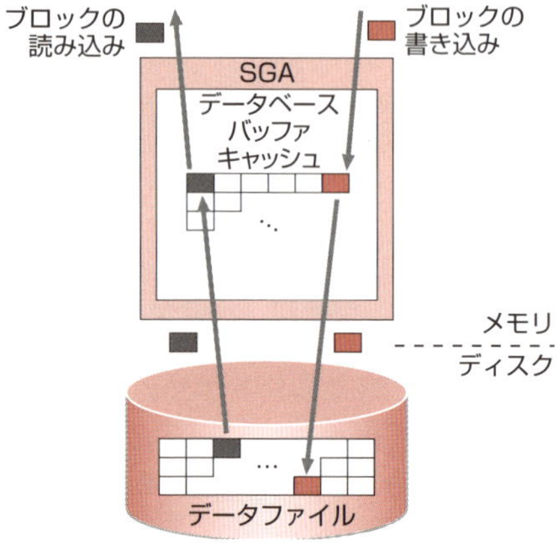

キャッシュとしての役割

データベースバッファキャッシュは、データファイルから読み出したブロックを一時的にメモリ上に保管することで、読み出しパフォーマンスを改善するキャッシュの役割を持ちます。

図03-10 データベースバッファキャッシュのキャッシュとしての役割

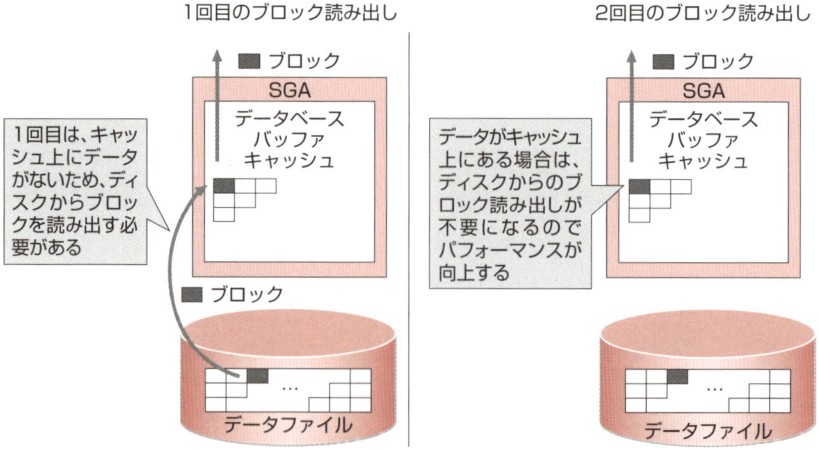

同じブロックを複数回読み出す場合にデータベースバッファキャッシュを利用すれば、ディスク上にあるデータファイルへのアクセス回数が削減されるため、パフォーマンスの改善を図ることができます。

なお、データベースバッファキャッシュのサイズは有限です。そのため、OracleはデータベースバッファキャッシュにLRUリスト※で管理し、データベースバッファキャッシュの空き領域が不足すると、データベースバッファキャッシュに保存されたブロックのうち、「使用されてから最も時間が経過したブロック」から順に削除し、空き領域を確保します。

※ LRU(Least Recently Used)とは、「使用されてから最も時間が経過した」データを管理するためのアルゴリズムです。

バッファとしての役割

データベースバッファキャッシュは、キャッシュの役割だけでなく、ブロックの書き込み回数を減らし、パフォーマンスを改善するバッファの役割も持ちます。

Oracleでは、更新されたブロックはすぐにデータファイルに書き込まれず、いったんデータベースバッファキャッシュに保管されます。データベースバッファキャッシュ上のデータは、キャッシュの空き領域が不足したり、「チェックポイント※」と呼ばれるイベントが発生した際に、バックグラウンドプロセス「DBWn」がまとめてデータファイルに書き込みます。

※ チェックポイントについてはCHAPTER 14「更新処理の仕組み」で詳しく説明します。

図03-11 データベースバッファキャッシュのバッファとしての役割

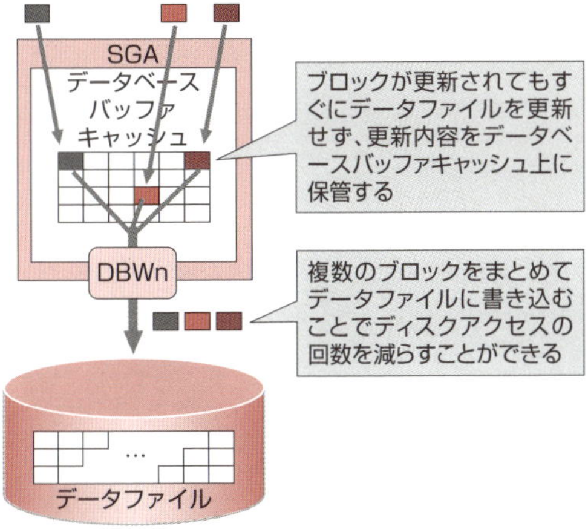
SGA
データベース
バッファ
キャッシュ
ブロックが更新されてもすぐにデータファイルを更新せず、更新内容をデータベースバッファキャッシュ上に保管する
DBWn
複数のブロックをまとめてデータファイルに書き込むことでディスクアクセスの回数を減らすことができる
…
データファイル

このようなデータベースバッファキャッシュの動作により、ブロックの更新回数と比べて、ディスク上にあるデータファイルへの書き込み回数を削減できるため、パフォーマンスの改善を図ることができます。

データベースバッファキャッシュの確認

データベースバッファキャッシュは、SGA内に確保されるメモリ領域です。SGAのサマリー情報は**V$SGAビュー**で確認できます。

書式 SGAのサマリー情報の確認

```
SELECT * FROM V$SGA;
```

NAME列の「Database Buffers」がデータベースバッファキャッシュに関する情報です。以下の実行例を見るとデータベースバッファキャッシュのサイズが180,355,072バイトであることがわかります（❶）。

実行例 03-04 SGAのサマリー情報の確認

```
SQL> SELECT * FROM V$SGA;
NAME                      VALUE
-------------------- ----------
Fixed Size              1290328
Variable Size         125833128
Database Buffers      180355072 ――― ❶
Redo Buffers            7094272
```

また、SGAの詳細情報は**V$SGASTATビュー**で確認できます。

書式 SGAの詳細情報の確認

```
SELECT * FROM V$SGASTAT;
```

NAME列の「buffer_cache」の行がデータベースバッファキャッシュに関する情報です。次の実行例を見るとデータベースバッファキャッシュのサイズが180,355,072バイトであることがわかります（❷）。この結果は、V$SGAビューから得られた結果と同じです。

実行例 03-05 SGAの詳細情報の確認

```
SQL> SELECT * FROM V$SGASTAT;

POOL         NAME                       BYTES
------------ -------------------------- ----------
             fixed_sga                     1290328
             buffer_cache                180355072 ──── ❷
             log_buffer                    7094272
shared pool  dpslut_kfdsg                      256
shared pool  hot latch diagnostics              80
shared pool  ENQUEUE STATS                    8400
shared pool  transaction                    266112
(省略)
```

非標準のブロックサイズ

COLUMN

Oracle 9i以降では、非標準のブロックサイズ(標準のブロックサイズとは異なるブロックサイズ)を指定できます。非標準のブロックサイズを指定することで表領域ごとに異なるブロックサイズでデータを格納することができるようになります。ただし、ブロックサイズに合わせた初期化パラメータDB_nK_CACHE_SIZE(n=2、4、8、16、32)を指定して、非標準のブロックサイズ専用のデータベースバッファキャッシュを構成する必要がある点に注意してください。

図03-12 非標準のブロックサイズに対応したSGAの構成

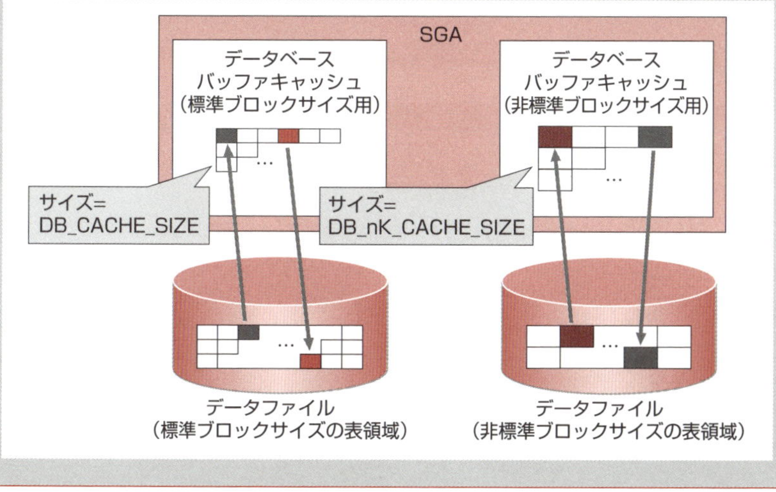

本章のまとめ

●データファイルと表領域

- 表領域は、1つ以上のデータファイルをグループ化した記憶域
- 表領域はOracle上の論理的な存在であるため、OSから直接確認することはできない
- オブジェクトの格納先にはデータファイルではなく、表領域を指定する

●表領域の種類

- 表領域には「永続表領域」、「UNDO表領域」、「一時表領域」の3種類がある
- 永続表領域は、ユーザーが作成したテーブル、索引などを格納するための表領域
- SYSTEM表領域とSYSAUX表領域は、Oracleの動作に必須の特殊な永続表領域
- UNDO表領域は、UNDOセグメントを格納する特殊な表領域
- UNDOセグメントには、更新前のイメージ(ビフォアイメージ)が格納され、トランザクションリカバリや読み取り一貫性に利用される
- 一時表領域は、一時セグメントを保持する特殊な表領域
- 一時セグメントは、PGAのSQL作業領域が不足した場合に使用される

●データファイルとブロック

- データファイルは、ブロックと呼ばれる固定サイズの領域単位でアクセスされる。データファイルからの読み出し、データファイルへの書き込みは、ブロック単位で実行される
- オブジェクトのデータはブロック単位でデータファイルに保存される

●データベースバッファキャッシュ

- データベースバッファキャッシュは、データファイル上のブロックの読み出しにおけるキャッシュ機能、書き込みにおけるバッファ機能を持つSGA内のメモリ領域

CHAPTER

04 REDOログファイルとREDOデータ

CHAPTER 03で、データ更新時に発生するブロックの書き出し処理を説明しましたが、データ更新時に発生するファイルI/Oはそれだけではありません。「**REDOデータ**」と呼ばれる更新履歴を記録したデータがREDOログファイルに書き込まれます。このREDOデータは、Oracleにおいて非常に重要な役割を担っています。

本章では、データベースの構成要素である「REDOログファイル」に加えて、「アーカイブREDOログファイル」、「REDOログバッファ」の役割についても説明します。本章で説明する内容は、Oracleアーキテクチャ全体から見た下図の色の付いた網かけ部分になります。

図04-01 アーキテクチャ全体から見たREDOログファイルと関連する構成要素

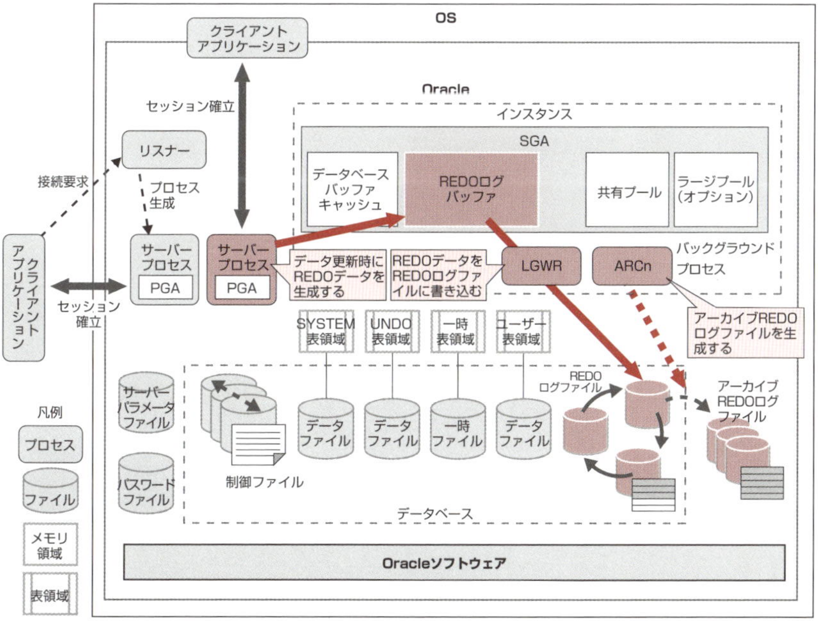

REDOログファイル

REDOログファイル（オンラインREDOログファイル）は、「**REDOデータ**」と呼ばれる、データファイルに対する更新履歴を記録するファイルです。例えば、UPDATE文によるテーブルの更新やCREATE INDEX文による索引の追加などを行った際にその変更内容が記録されます。

図04-02 REDOログファイルへの更新履歴の記録

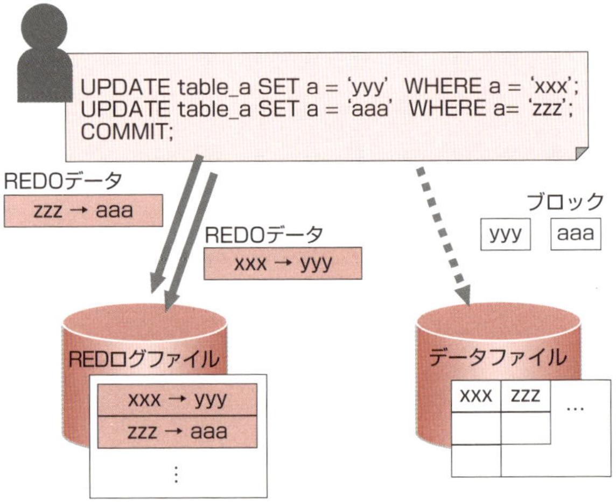

REDOログファイルに書き込まれるタイミング

データファイルに対するすべての更新履歴は、トランザクションがコミットされたタイミングでREDOログファイルに記録されます。Oracleは、コミットされたトランザクションのREDOデータがREDOログファイルに確実に記録されることを保証します。このため、万が一障害が発生して、修正済みのデータがデータファイルに書き出されなかった場合でも、更新内容が失われることはありません。

障害が発生した場合はOracleにより、REDOログファイルを用いたリカバリ処理が実行されます※。このため、REDOログファイルが失われるようなことがあってはいけません。障害時にREDOログファイルも失われた場合は、基本的に障害発生時点までのリカバリはできません。

※ 障害発生時におけるREDOログファイルを利用した復旧処理については、CHAPTER 19「**リカバリ処理の仕組み**」で詳しく説明します。

REDOログバッファとLGWR

REDOログバッファは、生成されたREDOデータを一時的に保持するメモリ領域です。データベースの更新に伴い生成されたREDOデータは、いったんSGA内のREDOログバッファに格納された後、特定のタイミングでバックグラウンドプロセス「**LGWR**」(ログライター)によってREDOログファイルに記録されます。

図04-03 REDOログバッファとLGWR

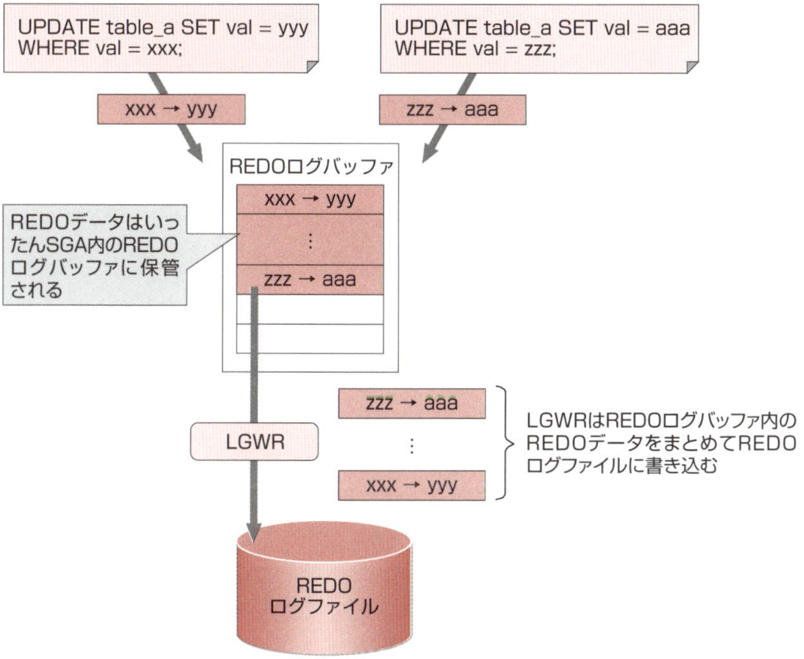

このようにREDOデータを一時的に保持することで、LGWRによるデータ書き出し回数を減らすことができるのでパフォーマンスの向上につながります。なお、REDOログバッファに割り当てるメモリ領域のサイズは**初期化パラメータLOG_BUFFER**※で指定します。

※ 初期化パラメータについては、**CHAPTER 05「サーバーパラメータファイルと制御ファイル」**で詳しく説明します。

LGWRがREDOデータを書き込むタイミング

LGWRは、以下のタイミングでREDOデータをREDOログファイルに書き込みます。

- トランザクションがコミットされたとき
- DBWnがREDOデータの書き込みを要求したとき（更新済みブロックのデータファイルへの書き込み時など）
- 3秒ごとのタイムアウトが発生したとき
- REDOログバッファの容量が不足したとき
- 未書き込みのREDOデータがREDOログバッファ全体の3分の1に達したとき

REDOログバッファと更新処理の停止

LGWRの書き込み処理の遅延などにより、REDOログバッファがREDOデータでいっぱいになってしまった場合、Oracleは更新処理の実行を停止します。このような現象は通常発生するものではありませんが、このような状況を避けるためには、以下の点に留意する必要があります。

- REDOログファイルを高速のディスク装置上に配置する
- REDOログバッファのサイズを十分に大きくとる

REDOログファイルのローテーション書き込み

データベースには、必ず2つ以上のREDOログファイルが割り当てられます。LGWRは、割り当てられているREDOログファイルに対して、ローテーション方式でREDOデータを書き込みます。

ここでは、データベースに3つのREDOログファイルが存在する場合のREDOデータの書き込み処理を例に、ローテーション書き込みについて説明します。

ローテーション書き込みの動作

3つのREDOログファイルのうち、1つは「**カレント状態**」にあります。カレント状態とは、LGWRがREDOデータを書き込む対象であることを示す状態です。図04-04の①では、「REDOログファイル#1」がカレントになっているので、LGWRは、REDOログファイル#1にREDOデータを書き込みます。

REDOログファイル#1が書き込み済みのREDOデータでいっぱいになったら、Oracleは「REDOログファイル#2」をカレント状態に切り替えます※（図04-04の②）。切り替え後は、LGWRは、REDOログファイル#2にREDOデータを書き込みます（図04-04の③）。

その後、REDOログファイル#2がREDOデータでいっぱいになったら、「REDOログファイル#3」をカレント状態とし、REDOデータを書き込みます（図04-04の④）。さらにREDOログファイル#3がREDOデータでいっぱいになったら、再びREDOログファイル#1をカレント状態とし、REDOデータを書き込みます。このとき、REDOログファイル#1に書き込まれているREDOデータは上書きされます。

※ REDOログファイルの切り替え処理のことを「ログスイッチ」と呼びます。ログスイッチは通常Oracleにより自動的に実行されますが、手動で強制的に実行することも可能です。

図04-04 REDOログファイルの書き込みとログスイッチ

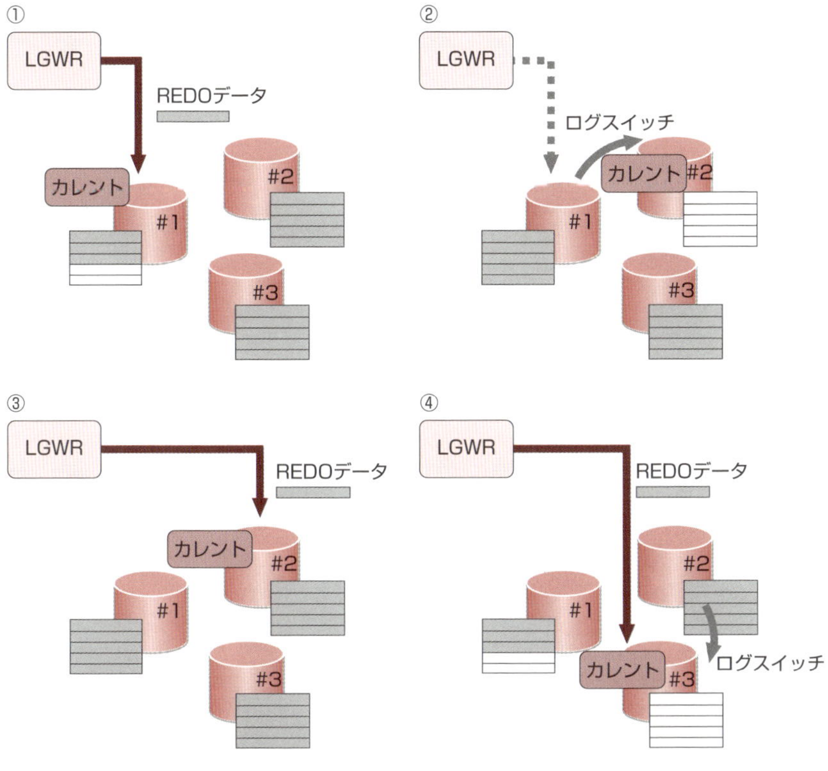

このように、Oracleは複数あるREDOログファイルを**ローテーション**する形で、REDOデータを書き込みます。つまり、**運用を継続してローテーションを1周すると過去のREDOデータは上書きされ、失われる**ことに注意してください。そのため、一連のREDOデータをすべて保管する場合は上書きされる前にREDOデータを別のファイルにコピーする必要があります。次項で、一連のREDOデータを保管するデータベースの動作モード「アーカイブログモード」について説明します。

アーカイブログモードとアーカイブREDOログファイル

アーカイブログモードとは、ローテーション書き込みによりREDOデータが上書きされる前に、REDOデータを**アーカイブREDOログファイル**としてコピーすることで、運用中のREDOデータを保管するデータベースの動作モードです※。

データベースをアーカイブログモードで運用すると、一連のREDOデータをすべて保管することができるので、バックアップファイルからのリカバリが必要な障害が発生した場合に、バックアップファイルにアーカイブREDOログファイルを適用することで、障害発生時点までリカバリ※※することができます。

※ アーカイブREDOログファイルを生成しないログモードを「**非アーカイブログモード**」と呼びます。

※※ バックアップファイルを用いたメディアリカバリについては**CHAPTER 19「リカバリ処理の仕組み」**で詳しく説明します。

アーカイブREDOログファイルの生成

データベースをアーカイブログモードで運用中に、REDOログファイルがいっぱいになってログスイッチが発生すると、バックグラウンドプロセス「**ARCn**」(アーカイバ)がREDOログファイルに記録されたREDOデータをコピーし、新規にアーカイブREDOログファイルを生成します。

図04-05 アーカイブREDOログファイルの生成

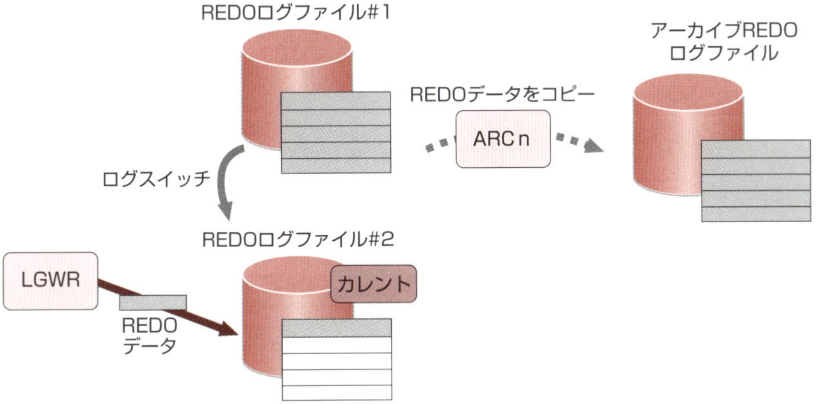

ログ順序番号

Oracleは、データの更新に伴ってREDOデータを生成しつづけるので、データベースをアーカイブログモードで運用すると、ログスイッチが実行されるたびに、次々とアーカイブREDOログファイルが生成されます。

このように継続的に更新されるREDOログファイルや次々に作成されるアーカイブREDOログファイルを識別するために、Oracleは「**ログ順序番号**」と呼ばれる連番をREDOログファイルとアーカイブREDOログファイルに付与します。

ログ順序番号は、ログスイッチが発生して、REDOログファイルにREDOデータの書き込みが開始されたときに割り当てられます。割り当てられる値は、過去のログ順序番号に「+1」した値であり、一連のログ順序番号は連番となります。

同一のログ順序番号のREDOログファイルとアーカイブREDOログファイルに格納されたREDOデータの内容は同一です。REDOログファイルのREDOデータは上書きされますが、アーカイブREDOログファイルはログスイッチのたびに新規に生成されるので、生成された一連のアーカイブREDOログファイルは、ログ順序番号にしたがって更新履歴の時間軸を構成します。

図04-06 REDOログファイルのログスイッチとログ順序番号

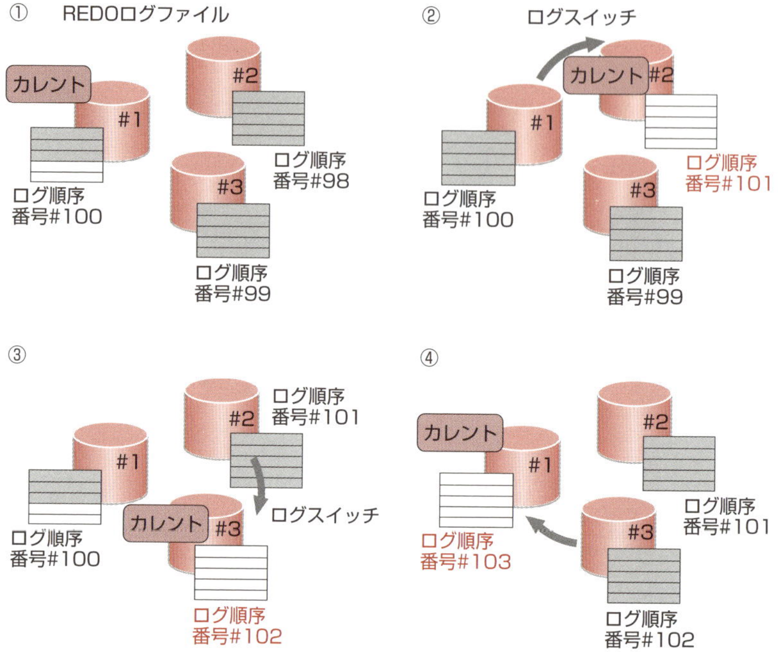

REDOログファイルの多重化

データファイルへの更新処理はまとめて実行されるので、更新処理を実行した時点ではデータファイルに更新内容が反映されていない場合があります。このとき、障害によりREDOログファイルが失われると、最終更新時点までリカバリできなくなるため、REDOログファイルを多重化し、耐障害性を高めることが推奨されています。

Oracleでは、**REDOロググループ**（グループ）に複数のメンバーを割り当てることでREDOログファイルを多重化することができます。REDOロググループとは、複数のREDOログファイル（**メンバー**）から構成されるグループです。LGWRは、カレント状態にあるグループ（次の図では「グループ#1」）に含まれるすべてのメンバー（次の図では「REDOログファイル#1-1」と「REDOログファイル#1-2」）に対して、同じREDOデータを書き込むため、結果として同一の内容を持つREDOログファイルが複数生成されることになります。同一のグループに含まれるそれぞれのREDOログファイルを別々のディスクに配置することで、あるディスクが障害によって破損した場合でも他のREDOログファイルを利用することができるようになり、データベースの耐障害性を高めることができます。

図04-07 多重化したREDOログファイルの有効な配置

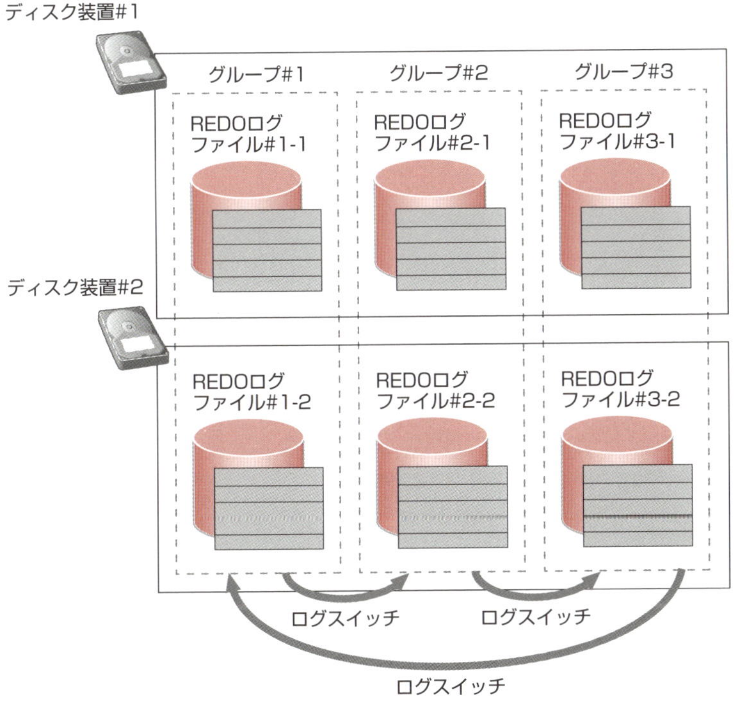

REDOロググループの確認

REDOロググループに関する情報は**V$LOGビュー**で確認できます。REDOロググループの一覧と、各グループのメンバー数を確認するSELECT文は以下です。

書式 REDOロググループの一覧と各メンバー数の確認

```
SELECT group#, status, sequence#, members FROM V$LOG;
```

表04-01 V$LOGビューの列値

列名	内容
group#	REDOロググループの番号
status	REDOロググループの状態。status列が取り得る主な値を表04-02に示す
sequence#	REDOロググループのログ順序番号
members	REDOロググループに含まれるメンバーの数

表04-02 statusの値

status列の値	説明
CURRENT	カレント状態。このREDOロググループに対して、LGWRが更新履歴を書き込む
ACTIVE	アクティブ状態。インスタンスに障害が発生した場合、このREDOロググループに書き込まれた更新履歴が必要になる
INACTIVE	非アクティブ状態。インスタンスに障害が発生した場合でも、このREDOロググループに書き込まれた更新履歴は不要

以下の実行例を見ると、グループ#1のREDOロググループがカレントであることと、ログ順序番号が53であることがわかります。

実行例 04-01 REDOロググループの一覧とメンバー数の確認

```
SQL> SELECT group#, status, sequence#, members FROM V$LOG;

    GROUP# STATUS            SEQUENCE#    MEMBERS
---------- ---------------- ---------- ----------
         1 CURRENT                  53          1
         2 INACTIVE                 51          1
         3 INACTIVE                 52          1
```

REDOログファイルの確認

REDOログファイルに関する情報は**V$LOGビュー**と**V$LOGFILEビュー**で確認できます。REDOログファイルのパスと名前を確認するSELECT文は以下です。

書式 REDOログファイルのパスと名前の確認

```
SELECT V$LOG.group#, V$LOGFILE.member
FROM V$LOG, V$LOGFILE
WHERE V$LOG.group# = V$LOGFILE.group# ORDER BY group#;
```

表04-03 V$LOGFILEビューの列値

列名	内容
group#	メンバーが含まれるREDOロググループの番号
status	メンバーの状態。通常の運用では常に"NULL"となる
member	メンバーのファイル名

実行例 04-02 REDOロググファイル名の確認

```
SQL> SELECT V$LOG.group#, V$LOGFILE.member
  2  FROM V$LOG, V$LOGFILE
  3  WHERE V$LOG.group# = V$LOGFILE.group# ORDER BY group#;

    GROUP# MEMBER
---------- --------------------------------------------------
         1 C:¥ORACLE¥ORADATA¥ORCL¥REDO01.LOG
         2 C:¥ORACLE¥ORADATA¥ORCL¥REDO02.LOG
         3 C:¥ORACLE¥ORADATA¥ORCL¥REDO03.LOG
```

ログスイッチの実行

ここで、実際にログスイッチを実行して、REDOロググループの変化を確認してみましょう。通常、ログスイッチはカレント状態にあるREDOログファイルがREDOデータでいっぱいになったときに自動的に実行されますが、ここでは、ALTER SYSTEM SWITCH LOGFILE文を実行して、手動でログスイッチを発生させます。

書式 ログスイッチの実行

```
ALTER SYSTEM SWITCH LOGFILE;
```

実行例04-03では、V$LOGビューでログスイッチ実行前の状態を表示されたうえで、ALTER SYSTEM SWITCH LOGFILE文を実行し、ログスイッチを発生させています。また、ログスイッチ実行後、再度V$LOGビューからREDOロググループの状態を確認しています。

実行結果からカレント状態にあるロググループがロググループ#1からロググループ#2に変化したことと、ロググループ#2に新しくログ順序番号54が割り当てられたことがわかります（❶）。

実行例 04-03 ログスイッチ後のREDOロググループ

```
SQL> SELECT group#, status, sequence#, members FROM V$LOG;

    GROUP# STATUS           SEQUENCE#    MEMBERS
---------- ---------------- ---------- ----------
         1 CURRENT                 53          1
         2 INACTIVE                51          1
         3 INACTIVE                52          1

SQL> ALTER SYSTEM SWITCH LOGFILE;
SQL> SELECT group#, status, sequence#, members FROM V$LOG;

    GROUP# STATUS           SEQUENCE#    MEMBERS
---------- ---------------- ---------- ----------
         1 ACTIVE                  53          1
         2 CURRENT                 54          1   ――❶
         3 INACTIVE                52          1
```

図04-08 ログスイッチとログ順序番号の遷移

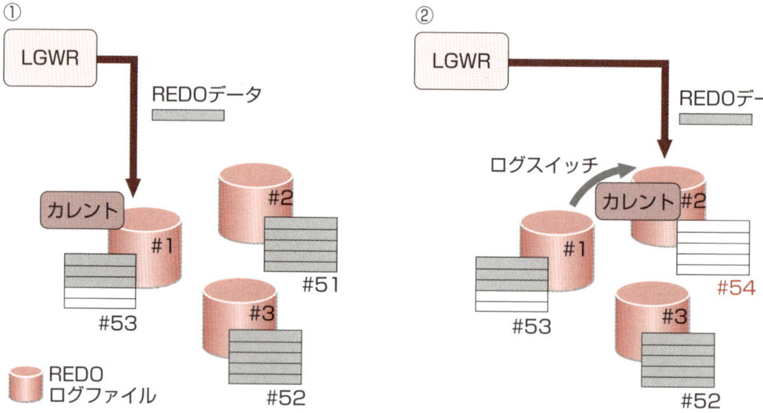

アーカイブログモードの確認

データベースをアーカイブログモードで運用しているかどうかは、ARCHIVE LOG LISTコマンドで確認できます。次の実行例を見ると、アーカイブログモードで運用していないことがわかります（❶）。

書式 アーカイブログモードの確認(SQL*Plus)

```
ARCHIVE LOG LIST;
```

実行例 04-04 ARCHIVE LOG LISTコマンド

```
SQL> ARCHIVE LOG LIST
データベース・ログ・モード      非アーカイブ・モード ――❶
自動アーカイブ                  使用禁止
アーカイブ先                    USE_DB_RECOVERY_FILE_DEST
最も古いs・ログ順序             148
現行のログ順序                  150
```

また、**V$DATABASEビュー**のLOG_MODE列からもデータベースのログモードを確認することができます。

書式 アーカイブログモードの確認

```
SELECT name, log_mode FROM V$DATABASE;
```

表04-04 V$DATABASEビューの列値

列名	内容
name	データベース名
log_mode	ログモード。アーカイブログモードの場合は「ARCHIVELOG」、非アーカイブログモードの場合は「NOARCHIVELOG」が表示される

実行例 04-05 V$DATABASEビューを用いたアーカイブログモードの確認

```
SQL> SELECT name, log_mode FROM V$DATABASE;

NAME    LOG_MODE
------- ---------------------
ORCL    NOARCHIVELOG
```

アーカイブログモードへの切り替え

非アーカイブログモードからアーカイブログモードに切り替えるには、データベースをマウント状態※にし、ALTER DATABASE ARCHIVELOG文を実行します。

※ マウント状態については、**CHAPTER 18「インスタンスの起動と停止」**で詳しく説明します。

書式 アーカイブログモードへの切り替え

```
ALTER DATABASE ARCHIVELOG;
```

一方、アーカイブログモードから非アーカイブログモードに切り替えるには、データベースをマウント状態にし、ALTER DATABASE NOARCHIVELOG文を実行します。

書式 非アーカイブログモードへの切り替え

```
ALTER DATABASE NOARCHIVELOG;
```

以下の実行例では、オープン状態にあるデータベースをシャットダウンし、マウント状態で起動したうえで、アーカイブログモードに切り替え、オープンしています。ARCHIVE LOG LISTコマンドの出力結果が「アーカイブ・モード」になり（❶）、V$DATABASEビューのLOG_MODE列の値が「ARCHIVELOG」になってることがわかります（❷）。

実行例 04-06 アーカイブログモードへの切り替え例

```
SQL> SHUTDOWN IMMEDIATE
データベースがクローズされました。
データベースがディスマウントされました。
ORACLEインスタンスがシャットダウンされました。

SQL> STARTUP MOUNT
ORACLEインスタンスが起動しました。
```

```
Total System Global Area  285212672 bytes
Fixed Size                  1261348 bytes
Variable Size             159383772 bytes
Database Buffers          117440512 bytes
Redo Buffers                7127040 bytes
データベースがマウントされました。

SQL> ALTER DATABASE ARCHIVELOG;
データベースが変更されました。

SQL> ALTER DATABASE OPEN;
データベースが変更されました。

SQL> ARCHIVE LOG LIST
データベース・ログ・モード    アーカイブ・モード ―――――― ❶
自動アーカイブ                有効
アーカイブ先                  USE_DB_RECOVERY_FILE_DEST
最も古いオンライン・ログ順序  52
アーカイブする次のログ順序    54
現行のログ順序                54

SQL> SELECT name, log_mode FROM V$DATABASE;

NAME    LOG_MODE
------- ----------------
ORCL    ARCHIVELOG ―――――― ❷
```

アーカイブREDOログファイルの確認

過去に出力されたアーカイブREDOログファイルの情報は**V$ARCHIVED_LOGビュー**で確認できます。

ただし、このビューの表示内容は、制御ファイルに記録されたアーカイブREDOログファイルの情報を元にしています。したがって、ファイルシステム上のアーカイブREDOログファイルを削除すると、V$ARCHIVED_LOGビューに表示されたアーカイブREDOログファイルがファイルシステム上に存在しないことになるので注意してください。

書式 アーカイブREDOログファイルの確認

```
SELECT name, sequence# FROM V$ARCHIVED_LOG;
```

表04-05 V$ARCHIVED_LOGビューの列値

列名	内容
name	アーカイブREDOログファイルのファイル名
sequence#	アーカイブREDOログファイルのログ順序番号

データベースを非アーカイブログモードで運用している場合はアーカイブREDOログファイルは存在しません。そのため、非アーカイブログモードの場合は以下のように問い合わせ結果が0件になります。

実行例 04-07 アーカイブREDOログファイルの確認

```
SQL> SELECT name, sequence# FROM V$ARCHIVED_LOG;
レコードが選択されませんでした。
```

アーカイブREDOログファイルを確認するには、データベースをアーカイブログモードで運用する必要があります。また、実際にはログスイッチが発生したときにアーカイブREDOログファイルが生成されるので、データベースを起動後、ログスイッチが発生するまでは確認できません。

以下の実行例では、ALTER SYSTEM SWITCH LOGFILE文を実行して、手動でログスイッチを発生させ、そのうえでアーカイブREDOログファイルを確認しています。

実行例 04-08 ログスイッチの実行とアーカイブREDOログファイルの確認

```
SQL> SELECT group#, status, sequence#, members FROM V$LOG;

    GROUP# STATUS            SEQUENCE#    MEMBERS
---------- ---------------- ---------- ----------
         1 ACTIVE                   53          1
         2 CURRENT                  54          1
         3 INACTIVE                 52          1

SQL> ALTER SYSTEM SWITCH LOGFILE;
システムが変更されました。

SQL> SELECT name, sequence# FROM V$ARCHIVED_LOG;

NAME                                                          SEQUENCE#
------------------------------------------------------------ ----------
C:¥oracle¥flash_recovery_area (略) o1_mf_1_150_3zydw7k4_.arc          54
1行が選択されました。
```

```
SQL> SELECT group#, status, sequence#, members FROM V$LOG;

    GROUP# STATUS           SEQUENCE#    MEMBERS
---------- ---------------- ---------- ----------
         1 INACTIVE                53          1
         2 ACTIVE                  54          1
         3 CURRENT                 55          1

3行が選択されました。
```

ALTER SYSTEM SWITCH LOGFILE文の実行により、ログスイッチが実行されたので、V$ARCHIVED_LOGビューの結果から、ログ順序番号54のアーカイブREDOログファイルが生成されたことが確認できます。なお、ログ順序番号54は、ログスイッチ実行前にカレント状態だったREDOログファイルのログ順序番号と一致している点に注目してください。

図04-09 ログスイッチとアーカイブREDOログファイルの生成

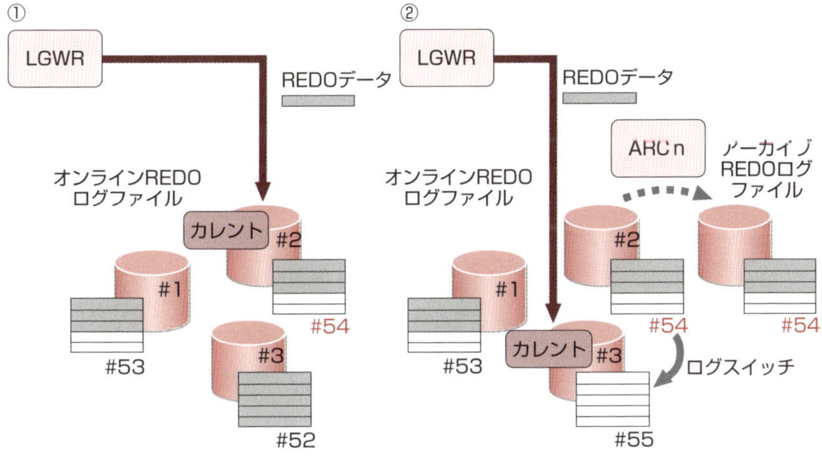

本章のまとめ

●REDOログファイル

- REDOログファイル(オンラインREDOログファイル)には、データファイルの更新履歴であるREDOデータが記録される
- REDOログファイルに書き込まれたREDOデータは、障害発生時のリカバリに使用される

●REDOログバッファとLGWR

- REDOログバッファは、REDOデータを一時的に保管するSGA内のメモリ領域
- LGWRはREDOログバッファ内のREDOデータをREDOログファイルに書き込むバックグラウンドプロセス
- LGWRがREDOデータを書き込むタイミングはあらかじめ決められている

●ローテーション書き込みとアーカイブREDOログファイル

- REDOログファイルへのREDOデータ書き込みは、ローテーション方式で行われる
- REDOデータの書き込み対象となっているREDOログファイルを「カレント状態」と呼ぶ
- REDOログファイルがREDOデータでいっぱいになると、ログスイッチが発生する
- データベースがアーカイブログモードで運用されている場合、ログスイッチ時にアーカイブREDOログファイルが生成される
- アーカイブREDOログファイルには、REDOログファイルに格納されているREDOデータが含まれる
- アーカイブログモードで運用している場合、バックアップファイルからのリカバリ(メディアリカバリ)が可能

●REDOログファイルの多重化

- グループに複数メンバーを割り当てることで、REDOログファイルを多重化することができる

CHAPTER 05

サーバーパラメータファイルと制御ファイル

これまでデータベースを構成する3種類のファイルのうち、データファイル、REDOログファイルについて説明しました。本章では最後の1つ、「**制御ファイル**」について説明します。通常の運用において、制御ファイルを意識することはあまりありませんが、制御ファイルの多重化はOracleの設計においてて重要なポイントとなりますので、きちんと理解しておいてください。

また、初期化パラメータを格納する**サーバーパラメータファイル**についても説明します。本章で説明する内容は、Oracleアーキテクチャ全体から見た下図の色の付いた網かけ部分になります。

図05-01 サーバーパラメータファイルと制御ファイル

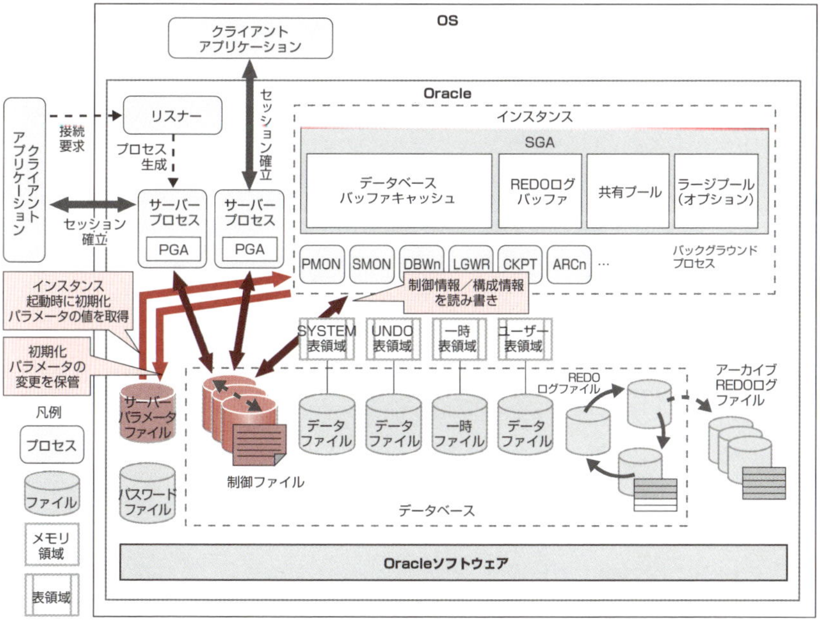

サーバーパラメータファイルと初期化パラメータ

サーバーパラメータファイル(SPFILE)は、「初期化パラメータ」と呼ばれる設定値を保持しているバイナリファイルです。ファイルサイズは数KB程度です。このファイルは、データベースの一部ではありませんが、Oracleの動作特性を決定するパラメータを格納しているという意味で、重要な役割を担っています。サーバーパラメータファイルは**インスタンスの起動時**に読み込まれます。ファイルが存在しない場合や読み込めない場合はインスタンスを起動することができません。

初期化パラメータは、Oracleの動作特性を決定するパラメータです。バージョンにより異なりますが、Oracleには数百種類の初期化パラメータが用意されています。初期化パラメータを変更することで各種メモリ領域のサイズや、各種機能のON/OFF、プロセスの動作特性などを変更することができます。

書式 サーバーパラメータファイルのファイル名と配置場所

```
[Windows] <ORACLE_HOME>¥database¥spfile<ORACLE_SID>.ora
[UNIX/Linux] <ORACLE_HOME>/dbs/spfile<ORACLE_SID>.ora
```

初期化パラメータのデフォルト値

Oracleはインスタンスの起動時にサーバーパラメータファイルを読み込みます。サーバーパラメータファイルにはいくつかの初期化パラメータの設定値が含まれており、Oracleはその設定値を使用します。

しかし、Oracleには全部で数百種類の初期化パラメータがあるため、サーバーパラメータファイルですべてのパラメータを設定するのは困難であり、また設定すべきではありません。そのため、サーバーパラメータファイルに明示的に設定されていない初期化パラメータが存在することになります。これらのサーバーパラメータファイルに設定されていない初期化パラメータについては、Oracleによって自動的に決められたデフォルト値が使用されます。

例えば、初期化パラメータREMOTE_LOGIN_PASSWORDFILEは、Oracleがパスワードファイルを確認するかどうかを指定する初期化パラメータですが、値の指定を省略した場合はデフォルト値の「SHARED」が設定されます。

また、初期化パラメータSESSIONSは、システムに作成できるセッションの最大数を指定する初期化パラメータですが、値の指定を省略した場合は、Oracleが初期化パラメータPROCESSESの値から自動的に計算し、値が設定されます※。

なお、数は少ないですが、初期化パラメータDB_NAMEなどの一部の初期化パラメータは、必ず値を指定する必要があります。

※ 各初期化パラメータのデフォルト値についてはOracle社のマニュアル「リファレンス マニュアル」を参照してください。

初期化パラメータの変更

初期化パラメータの設定値は、「インスタンスレベル」と「セッションレベル」の2つのレベルで変更することができます。

インスタンスレベルでの変更

インスタンスレベルで初期化パラメータの設定値を変更するには、ALTER SYSTEM文を使用します。SCOPE句には、設定変更の範囲を指定します。インスタンスレベルで初期化パラメータを変更すると、その設定値はインスタンス全体で有効となります。

書式 インスタンスレベルで初期化パラメータの設定値を変更

```
ALTER SYSTEM SET <パラメータ名>=<新しい設定値>
SCOPE = { MEMORY | SPFILE | BOTH };
```

表05-01 SCOPE句と設定変更の範囲

設定値	設定変更の範囲
MEMORY	設定変更が即座に反映されるが、再起動後は設定変更が無効になる
SPFILE	サーバーパラメータファイルの設定値のみが変更され、再起動後に設定変更が有効になる。起動中に設定変更できないパラメータの場合に有効
BOTH	デフォルト値。設定変更が即座に反映され、かつサーバーパラメータファイルの設定値も変更されるため、再起動後も設定変更が有効

なお、起動中に変更できない初期化パラメータもあるので、「MEMORY」や「BOTH」を設定する場合は注意してください。起動中に変更できない初期化パラメータについてはOracle社のマニュアル「リファレンス マニュアル」を確認してください。

セッションレベルでの変更

セッションレベルで、初期化パラメータの設定値を変更するには、ALTER SESSION文を使用します。セッションレベルで初期化パラメータを変更すると、その設定変更は実行したセッションでのみ有効となります。

書式 セッションレベルで初期化パラメータの設定値を変更

```
ALTER SESSION SET <パラメータ名> = <新しい設定値>;
```

この文は、特定のSQL処理に関する初期化パラメータを一時的に変更したい場合などに便利です。

ただし、セッションのレベルで設定変更できない初期化パラメータもあるので注意してください。セッションレベルでの設定変更可／不可についてはOracle社のマニュアル「リファレンス マニュアル」を確認してください。

初期化パラメータの確認

初期化パラメータの値を確認するには、以下の2つの方法があります。

- SQL*PlusのSHOW PARAMETERSコマンド
- V$PARAMETERビューおよびV$SYSTEM_PARAMETERビュー

SQL*PlusのSHOW PARAMETERSコマンド

SQL*PlusのSHOW PARAMETERSコマンドで、現在のセッションで有効な初期化パラメータの値を確認できます。SHOW PARAMETERSコマンドに引数を指定しない場合、すべての初期化パラメータが表示されます。引数を指定した場合、その文字列を含む初期化パラメータのみが表示されます。

書式 SHOW PARAMETERSコマンド (SQL*Plus)

```
SHOW PARAMETERS [<パラメータ名の一部文字列>]
```

以下の実行例では、パラメータ名に「buffer」という文字列を含む初期化パラメータの設定値を確認しています。

実行例 05-01 初期化パラメータの確認

```
SQL> SHOW PARAMETERS buffer

NAME                         TYPE        VALUE
---------------------------- ----------- --------
buffer_pool_keep             string
buffer_pool_recycle          string
db_block_buffers             integer     0
log_buffer                   integer     6984704
use_indirect_data_buffers    boolean     FALSE
```

V$PARAMETERビュー および V$SYSTEM_PARAMETERビュー

V$PARAMETERビューは、現在のセッションで有効な初期化パラメータの詳細な情報を示します。V$SYSTEM PARAMETERビューは、現在のインスタンスで有効な初期化パラメータの詳細な情報を示します。V$PARAMETERビューとV$SYSTEM_PARAMETERビューの列の構成は同じです。

書式 現在のセッションで有効な初期化パラメータの詳細な情報

```
SELECT name, type, value, isdefault ISDEF,
       isses_modifiable SESMOD, issys_modifiable SYSMOD
FROM V$PARAMETER;
```

書式 現在のインスタンスで有効な初期化パラメータの詳細な情報

```
SELECT name, type, value, isdefault ISDEF,
       isses_modifiable SESMOD , issys_modifiable SYSMOD
FROM V$SYSTEM_PARAMETER;
```

表05-02 V$PARAMETERおよびV$SYSTEM_PARAMETERビューの列値

列名	内容
name	初期化パラメータの名称
type	初期化パラメータの型の種類。"1"が真偽値、"2"が文字列、"3"が整数、"4"がパラメータファイル、"6"が大整数
value	現在有効な設定値
isdefault	設定値がデフォルト値の場合は"TRUE"、パラメータファイルに明示的に指定された場合は"FALSE"
isses_modifiable	パラメータをALTER SESSION文で変更できる場合は"TRUE"、できない場合は"FALSE"
issys_modifiable	パラメータの設定値が即時変更できる場合は"IMMEDIATE"、ALTER SYSTEM文での変更が以降のセッションでのみ有効となる場合は"DEFERRED"、ALTER SYSTEM文で起動中にパラメータを変更できない場合は"FALSE"。"FALSE"であるパラメータについては、「ALTER SYSTEM SET … SCOPE=SPFILE」を指定して設定値を変更する必要がある

以下の実行例では、V$PARAMETERビューを利用してパラメータ名に「buffer」という文字列を含む初期化パラメータに関する詳細情報を確認しています。

実行例 05-02 V$PARAMETERビューによる初期化パラメータの確認

```
SQL> SELECT name, type, value, isdefault ISDEF,
  2  isses_modifiable SESMOD, issys_modifiable SYSMOD
  3  FROM V$PARAMETER WHERE name LIKE '%buffer%';

NAME                            TYPE VALUE       ISDEF      SESMO SYSMOD
------------------------------ ----- ---------- ---------- ----- -------
use_indirect_data_buffers          1 FALSE       TRUE       FALSE FALSE
db_block_buffers                   3 0           TRUE       FALSE FALSE
buffer_pool_keep                   2             TRUE       FALSE FALSE
buffer_pool_recycle                2             TRUE       FALSE FALSE
log_buffer                         3 6984704     TRUE       FALSE FALSE

5行が選択されました。
```

以下の実行例では、V$SYSTEM_PARAMETERビューを利用して、上記と同様にパラメータ名に「buffer」という文字列を含む初期化パラメータに関する詳細情報を確認しています。

実行例 05-03 V$SYSTEM_PARAMETERビューによる初期化パラメータの確認

```
SQL> SELECT name, type, value, isdefault ISDEF,
  2  isses_modifiable SESMOD, issys_modifiable SYSMOD
  3  FROM V$SYSTEM_PARAMETER WHERE name LIKE '%buffer%';

NAME                         TYPE VALUE      ISDEF     SESMO SYSMOD
------------------------- ------- ---------- --------- ----- -------
use_indirect_data_buffers       1 FALSE      TRUE      FALSE FALSE
db_block_buffers                3 0          TRUE      FALSE FALSE
buffer_pool_keep                2            TRUE      FALSE FALSE
buffer_pool_recycle             2            TRUE      FALSE FALSE
log_buffer                      3 6984704    TRUE      FALSE FALSE

5行が選択されました。
```

テキスト形式の初期化パラメータファイル

Oracle 8i以前のバージョンでは、初期化パラメータを「**PFILE**」と呼ばれるテキスト形式のファイルに格納していました。Oracle 9iからはデフォルトではサーバーパラメータファイル(SPFILE)が作成されるので、PFILEは作成されなくなりました。なお、特に明確な理由がない限り、PFILEを使用する必要はありません。一般的な運用ではサーバーパラメータファイルを用いてください。

サーバーパラメータファイルとテキスト形式の初期化パラメータファイルの違いを下表に記載します。

表05-03 SPFILEとPFILEの比較

比較内容	SPFILE	PFILE
ファイル形式	バイナリ	テキスト
ALTER SYSTEMによる運用中のパラメータ変更	可能	不可
テキストエディタなどによるファイルの直接編集	不可	可能

SPFILEとPFILEの優先順序 COLUMN

Oracle 9i以降では、デフォルトの構成ではSPFILEを利用します。しかし、PFILEを利用することもできます。一般的な運用ではSPFILEを用いるべきですが、何らかの理由でPFILEを利用する場合は、下記の(3)のファイル名で初期化パラメータファイルを作成し、(1)、(2)のファイルをリネームするか、もしくは削除してください(UNIX/Linux版Oracleではファイルパスに含まれる"database"が"dbs"となります)。

(1) <ORACLE_HOME>¥database¥spfile%ORACLE_SID%.ora
(2) <ORACLE_HOME>¥database¥spfile.ora
(3) <ORACLE_HOME>¥database¥init%ORACLE_SID%.ora

OracleはSPFILEとPFILEを上記の優先順序で検索し、最初に見つかったファイルを使用します。なお、PFILEは、既存のSPFILEをもとにして簡単に作成できます。SPFILEからPFILEを作成するにはSYSDBA権限で接続し、以下のSQL文を実行してください。

書式 SPFILEからPFILEを作成

```
CREATE PFILE FROM SPFILE;
```

制御ファイル

制御ファイルは、インスタンスの動作に不可欠なバイナリファイルです。制御ファイルに含まれる情報は「構成情報」と「運用管理情報」の2つに分けられます。

制御ファイルに格納された構成情報は、データベースの構成が変更されるたびにOracleによって更新されます。例えば、データファイルやREDOロググファイルの構成を変更すると、制御ファイル内部の構成情報も更新されます。制御ファイルのデータベースの構成情報と、実際のファイルの位置は一致している必要があります。制御ファイルに記録されたデータファイルの位置に、実際のデータファイルが存在しない場合、データベースは起動できません。

制御ファイルの運用管理情報は、インスタンスの起動中、Oracleによって絶えず更新されます。そのため、インスタンスの起動中は常にOracleから制御ファイルに正常にアクセスできる状態でなければなりません。なんらかの理由で制御ファイルにアクセスできない場合、インスタンスは強制終了します。

表05-04 制御ファイルに格納される情報

構成情報	・データベース名 ・データファイルのファイル名 ・REDOログファイルのファイル名 ・表領域に関する情報 など
運用管理情報	・REDOログ、アーカイブREDOログに関する情報 ・バックアップファイルに関する情報 ・チェックポイント情報※ など

※ チェックポイントについては、CHAPTER 14「**更新処理の仕組み**」で詳しく説明します。

制御ファイルの多重化

制御ファイルは、インスタンスの動作に不可欠なファイルです。そのため、制御ファイルに格納された構成情報、運用管理情報を保護することを目的として、Oracleには**制御ファイルの多重化機能**が用意されています。

制御ファイルの障害に備えるために、制御ファイルを多重化し、かつ可能であればそれぞれの制御ファイルを別々のディスク装置に配置することが推奨されています。制御ファイルを多重化して、適切に構成することで、制御ファイルに格納された情報を保護することができます。

図05-02 制御ファイルの多重化

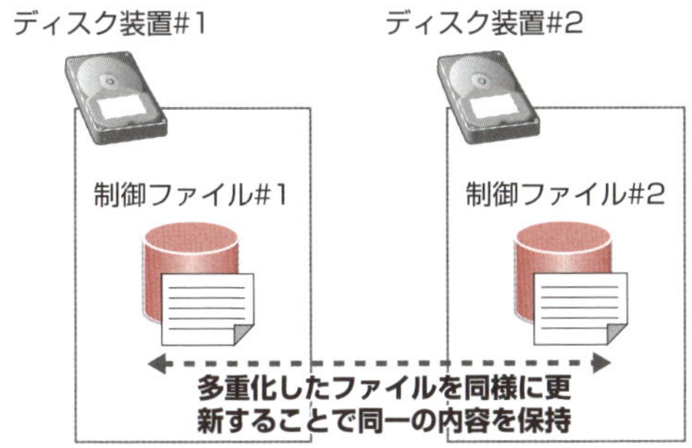

なお、Oracleは制御ファイルの多重化に関しては、冗長性確保による運用停止時間の短縮ではなく、制御ファイルに格納された情報の保護に重点が置かれているため、**制御ファイルが1つでも破損したら、インスタンスは停止します**。正常にアクセスが可能な制御ファイルのみを使用して、インスタンスの運用を継続するような動作はしません。

同様に、インスタンスの起動時に制御ファイルが1つでもオープンできない場合もインスタンスを起動できません。このような場合は、正常な制御ファイルを破損した制御ファイルに上書きコピーすることで、破損に対処します。

制御ファイルの確認

制御ファイルに関する情報は**V$CONTROLFILEビュー**で確認できます。制御ファイルのファイル名を確認するSELECT文は以下です。

書式 制御ファイルのファイル名の確認

```
SELECT name FROM V$CONTROLFILE;
```

表05-05 V$CONTROLFILEビューの列値

列名	内容
name	制御ファイルのファイル名

実行例 05-04 制御ファイルのファイル名の確認

```
SQL> SELECT name FROM V$CONTROLFILE;

NAME
--------------------------------------------------------------------------------
C:¥ORACLE¥ORADATA¥ORCL¥CONTROL01.CTL
C:¥ORACLE¥FAST_RECOVERY_AREA¥ORCL¥CONTROL02.CTL

SQL>
```

Oracle Enterprise Manager Database ControlとEM Express　COLUMN

本書ではOracleの情報の確認や作業の実行にSQL*Plusを使用していますが、Oracle 10g、11gではOracleに同梱されるOracle Enterprise Manager Database Control（以降、Enterprise Managerと表記）というWebベースのGUI管理ツールを使用することもできます。Enterprise Managerでは、データファイルの使用率や、セッションのログオン数や実行トランザクション数の推移などの情報をグラフや表を用いて視覚的に確認できます。また、オブジェクトの作成やデータファイルの追加、初期化パラメータの変更などの管理作業も対話的に実行できます。

また、Oracle 12cではEnterprise Managerが廃止され、EM Expressが導入されました。EM Expressでも主要な機能は利用できます。

図05-03 Enterprise Managerのホーム画面（Oracle 11g R1）

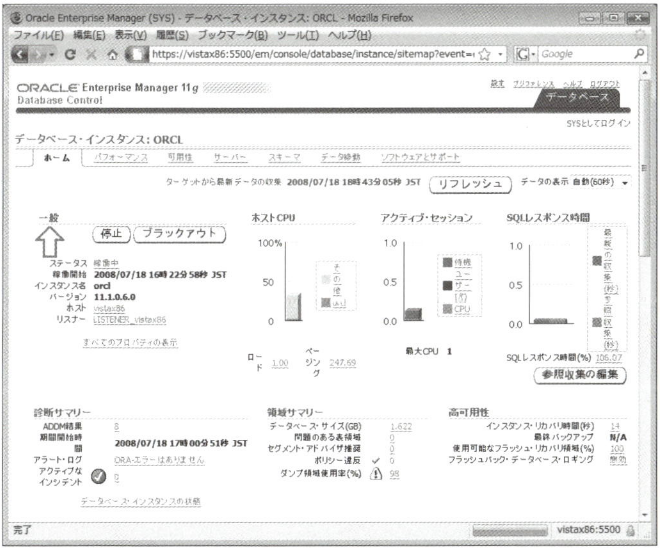

これらのGUIツールでは簡単に作業が行える半面、提供されている機能をSQLのようにカスタマイズすることはできませんし、コマンドを一括して実行することもできません。また、作業内容や作業結果を保管しておくことも面倒です。このため、状況に応じてSQL*Plusと使い分けることが重要でしょう。

本章のまとめ

●サーバーパラメータファイルと初期化パラメータ

- 初期化パラメータはサーバーパラメータファイルに格納する
- サーバーパラメータファイルに設定されていない初期化パラメータはデフォルト値が使用される
- 初期化パラメータによっては、運用中にインスタンスレベル、またはセッションレベルで設定値を変更することができる
- 初期化パラメータの設定値は、SQL*PlusのSHOW PARAMETERコマンドやV$PARAMETERビュー、V$SYSTEM_PARAMETERビューで確認できる
- 初期化パラメータの設定値の格納に、テキスト形式の初期化パラメータファイル(PFILE)を使うこともできる

●制御ファイル

- 制御ファイルには、データベースの構成情報や運用管理情報が格納される
- 制御ファイルには、インスタンスの起動中、常にアクセスが可能でなければならない
- 制御ファイルを多重化することが推奨されている

CHAPTER 06

Oracleのメモリ管理

Oracleはその特性上、処理対象のデータサイズが大きいため、処理に必要なメモリのサイズも大きくなる傾向があります。しかし、実際に利用できるメモリのサイズは有限なので、システムの特性に応じて適切なサイズを割り当てる必要があります。Oracleのメモリに関するアーキテクチャを理解し、どのような処理にどのようなメモリ領域が利用されるか、メモリ領域のサイズがどのように設定・調整されるかを理解することは、効率的にメモリを利用するために役立ちます。

また、それぞれの領域の管理方法にもいくつかの方法があります。効率的なメモリ利用のために、本章の記載内容をきちんと理解してください。本章で説明する内容は、Oracleアーキテクチャ全体から見た下図の色の付いた網かけ部分になります。SGAはインスタンスを構成する一要素です。

図06-01 Oracleのメモリ領域

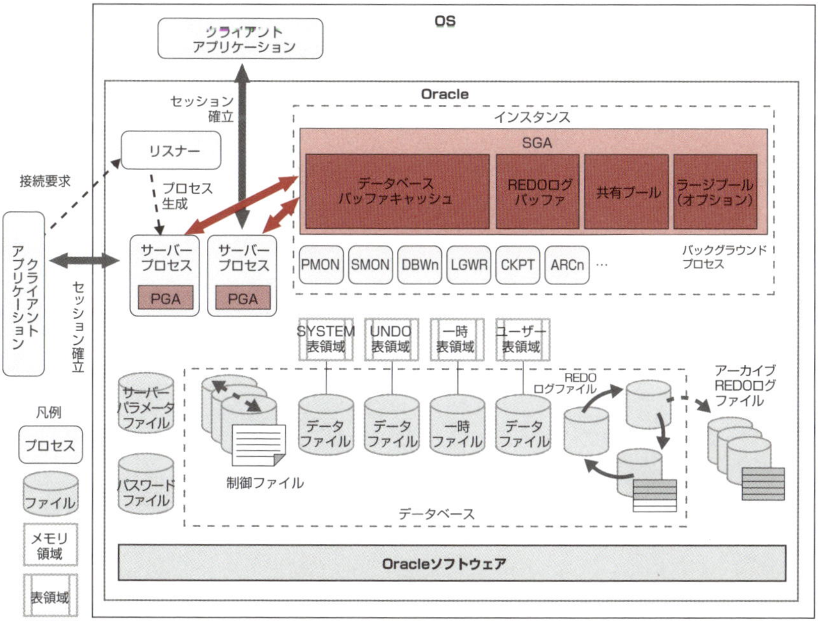

PGA

Oracleが使用するメモリ領域は、特定のプロセスだけが使用するメモリ領域である**PGA**（Program Global Area：プログラムグローバル領域）と、プロセス間で共有するメモリ領域である**SGA**（System Global Area：システムグローバル領域）の2つに大別されます。

個々のサーバープロセスは、それぞれ「PGA」と呼ばれる個別のメモリ領域を持っています。あるプロセスに割り当てられたPGAは、そのプロセスだけが使用します。プロセス間で共有されない点で、SGAとは位置付けが異なります。また、バックグラウンドプロセスもサーバープロセスと同様にPGAを持ちます。なお、サーバープロセスに割り当てられたPGAは、セッションの終了時に解放されます（一部の領域は利用されなくなった時点で解放されます）。

図06-02 サーバープロセスとPGAの関係

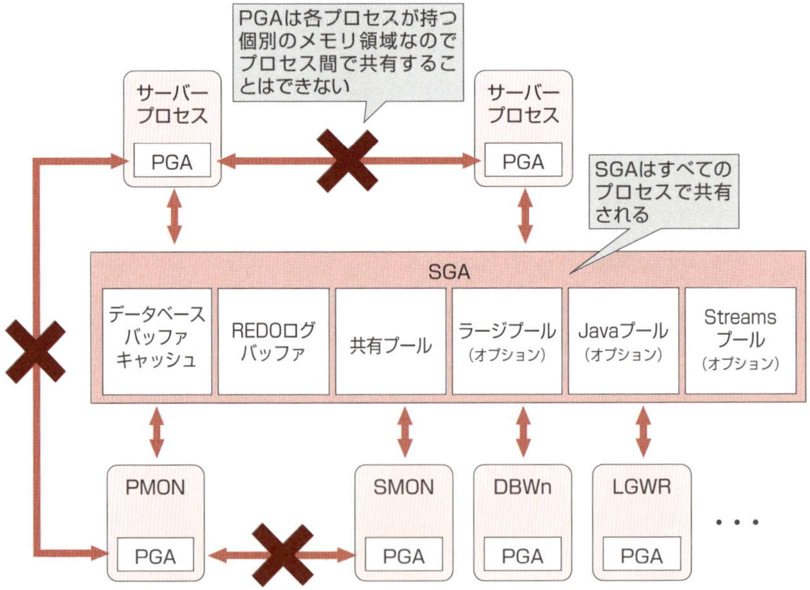

PGAの構成要素

PGAの主な構成要素は、「セッションメモリ」と「プライベートSQL領域」

の2つです。セッションメモリはセッション情報の保管のために用いられ、プライベートSQL領域はSQLの実行時情報の保管と、ソートなどのSQL作業の実行のために用いられます。ソートなどのSQL作業はプライベートSQL領域内の「**SQL作業領域**」で行われます※。

※ SQL実行時のSQL作業領域の利用については、**CHAPTER 13「問合せ処理の仕組み」**で詳しく説明します。

図06-03 PGAの構成要素

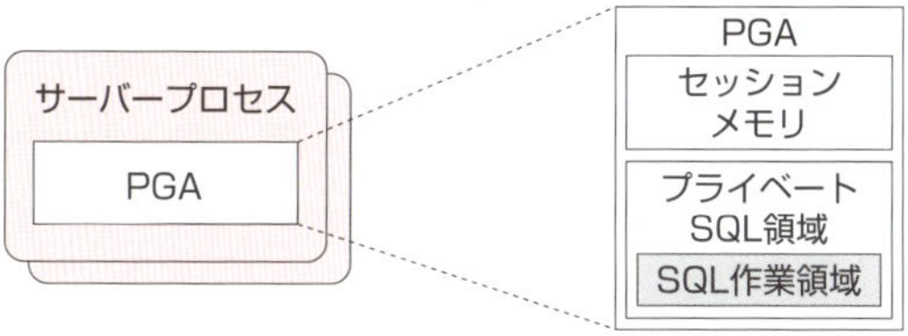

プロセスとPGAの確認

サーバープロセスとバックグラウンドプロセスに関する情報と、それぞれのプロセスに割り当てられているPGAのサイズは**V$PROCESSビュー**で確認できます。

書式 プロセスとPGAの確認

```
SELECT pid, spid, program, background, pga_alloc_mem
FROM V$PROCESS;
```

表06-01 V$PROCESSビューの列値

列名	内容
pid	Oracle内部で管理されているプロセスID
spid	Oracleが稼動しているOSレベルのプロセスID。spidはWindowsの場合はスレッドID、UNIXの場合はプロセスIDとなる※
program	programはプログラムの名称で、Windows版Oracleの場合、カッコ内にプロセスの名称が記載される
background	プロセスがバックグラウンドプロセスの場合に「1」が表示される。次ページの例ではPMON、PSP0、MMANなどの各バックグラウンドプロセスが起動してることがわかる
pga_alloc_mem	プロセスに現在割り当てられているPGAのサイズ

※ Windows版OracleとUNIX/Linux版Oracleのアーキテクチャ上の違いは、**コラム「OSによるOracleアーキテクチャの違い」**(P.108)を参照してください。

実行例 06-01 プロセスとPGAの確認(Windows版Oracle)

```
SQL> SELECT pid, spid, program, background, pga_alloc_mem
  2  FROM V$PROCESS;

       PID SPID         PROGRAM              B PGA_ALLOC_MEM
---------- ------------ -------------------- - -------------
         1              PSEUDO                             0   ❶
         2 3840         ORACLE.EXE (PMON)    1        362481   ❷
         3 3844         ORACLE.EXE (PSP0)    1        362481
         4 3848         ORACLE.EXE (MMAN)    1        362481
         5 3852         ORACLE.EXE (DBW0)    1        867641
         6 3856         ORACLE.EXE (LGWR)    1       9536993
         7 3864         ORACLE.EXE (CKPT)    1       1651449
         8 3868         ORACLE.EXE (SMON)    1        886769
         9 3872         ORACLE.EXE (RECO)    1        493553
        10 3876         ORACLE.EXE (CJQ0)    1        755697
        11 3880         ORACLE.EXE (MMON)    1       1607073
        12 3884         ORACLE.EXE (MMNL)    1        428017
        13 3892         ORACLE.EXE (D000)             659941
        14 3896         ORACLE.EXE (S000)             201189
        15 23856        ORACLE.EXE (J000)            1279985
        16 17736        ORACLE.EXE (SHAD)             772745
        17 15508        ORACLE.EXE (q002)    1        362481
        18 880          ORACLE.EXE (QMNC)    1        362481
        20 3036         ORACLE.EXE (q001)    1       1083377
        21 16300        ORACLE.EXE (SHAD)             856549 ┐
        22 3324         ORACLE.EXE (SHAD)             493553 │
        23 3332         ORACLE.EXE (SHAD)            1380837 ├ ❸
        24 3340         ORACLE.EXE (SHAD)            1184229 │
        25 3352         ORACLE.EXE (SHAD)            4657637 │
        31 5120         ORACLE.EXE (SHAD)            1315301 ┘
```

上記の実行例を見ると、SELECT文の実行時、Oracleに複数のプロセスが存在することがわかります。「PID=1」のPSEUDOプロセスは疑似プロセスと呼ばれる特殊なプロセスです(❶)。「PID=2」のプロセスはバックグラウンドプロセス「PMON」です(❷)。カッコ内のプロセスの名称がSHADとなっているプロセスは、サーバープロセスです(❸)。SHADという名称は、サーバープロセスのことを**シャドウプロセス**(Shadow Process)と呼ぶ場合があることに由来します。

SGA

SGAは、インスタンスの起動時に自動的に確保される、プロセス間で共有するデータを保管するためのメモリ領域です。SGAに保管されたデータは、すべてのサーバープロセスおよびバックグラウンドプロセスで共有されます。SGAの構成要素は以下の6つです。

表06-02 SGAの構成要素

構成要素	説明
共有プール	「ライブラリキャッシュ」、「ディクショナリキャッシュ」、「結果キャッシュ」(Oracle 11g以降)の3つのキャッシュから構成されるメモリ領域
ラージプール	特定の処理における、プロセス間の通信に使用するメモリ領域
Javaプール	Oracle JVMの実行に必要な情報を保管するメモリ領域
Streamsプール	Streamsの実行に必要な情報を保管するメモリ領域
データベースバッファキャッシュ	ブロックを保管するメモリ領域。読み出したブロックをキャッシュ目的で保管する。また、更新済みブロックをバッファ目的で保管する
REDOログバッファ	REDOログファイルに書き込まれていないREDOデータを保管するメモリ領域

「データベースバッファキャッシュ」と「REDOログバッファ」についての詳細は、**CHAPTER 03「データファイルと関連する構成要素」**および**CHAPTER 04「REDOログファイルとREDOデータ」**を参照してください。

共有プール

共有プールは、データブロック以外の共有可能なデータを一時的に保管するためのメモリ領域です。共有プールは以下の3つの要素で構成され、要素ごとに保管する共有データが異なります。

表06-03 共有プールの主な構成要素と保管される共有データ

構成要素	保管される共有データ
ライブラリキャッシュ	解析済みSQL情報とコンパイル済みPL/SQLコード
ディクショナリキャッシュ	データディクショナリから参照されたデータ
結果キャッシュ	問い合わせの結果とPL/SQLファンクションの結果(Oracle 11g以降)

ライブラリキャッシュ

共有プールに格納されるデータの中で最も重要なのが、ライブラリキャッシュにある**解析済みSQL情報**です。ライブラリキャッシュに保管されているSQLと同一のものが再度実行された場合、Oracleは解析時間を短縮するために、共有プール内の解析済みSQL情報を利用します※。

※ SQL処理における解析済みSQL情報の共有については、**CHAPTER 13「問合せ処理の仕組み」**で詳しく説明します。

図06-04 解析済みSQL情報の共有による処理時間の短縮

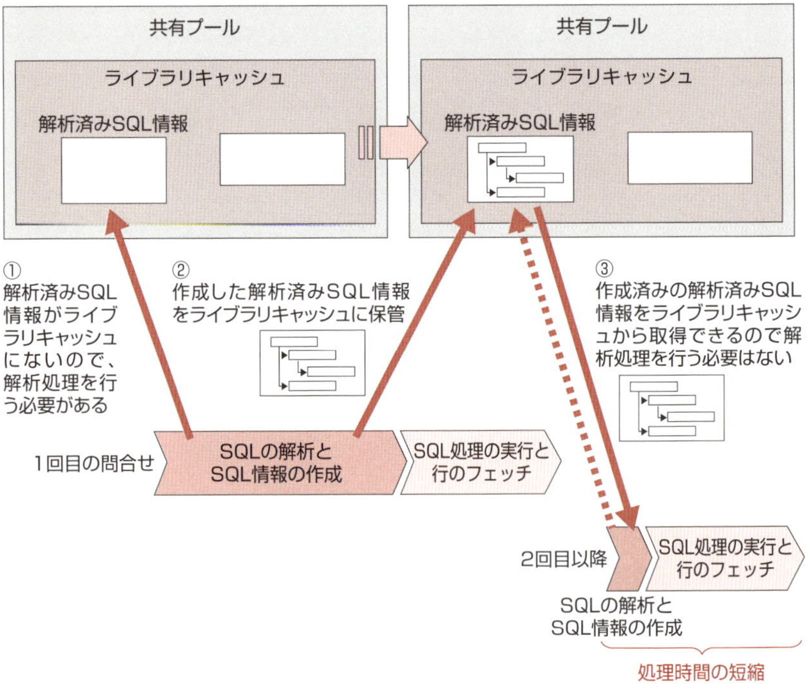

ディクショナリキャッシュ

ディクショナリキャッシュは、データディクショナリ※の情報をキャッシュするためのメモリ領域です。データディクショナリはSYSTEM表領域に格納されていますが、Oracle内部の構成情報が含まれているため、さまざまな処理を実行するたびに参照されます。そのため、一度アクセスしたデータディクショナリの情報をディクショナリキャッシュにキャッシュすることで、ディスクアクセスを減らし、パフォーマンスの向上を図ることができます。

※データディクショナリについては、CHAPTER 07「その他の構成要素」で詳しく説明します。

結果キャッシュ(Oracle 11g以降)

結果キャッシュは、Oracle 11gで実装された、SQL問合せの結果とPL/SQLファンクションの結果をキャッシュするためのメモリ領域です。これらの問合せやファンクションが繰り返し実行される場合、その結果は結果キャッシュから直接取得されます。ただし、問合せ対象のテーブルなど、処理実行の際に依存するオブジェクトのデータが変更されると、結果キャッシュに格納されている実行結果は無効になります。

結果キャッシュに問合せの結果をキャッシュするには、初期化パラメータ**RESULT_CACHE_MODE**に「MANUAL」(デフォルト値)を設定し、実行するSQLにヒント句「result cache」を含めるか、初期化パラメータRESULT_CACHE_MODEに「AUTO」を設定します。

結果キャッシュにPL/SQLファンクションの結果をキャッシュするには、実行するPL/SQLファンクションに、結果キャッシュ用の記述を追加する必要があります※。

※PL/SQLファンクションをキャッシュする方法については、Oracle社のマニュアル「PL/SQL言語リファレンス」を参照してください。

共有プールのキャッシュ情報が削除されるタイミング

共有プールの目的は、共有可能なデータをメモリ上にキャッシュすることで、計算処理や解析処理、ディスクからの読み出し処理の回数を削減し、パフォーマンスの向上を図ることです。このため、共有プール内の共有データは、しばらくの間は解放されず、共有プールに残ります。

Oracleは、共有プールに保管された共有データをLRUリストで管理し、共有プールの空き領域が不足した際に、新しい共有データを読み込むために「使用されてから最も時間が経過した」データを共有プールから削除します。

共有プールとデータベースバッファキャッシュの違い

データをメモリ上にキャッシュするという点で、共有プールとデータベースバッファキャッシュの役割は類似していますが、保管対象と、保管対象のデータサイズが異なります。両者の違いを整理するため、下表で2つのメモリ領域を比較します。

表06-04 共有プールとデータベースバッファキャッシュの比較

	共有プール	データベースバッファキャッシュ
保管対象データ	ブロック以外の共有可能なデータ	ブロック
保管対象データのサイズ	可変サイズ	固定サイズ（ブロックサイズ）

ラージプール

ラージプールは、比較的大きなサイズのデータを、プロセス間でやり取りする際に利用されるメモリ領域です。ラージプールに確保された領域は、使い終わると解放されます。共有プール内の情報と異なり、ラージプール内の情報は再利用されないので、ラージプールにはLRUリストはありません。

表06-05 ラージプールと共有プールの違い

	ラージプール	共有プール
保管対象	主にプロセス間のやり取りのためのデータ	データブロック以外の情報
保管対象のデータサイズ	一般的に大きい	サイズはさまざま
領域解放のタイミング	使用されなくなったときに解放する	領域が不足したときに、最終使用時刻が古いものから解放する

具体的には、以下の処理におけるプロセス間通信を実行するときにラージプールが利用されます。

- **共有サーバー接続時の共有サーバープロセス間の通信処理（プロセス間で共有されるセッション情報など）※**
- **パラレル問合せにおけるクエリー・コーディネータ・プロセスとパラレル・スレーブ・プロセス間の通信処理**

・RMANを用いたバックアップ／リストア処理におけるI/Oスレーブプロセスとの通信処理

※共有サーバー接続については、CHAPTER 21「動的サービス登録／共有サーバ構成／データベースリンク」で詳しく説明します。

パラレル問合せ COLUMN

パラレル問合せとは、大規模なテーブルに対する問合せ処理のパフォーマンスを向上するために複数のプロセスを並列に実行する仕組みです。

テーブルのデータを読み込む場合、通常は1つのサーバープロセスがシリアルに実行されます。一方、パラレル問合せでは、複数のプロセスを並列に実行します。パラレル問合せの場合、サーバープロセスはパラレル処理を制御する役割（QC：クエリー・コーディネータ・プロセス）を担います。QCは、複数のパラレル・スレーブ・プロセス（QS）と呼ばれるバックグラウンドプロセスに対して、各プロセスが読み込むテーブルの範囲を指示します。

図06-05 通常の実行（シリアル実行）とパラレル実行

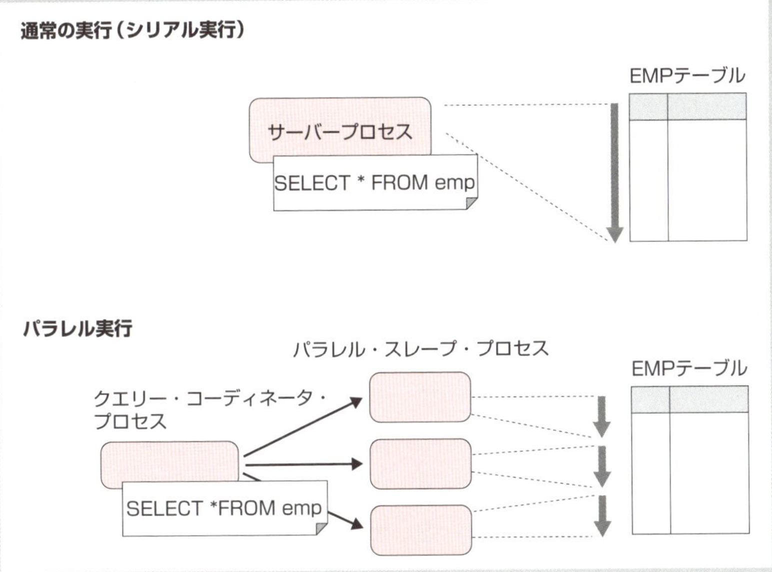

Javaプールと Streamsプール

Javaプールは、Oracle JVMの実行に使用されるメモリ領域です。Oracle JVMは、Java言語を用いて書かれたストアド・プロシージャ（Javaストアド・プロシージャ）を実行するためのOracle組み込みのJava VMです。

Streamsプールは、「**Oracle Streams**」と呼ばれるメッセージング機能を実現するために、メッセージデータを格納する際に使用されるメモリ領域です。これらの詳細は本書の範囲を超えるので説明は割愛します。

Oracleのメモリ管理方式

Oracleは、バージョンアップをするたびにメモリ管理方式を改良してきました。Oracle 11gでは、SGAとPGAの両方のメモリサイズを自動的に制御する「自動メモリ管理機能」が追加され、メモリ管理作業が大幅に簡略化されました。下表にOracleのメモリ管理方式をまとめます。

表06-06 Oracleのメモリ管理方式

メモリ管理方式	管理対象	関連する初期化パラメータ
自動メモリ管理 （Oracle 11g以降）	SGA PGA	・MEMORY_TARGET
自動共有メモリ管理 （Oracle 10g以降）	SGA	・SGA_TARGET
自動PGAメモリ管理 （Oracle 9i以降）	PGA	・PGA_AGGREGATE_TARGET ・WORKAREA_SIZE_POLICY
手動共有メモリ管理	SGA	・SHARED_POOL_SIZE ・DB_CACHE_SIZE ・JAVA_POOL_SIZE ・LARGE_POOL_SIZE ・LOG_BUFFER ・STREAMS_POOL_SIZE
手動PGAメモリ管理	PGA	・SORT_AREA_SIZE ・HASH_AREA_SIZE ・BITMAP_MERGE_AREA_SIZE ・CREATE_BITMAP_AREA_SIZE ・WORKAREA_SIZE_POLICY

自動メモリ管理（Oracle 11g以降）

Oracle 11gでSGAとPGAを自動的に調整する「**自動メモリ管理機能**」が追加されました。自動メモリ管理機能は初期化パラメータMEMORY_TARGETに「0」より大きい値を指定した場合に有効となります。

この機能を有効にすると、OracleはSGAとPGAの合計サイズが初期化パラメータMEMORY_TARGETに設定した値以下になるように、利用状況に応じて適切に自動調整します。

自動共有メモリ管理（Oracle 10g以降）

Oracle 10gでSGAの構成要素であるデータベースバッファキャッシュや共有プールなどのサイズを自動的に調整する「**自動共有メモリ管理機能**」が追加されました。

自動共有メモリ管理機能は初期化パラメータSGA_TARGETに「0」より大きい値を指定すると有効になります。この機能を有効にすると、OracleはSGAの構成要素の合計サイズが初期化パラメータSGA_TARGETに設定した値以下になるように、利用状況に応じて適切に自動調整します。自動調整の対象となる構成要素は以下の5つです。

- 共有プール
- ラージプール
- Javaプール
- データベースバッファキャッシュ
- Streamsプール（Oracle 10g R2以降）

初期化パラメータの格納先にサーバーパラメータファイル（SPFILE）を利用している場合は、自動調整された構成要素のサイズが再起動後も引き継がれます。

テキスト形式の初期化パラメータファイル（PFILE）を利用している場合は、再起動後、あらためて利用状況に応じてサイズの自動調整が行われ、サイズが決定されます。

自動PGAメモリ管理（Oracle 9i以降）

Oracle 9iでインスタンス全体のPGAの合計サイズを自動的に調整する「**自動PGAメモリ管理機能**」が追加されました。

自動PGAメモリ管理機能は、初期化パラメータWORKAREA_SIZE_POLICYに「AUTO」を設定し、初期化パラメータPGA_AGGREGATE_TARGETに「0」以上の値を設定した場合に有効になります。

この機能を有効にすると、OracleはインスタンスPGAの合計サイズが初期化パラメータPGA_AGGREGATE_TARGETに設定した値以下になるよう、利用状況に応じてPGA内のSQL作業領域のサイズを適切に自動調整します。

ただし、自動PGAメモリ管理機能で制御されるのは、ソート処理などに使用されるSQL作業領域だけで、PGA内のその他の領域のサイズは制御されません。そのため、自動PGAメモリ管理機能を用いた場合でも、総PGAメモリサイズが初期化パラメータPGA_AGGREGATE_TARGETの設定値以上になる場合があります。

手動共有メモリ管理

「**手動共有メモリ管理**」は、SGAの構成要素のサイズを初期化パラメータで指定したサイズに固定するメモリ管理方式です。手動で共有メモリを管理する場合、Oracle 10gでは、初期化パラメータSGA_TARGETに「0」を、Oracle 11g以降では、初期化パラメータSGA_TARGETとMEMORY_TARGETに「0」に設定します。そして、個々のSGAの構成要素について初期化パラメータでサイズを指定します。

表06-07 SGAの構成要素と対応する初期化パラメータ

SGAの構成要素	対応する初期化パラメータ
共有プール	SHARED_POOL_SIZE
データベースバッファキャッシュ	DB_CACHE_SIZE
Javaプール	JAVA_POOL_SIZE
ラージプール	LARGE_POOL_SIZE
REDOログバッファ	LOG_BUFFER
Streamsプール	STREAMS_POOL_SIZE

手動PGAメモリ管理

「**手動PGAメモリ管理**」は、PGA内の**SQL作業領域**のサイズをSQL作業の種類に対応した初期化パラメータである「**○○_AREA_SIZE**」で制御するメモリ管理方式です。

手動PGAメモリ管理を用いる場合、初期化パラメータWORKAREA_SIZE_POLICYに「MANUAL」を設定します。また、個々の作業に用いるSQL作業領域のサイズの上限を初期化パラメータで指定します。

SQL作業の種類と、対応する初期化パラメータを下表にまとめます。

表06-08 SQL作業の種類と対応する初期化パラメータ

SQL作業の種類	対応する初期化パラメータ
ソート処理	SORT_AREA_SIZE
ハッシュ結合処理※	HASH_AREA_SIZE
ビットマップ索引のマージ処理	BITMAP_MERGE_AREA_SIZE
ビットマップ索引の作成処理	CREATE_BITMAP_AREA_SIZE

※ハッシュ結合についてはOracle社のマニュアル「パフォーマンス・チューニング・ガイド」を参照してください。

例えば、ソート処理に使用するSQL作業領域のサイズを最大1Mバイトに設定したい場合は、初期化パラメータWORKAREA_SIZE_POLICYに「MANUAL」を設定したうえで、初期化パラメータSORT_AREA_SIZEに「1M」を設定します。

なお、初期化パラメータWORKAREA_SIZE_POLICYはALTER SESSION SET文を用いてセッションレベルで設定できるので、特定のセッションのみ手動PGAメモリ管理を利用することもできます。夜間のバッチ処理など、極めて少数のセッションが大量のデータをソートする場合など、一時的に特定のサーバープロセスに大きなサイズのPGAを割り当てたい場合に有効です。

本章のまとめ

●PGA

- Oracleが使用するメモリ領域はPGAとSGAに大別される
- サーバープロセスやバックグラウンドプロセスは、プロセス内にPGAを確保する
- PGA内のSQL作業領域でソートなどのSQL作業が実行される

●SGA

- SGAはプロセス間で共有されるデータを保管するメモリ領域
- SGAは、データベースバッファキャッシュ、共有プール、ラージプール、Javaプール、Streamsプールから構成される
- 共有プールは共有可能なデータを一時的に保管するメモリ領域。共有プールに格納されたデータは、解放されるまでキャッシュされる
- 共有プールの用途として重要なのは、解析済みSQL情報の共有
- ラージプールは比較的大きなサイズのデータをプロセス間でやり取りする際に利用されるメモリ領域。ラージプールに格納されたデータは、使い終わったタイミングで解放される

●Oracleのメモリ管理方式

- Oracleのバージョンごとに異なるメモリ管理方式が用意されており、使用するメモリ管理方式を初期化パラメータで選択可能
- 自動メモリ管理はOracle 11gから利用可能なメモリ管理方式で、SGAとPGAの総計を自動的に管理する
- 自動共有メモリ管理はOracle 10gから利用可能なメモリ管理方式で、SGAの総計を自動的に管理する
- 自動PGAメモリ管理は、Oracle 9iから利用可能なメモリ管理方式で、インスタンス内のPGAの総計を自動的に管理する
- 手動共有メモリ管理はSGAの構成要素のサイズを個別に指定するメモリ管理方式
- 手動PGAメモリ管理は、個々の作業に用いるSQL作業領域のサイズの上限を指定するメモリ管理方式

CHAPTER

07 その他の構成要素

本章では、これまでに説明していないOracleアーキテクチャに含まれる以下の構成要素について説明します。

- **バックグラウンドプロセス「SMON」、「PMON」、「CKPT」**
- **パスワードファイル、ログファイルなどの各ファイル**
- **データディクショナリビューと動的パフォーマンスビュー**

本章で説明する内容は、Oracleアーキテクチャ全体から見た下図の色の付いた網かけ部分になります。なお、データディクショナリビューと動的パフォーマンスビューの定義は、データディクショナリに格納されています。

図07-01 SMON、PMON、CKPT、パスワードファイル

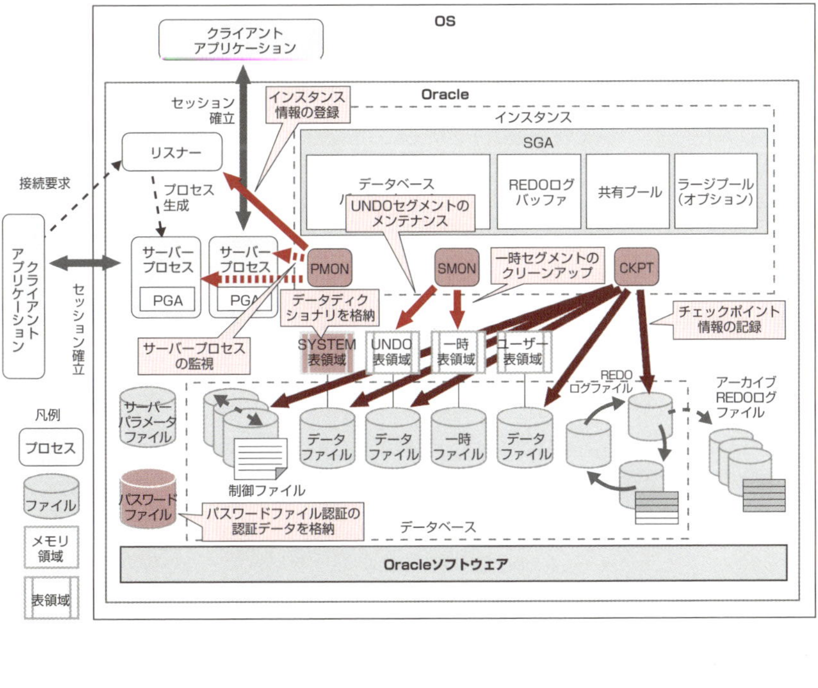

その他のバックグラウンドプロセス

これまで、DBWR、ARCn、LGWRについて説明してきましたが、Oracleには他にもバックグラウンドプロセスは多数存在します。このうち、重要なプロセスについて説明します。

SMON

SMON（システムモニター）は、定期的にインスタンスの状態を監視し、データベースの整合性を維持・管理するバックグラウンドプロセスです。SMONが行う主要な処理は以下の3つです。

- **インスタンスの起動時に、必要に応じてクラッシュリカバリ※を実行する**
- **使用されなくなった一時セグメントをクリーンアップする**
- **UNDOセグメントをメンテナンスする（肥大化したUNDOセグメントの縮小など）**

※クラッシュリカバリについては、**CHAPTER 19「リカバリ処理の仕組み」**で詳しく説明します。

PMON

PMON（プロセスモニター）は、定期的にプロセスの状態を監視し、プロセス処理に関連するデータベースの整合性を維持・管理するバックグラウンドプロセスです。PMONが行う主要な処理は以下の3つです。

- **クライアントアプリケーションが異常終了したときに、処理中の各データをリカバリし、クリーンアップする**
- **ディスパッチャープロセスとサーバープロセスの状態を定期的にチェックし、実行を停止したサーバープロセスがあれば再起動する**
- **インスタンスおよびディスパッチャープロセスに関する情報をリスナーに登録する※**

※この処理を「動的サービス登録」と呼びます。動的サービス登録については、**CHAPTER 21「動的サービス登録／共有サーバ構成／データベースリンク」**で詳しく説明します。なお、Oracle 12c以降では、この処理はLREGが実行します。

CKPT

CKPT（チェックポイント）は「チェックポイント※」と呼ばれるイベントに関する情報を各ファイルに書き込むバックグラウンドプロセスです。CKPTが行う主要な処理は以下の2つです。

※ チェックポイントについては、**CHAPTER 14「更新処理の仕組み」**で詳しく説明します。

- **チェックポイント発生時に、データベースのすべてのデータファイルと制御ファイルにチェックポイント情報を記録する**
- **REDOログファイルのチェックポイント位置に関する情報を、制御ファイルに3秒ごとに記録する。この情報より、チェックポイント位置より古いREDOデータは、データベースのリカバリに不要であることがわかるため、リカバリ処理時間を短縮することができる※**

※ リカバリ時のREDOデータの適用（ロールフォワード）については、**CHAPTER 19「リカバリ処理の仕組み」**で詳しく説明します。

バックグラウンドプロセスの確認

本章で説明したSMON、PMON、CKPTを含め、各バックグラウンドプロセスに関する情報は、V$PROCESSビューのBACKGROUND列の値が「1」である行から確認できます。また、V$BGPROCESSビューからは、各バックグラウンドプロセスの簡単な説明を確認できます。

※ V$PROCESSビューの列値の説明および実行例については、**P.83**を参照してください。

書式 バックグラウンドプロセスの確認

```
SELECT pid, spid, program, background, pga_alloc_mem
FROM V$PROCESS
WHERE background=1;
```

書式 バックグラウンドプロセスの簡単な説明

```
SELECT name, description FROM V$BGPROCESS;
```

表07-01 V$BGPROCESSビューの列値

列名	内容
name	バックグラウンドプロセスの名称
description	バックグラウンドプロセスの説明

実行例 07-01 V$BGPROCESSビューの実行例

```
SQL> SELECT name, description FROM V$BGPROCESS;

NAME    DESCRIPTION
------- -------------------------------------
PMON    process cleanup
DIAG    diagnosibility process
FMON    File Mapping Monitor Process
PSP0    process spawner 0
LMON    global enqueue service monitor
(略)
ARBA    ASM Rebalance 10
ASMB    ASM Background
GMON    diskgroup monitor
MMON    Manageability Monitor Process
MMNL    Manageability Monitor Process 2

157行が選択されました。
```

ここからはパスワードファイルと各種のログファイルについて説明します。

パスワードファイル

パスワードファイルは、「パスワードファイル認証」と呼ばれる認証方式を利用する際に必要な認証データを格納するファイルです。

通常、ユーザーがOracleにログインする場合は、データベースに格納されたデータディクショナリ内の認証データ（ユーザー名、パスワードなど）を用いて認証を行います（データディクショナリ認証）が、Oracleにはデータディクショナリ認証以外にも、OS認証（オペレーティングシステム認証）や、パスワードファイル認証なども用意されています※。

データディクショナリ認証では認証情報をデータベースから得るため、インスタンスが起動していないと利用できません。そのため、インスタンスが起動していないときに認証処理を実行する必要があるSYSDBA権限を持ったデータベース管理用ユーザーに対しては、デフォルトでパスワードファイル認証とOS認証が機能するように構成されています※※。

※ OracleではPKIやKerberosなどの一般的な認証サービスを用いたネットワークベースの認証方式も利用できますが、本書の範囲を超えるため説明は割愛します。
※※ データベースにSYSDBA権限で接続する方法については、**CHAPTER 08「ユーザーと権限」**で詳しく説明します。

パスワードファイルのパス名

パスワードファイルのパス名はOSの種類によって異なります。

- **UNIX/Linux版Oracle：<ORACLE_HOME>/dbs/orapw<SID>**
- **Windows版Oracle：<ORACLE_HOME>¥database¥pwd<SID>.ora**

DBCAでデータベースを作成した場合、パスワードファイルは自動的に作成され、SYSDBA権限を持つSYSユーザーのパスワードが登録されます。なお、SYSユーザーのパスワードを変更すると、自動的にパスワードファイルのデータも更新されるので、通常はパスワードファイルをメンテナンスする必要はありません。

OS認証 COLUMN

OS認証とは、「あらかじめ定められたOSグループに所属しているユーザーは、OSレベルですでに認証処理が実行済みである」と判断する認証方式です。OS認証を行ったユーザーは、SYSDBA権限で接続する際にユーザー名やパスワードの入力は求められません。

Windows版Oracleでは、ORA_DBAローカルグループに所属するユーザーにOS認証が適用されます。ただし、sqlnet.oraに「SQLNET.AUTHENTICATION_SERVICES = (NTS)」の設定が必要です※。UNIX/Linux版Oracleでは、Oracleソフトウェアのインストール時に指定したグループに所属するユーザーにOS認証が適用されます。

※ 通常、デフォルトで設定済みです。sqlnet.oraについては、**CHAPTER 20「基本的な接続形態とNet Servicesの構成」**で詳しく説明します。

ログファイル

Oracleの“現在の運用状態”を確認する場合は、データディクショナリビューや動的パフォーマンスビューを利用しますが、“過去の運用状態”を確認する場合は、**ログファイル**に記録された情報を確認します。また、各種トラブルに関する情報はログファイルに記載されるため、トラブル解析にもログファイルは有効です。

アラートログ

アラートログは、データベース運用中に発生した重大なエラーや、起動・終了などの管理操作に関する重要な情報が出力される、テキスト形式のログファイルです。Oracleにトラブルが発生した場合は、まずアラートログを確認します。また、運用中も定期的に監視することが望まれます。ただし、アラートログは無制限に順次追記されていくので、運用中は定期的に削除するか、アーカイブする必要があります。

アラートログのファイル名は「**alert_<ORACLE_SID>.log**」です。アラートログは、Oracle 10gでは、初期化パラメータBACKGROUND_DUMP_DESTに指定したディレクトリに、Oracle 11g以降では、ADR_HOME配下のtraceディレクトリに出力されます※。1つのインスタンスに、1つのアラートログが対応付けられるので、インスタンスの数だけアラートログが生成されます。

※ ADR_HOMEは、Oracle 11gから導入された「診断インフラストラクチャ」のディレクトリです。本章のコラム「診断インフラストラクチャ」(**P.103**)で説明します。

アラートログの出力内容

アラートログには、以下の内容が出力されます。

- **インスタンスの起動処理の流れと、デフォルト値以外に設定された初期化パラメータの値**
- **インスタンスの終了処理の流れ**
- **発生したすべての内部エラー(ORA-00600)、ブロック障害エラー(ORA-01578)およびデッドロックエラー(ORA-00060)、その他の重大なエラー**

- 管理操作コマンド名とその実行結果（SQL文のCREATE／ALTER／DROP DATABASE／TABLESPACEおよびARCHIVE LOGの出力、リカバリ処理など）
- マテリアライズドビューの自動リフレッシュにおけるエラー

以下は重大なエラー発生時のアラートログの出力例です。内容を見るとエラーに関する詳細情報がトレースファイル「orcl_ora_7868.trc」※に出力されていることがわかります（❶）。

※ トレースファイルについては次項で説明します。

実行例 07-02 重大なエラー発生時のアラートログ出力例

```
Sat Mar 14 17:38:18 2015
ORA-04031 heap dump being written to trace file
C:¥ORACLE¥diag¥rdbms¥orcl¥orcl¥trace¥orcl_ora_7868.trc ──❶
Errors in file C:¥ORACLE¥diag¥rdbms¥orcl¥orcl¥trace¥orcl_ora_7868.trc
(incident=32995):
ORA-04031: 共有メモリーの104バイトを割当てできません("shared pool"、"select
name,password,datats#..."、"SQLA^1182baa5"、"opn: qkexrInitOpn")
Incident details in:
C:¥ORACLE¥diag¥rdbms¥orcl¥orcl¥incident¥incdir_32995¥orcl_ora_7868_i32
995.trc
```

トレースファイル

トレースファイルは、サーバープロセスやバックグラウンドプロセスなどの各種プロセスのエラー情報や詳細な診断情報が出力されるテキストファイルです。重大なエラーが発生すると、アラートログにエラー番号が出力されると同時に、トレースファイルにエラー情報が出力されます。トレースファイルのファイル名には、プロセスの名称やプロセスのPIDが含まれます。拡張子は「trc」です。

Oracle 10gでは、サーバープロセスは初期化パラメータUSER_DUMP_DESTに設定されたディレクトリに、バックグラウンドプロセスは初期化パラメータBACKGROUND_DUMP_DESTに設定されたディレクトリにそれぞれトレースファイルを出力します。Oracle 11g以降では、サーバープロセス、バックグラウンドプロセスともにADR_HOME配下のtraceディレクトリにトレースファイルを出力します。

●トレースファイルの出力内容

トレースファイルに出力される内容はOracleカスタマ・サポートによるエラーの調査に利用されます。通常、データベースのユーザーが内容を理解するのは困難です。

実行例 07-03 トレースファイルの出力例

```
Trace file C:¥ORACLE¥diag¥rdbms¥orcl¥orcl¥trace¥orcl_ora_7868.trc
Oracle Database 12c Enterprise Edition Release 12.1.0.1.0 - 64bit
Production
With the Partitioning, OLAP, Advanced Analytics and Real Application
Testing options
Windows NT Version V6.1 Service Pack 1
CPU                 : 4 - type 8664, 2 Physical Cores
Process Affinity    : 0x0x0000000000000000
Memory (Avail/Total): Ph:3389M/8070M, Ph+PgF:11113M/16139M
Instance name: orcl
Redo thread mounted by this instance: 1
Oracle process number: 22
Windows thread id: 7868, image: ORACLE.EXE (SHAD)

(中略)

*** 2015-03-14 17:38:17.846
=================================
Begin 4031 Diagnostic Information
=================================
The following information assists Oracle in diagnosing
causes of ORA-4031 errors.  This trace may be disabled
by setting the init.ora _4031_dump_bitvec = 0
=====================================
Allocation Request Summary Informaton
=====================================
Current information setting:  04014fff
  SGA Heap Dump Interval=3600 seconds
  Dump Interval=300 seconds
  Last Dump Time=03/14/2015 17:38:17
  Dump Count=1
Allocation request for: opn: qkexrInitOpn
  Heap: 000007FF017C3FA0, size: 104
******************************************************
```

```
HEAP DUMP heap name="sga heap"  desc=000000014AFAD1E0
 extent sz=0x45308 alt=264 het=32767 rec=9 flg=-126 opc=0
 parent=0000000000000000 owner=0000000000000000 nex=0000000000000000
xsz=0x1 heap=0000000000000000
 fl2=0x60, nex=0000000000000000

(以下略)
```

Net Services関連のログ

ネットワークを介してインスタンスへ接続する場合は「Net Services」と呼ばれるソフトウェアを使用します。接続障害などのネットワーク関連の問題を解析するには、Net Services関連のログファイルが有効です※。

※ Net Services関連のログファイルについては、CHAPTER 20「基本的な接続形態とNet Servicesの構成」で詳しく説明します。

診断インフラストラクチャ　COLUMN

Oralce 10gまでは、データベースの状況確認や診断に用いられる各種のログファイル（アラートログやトレースファイルなど）の保存先を、ログファイルの種別ごとに、別々の初期化パラメータを用いて指定していました。

Oralce 11gからは、ログファイルを含むデータベースの状況確認や診断に使用するデータは、ADR（Automatic Diagnostic Repository： 自動診断リポジトリ）で一括管理されるようになりました。ADRは製品やデータベースなどの分類に応じたディレクトリ構造を持つ、整理されたファイルベースのリポジトリです。ADR内のデータは、Oracle内ではなく、OSのファイルシステム上にファイルとして保存されるので、データベースが停止していても確認することができます。

診断に使用するデータは、「ADR_HOME」に対応するディレクトリ以下に出力されます。ADR_HOMEに対応するディレクトリは、V$DIAG_INFOビューで確認できます。

ORAエラー　COLUMN

ログファイルにエラーが記録されることがあります。Oracleが出力するエラーには「ORA-<数字>」形式でエラー番号が付けられています。エラーが発生した場合、一部の重大なエラーについてはアラートログやトレースファイルにエラーの発生が記録されます。その他のエラーは、クライアントアプリケーションにエラーが返されるのみです。

表07-02にアラートログやトレースファイルに記録される代表的なOracleエラーを、表07-03にクライアントアプリケーションにのみエラーが返される代表的なOracleエラーをまとめます。エラー番号とエラーメッセージ、エラーの発生原因やその対処方法についてはOracle社のマニュアル「エラー・メッセージ」を参照してください。

表07-02 アラートログやトレースファイルに記録されるOracleエラー

エラー番号	メッセージ抜粋	原因	対処
ORA-00020	最大プロセス数(<n>)を超えました	起動しているプロセス数が、初期化パラメータPROCESSESの設定値と等しい状態	起動するプロセスを減らすか、初期化パラメータPROCESSESの設定値を増やす
ORA-00600	内部エラーコード、引数:<文字列>	Oracle内部でエラーが検出された	エラーメッセージとトレースファイルをOracleカスタマーサポートに送付し、解析を依頼する
ORA-07445	例外が検出されました	OS例外の発生	エラーメッセージをOracleカスタマーサポートに送付し、サポートの指示にしたがう
ORA-01555	スナップショットが古すぎます	読み取りに必要なUNDOデータが上書きされて存在しない	初期化パラメータUNDO_RETENTIONの設定値を大きくする
ORA-04031	共有メモリの<n>バイトを割当てできません	共有プールからメモリを取得することに失敗	共有プールのサイズを増やすか、共有プールの使用量を減らす
ORA-00060	リソース待機の間にデッドロックが検出されました	トランザクションのデッドロックが検出された	トレースファイルからデッドロックの原因を追究する。ただし、再実行することで正常にトランザクションが実行できることもある

表07-03 クライアントアプリケーションにのみ返されるOracleエラー

エラー番号	メッセージ	原因	対処
ORA-00001	一意制約(<制約名>)に反しています	一意制約が設定されている列に重複した値を設定している	重複しない値を設定する
ORA-01722	数値が無効です	SQLにおいて、数値として無効な値(文字列など)が指定された	数値または数値に変換可能な値を指定する
ORA-00942	表またはビューが存在しません	SQLで指定したテーブルまたはビューが存在しない	正しいテーブルまたはビューを指定する

データディクショナリビューと動的パフォーマンスビュー

Oracleに関する内部情報は、「データディクショナリビュー」と「動的パフォーマンスビュー」と呼ばれる読み取り専用のビューで確認できます。

データディクショナリビューとデータディクショナリ

データディクショナリビューは、Oracle内部の構成情報を提供する読み取り専用の特殊なビューの総称です※。データディクショナリビューの元表は「**データディクショナリ**」と呼ばれる**SYSTEM表領域**内に格納されている特殊なテーブルです。

なお、データディクショナリビューから確認できるデータは、オブジェクトの定義が変更されたり、ユーザーに関する情報が更新された場合にのみ更新されることから、「**静的データディクショナリビュー**」と呼ばれることもあります。データディクショナリには、以下のようなOracle内部の構成情報が格納されており、データディクショナリビューで内容を確認できます。

※ビューは、元表のデータを元にして作成された仮想的なテーブルです。ビューについてはCHAPTER 11「**その他のオブジェクト**」で詳しく説明します。

- **テーブルや索引などのオブジェクトの定義**
- **ユーザーに関する情報**
- **権限とロール**
- **その他のOracleに関する構成情報**

図07-02 データディクショナリとデータディクショナリビュー

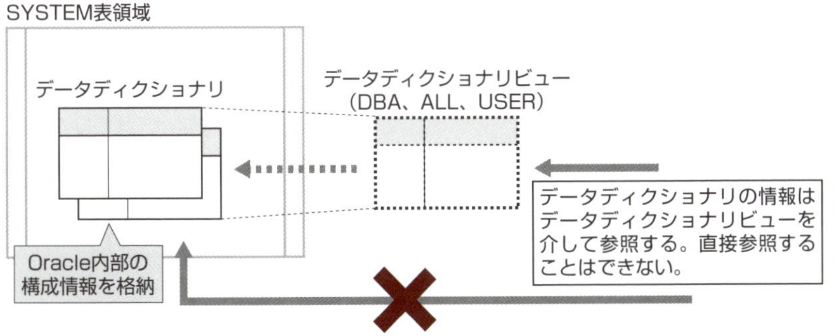

データディクショナリビュー、データディクショナリはともにSYSユーザーが所有しています。また、データディクショナリはSYSTEM表領域に格納されているため、データディクショナリビューにアクセスできるのは、データベースがオープンしている場合のみです。

Oracleには、バージョンにより異なりますが、数百～1000程度のデータディクショナリビューが存在し、詳細はOracle社のマニュアル「リファレンス・マニュアル」で確認できます。しかし、データディクショナリはOracleがアクセスしデータを更新するものであり、直接ユーザーがアクセスするものではないため、これに関する情報はマニュアルで公開されていません。

データディクショナリビューは、以下の3種類に分類されます。

表07-04 データディクショナリビューの分類

名称	説明
USER_	そのユーザーが所有しているオブジェクトのみが確認できるビュー
ALL_	そのユーザーが参照できるオブジェクトのみが確認できるビュー
DBA_	データベースに存在するすべてのオブジェクトが確認できるビュー。デフォルトではSELECT ANY DICTIONARYシステム権限を持つユーザーのみがアクセス可能

動的パフォーマンスビュー

動的パフォーマンスビューとは、Oracleの動作状態に応じて継続的に内容が更新される各種統計情報や動作状態を確認できる特殊な読み取り専用ビューの総称です。動的パフォーマンスビューで以下のような動的な情報を確認できます。なお、動的パフォーマンスビュー名はすべて「V$」からはじまります。

- **各種統計情報**
- **プロセス、セッション、メモリ領域の状態**
- **その他のOracleの動作状態に関する情報**

Oracleには、バージョンにより異なりますが、数百～1000程度の動的パフォーマンスビューが存在し、詳細はOracle社のマニュアル「リファレンス・マニュアル」で確認できます。

実運用においてパフォーマンスに問題が発生したり、Oracleの処理が正常に実行されていないことが疑われる場合は、動的パフォーマンスビューや各種ログファイルを確認する必要があります。

本章のまとめ

●その他のバックグラウンドプロセス

・SMONは定期的なインスタンスの状態監視に基づき、データベースの整合性を維持・管理するバックグラウンドプロセス
・PMONは、定期的なプロセスの状態監視に基づき、プロセス処理に関連するデータベースの整合性を維持・管理するバックグラウンドプロセス
・CKPTは、「チェックポイント」と呼ばれるイベントに関する情報を各種ファイルに書き込むバックグラウンドプロセス

●その他のファイル

・パスワードファイルは、パスワード認証に用いる「認証データ」を格納するファイル
・Oracleの主要なログファイルには「アラートログ」と「トレースファイル」がある
・アラートログには、データベース運用中に発生した重大なエラーや、起動・終了などの管理操作に関する重要な情報が出力される
・Oracleで発生するエラーには、「ORA-<数字>」という形式のエラー番号が付与される
・エラーは、アラートログやトレースファイルに記録される重大なエラーと、記録されないエラーに分類される
・トレースファイルには、サーバープロセスやバックグラウンドプロセスなどのプロセスのエラー情報や、詳細な診断情報が出力される

●データディクショナリビューと動的パフォーマンスビュー

・データディクショナリビューはOracle内部の構成情報を確認できる特殊な読み取り専用のビューです
・動的パフォーマンスビューは継続的に内容が更新される各種統計情報や動作状態を確認できる特殊な読み取り専用ビューです

OSによるOracleアーキテクチャの違い COLUMN

Oracleはマルチプラットフォーム製品であるため、基本的なアーキテクチャは同一ですが、OSごとにいくつか異なる部分があります。ここではOSによるアーキテクチャの相違点について説明します。

プロセスとSGAの実装

UNIX/Linux版Oracleでは、サーバープロセスやバックグラウンドプロセスはOSの**プロセス**として実装されています。このため、個々のプロセスをpsコマンドを用いて確認することが可能です。一方、Windows版Oracleでは、サーバープロセスやバックグラウンドプロセスは、oracle.exe内の**スレッド**として実装されているため、個々のプロセスをタスクマネージャから確認することはできません。

また、UNIX/Linux版OracleのSGAは**共有メモリ**として実装されています。共有メモリの機能を利用して、プロセス間でデータベースバッファキャッシュや共有プール内のデータを共有しています。一方、Windows版OracleのSGAはプロセス内に確保された通常のメモリ領域です。

図07-03 プロセスとSGAの実装

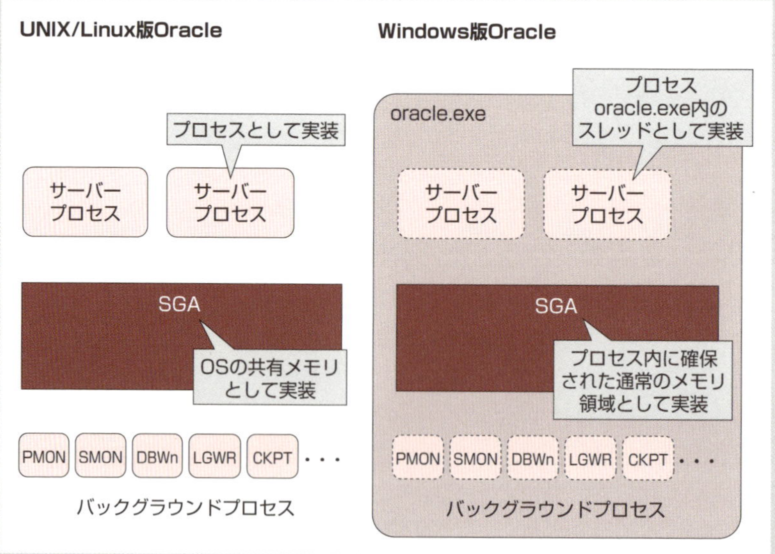

インスタンス自動起動の仕組み

インスタンス自動起動の仕組みもOSによって異なります。ここではそれぞれの起動方法を説明します。

●UNIX/Linux版Oracleでのインスタンス自動起動

UNIX/Linux版Oracleでは、OSの起動時に、Oracleを自動起動する仕組みそのものは提供されません。OS上に存在するインスタンスを一括して起動・終了する仕組みだけが提供されています。

OS上に存在するインスタンスはoratabファイルで管理されます。oratabファイルはLinux、AIX、HP-UXでは、「/etc/oratab」に配置され、Solarisでは「/var/opt/oracle/oratab」に配置されます。oratabファイルはテキストファイルであり、1行が1インスタンスに対応します。

書式 oratabファイルの書式

```
<SID>:<ORACLE_HOME>:{Y|N}
```

Y：起動・終了の対象／N：起動・終了の対象でない

以下は、ORA101、ORA102A、ORA102Bというインスタンスが存在し、ORA101、ORA102Aが起動・終了の対象となっているoratabファイルの例です。なお、DBCAを用いてデータベースを作成すると、oratabファイルに自動的にエントリが追加され、データベースを削除すると、自動的にエントリは削除されます。

実行例 07-04 oratabファイルの例

```
ORA101:/u01/oracle/product/10.1.0/db_1:Y
ORA102A:/u02/oracle/product/10.2.0/db_1:Y
ORA102B:/u02/oracle/product/10.2.0/db_1:N
```

このoratabファイルの設定にしたがってインスタンスを一括起動・一括終了するには、「$ORACLE_HOME/bin/」に配置されている「dbstartコマンド」と「dbstopコマンド」を使用します。ただし、Oracle用のデーモン起動スクリプトはOracleソフトウェアの一部としては提供されていないので、マニュアルに「dboraスクリプト」として掲載されているサンプルを参考にしてデーモン起動スクリプトを作成・登録する必要があります。

Windows版Oracleでのインスタンス自動起動

Windows版Oracleの場合は、データベースを作成すると、自動的にデータベースのインスタンスに対応する「Windowsサービス」※がOSに登録され、OS起動時にインスタンスも起動するようになっています(デフォルト)。例えば、ORACLE_SIDがORCLであるインスタンスを作成した場合、Windowsに「OracleService ORCL」というWindowsサービスが登録され、スタートアップの種類が「自動」になります※※。

また、インスタンスと同様に、リスナーやEnterprise Manager Database Controlに対応するWindowsサービスもWindowsに登録されます。下表にOracle関連の主要なWindowsサービスを記載します※※※。

※ Windowsサービスとは、ユーザーがWindowsにログインしていない状態でも常にバックグラウンドで起動しつづける、サーバープログラムを実装するための仕組みです。
※※ Windowsサービス管理ツールを起動する手順は、「スタート」→「すべてのプログラム」→「コントロールパネル」→「管理ツール」→「サービス」です。
※※※ Windowsに登録されるサービスは、Oracleのバージョンやデータベース構築時の設定によって異なります。

表07-05 Oracle関連の主要なWindowsサービス

名称(サービス名)	説明
Oracle Databaseサービス (OracleService<ORACLE_SID>)	Oracleプロセスに相当するサービス
Oracle TNS Listenerサービス (Oracle<ORACLE_HOME名>TNSListener)	リスナーに相当するサービス
dbconsoleサービス (OracleDBConsole<ORACLE_SID>)	Enterprise Manager Database Controlに相当するサービス(Oracle 10g、11g)

なお、インスタンスの起動に限らず、インスタンスに関する処理を行うには、「Oracle Databaseサービス」が起動している必要があります。Oracle Databaseサービスが実行していない状況で、インスタンスを起動しようとしても接続時にエラーになります。

環境変数とレジストリ

UNIX/Linux版Oracleでは通常、「Oracleオーナー」と呼ばれるOracleソフトウェアを所有するOSユーザーを作成し、このOSユーザーの環境変数に必要な値を設定します。一方、Windows版Oracleでは通常、下表の各変数はレジストリに格納されます。ただし、UNIX/Linux版Oracleと同様に環境変数を指定することもできます。

表07-06 Oracleオーナーに設定する環境変数

環境変数	説明
ORACLE_HOME	Oracleソフトウェアをインストールしたディレクトリパス
ORACLE_BASE	ディレクトリ構造の基本となるディレクトリパス。通常、ORACLE_BASEの配下にORACLE_HOMEが配置される
PATH	$ORACLE_HOME/binを追加する
ORACLE_SID	接続対象となるインスタンスのSID

OS認証のグループ

UNIX/Linux版Oracleでは、OS認証のOSグループはOracleソフトウェアのインストール時に指定したグループ名になります。一方、Windows版Oracleでは、OS認証のOSグループは、常に「ORA_DBA」です。

初期化パラメータファイルとパスワードファイルのパス名

UNIX/Linux版Oracleでは、初期化パラメータファイルやパスワードファイルは「<ORACLE_HOME>/dbs」に配置されます。一方、Windows版Oracleでは「<ORACLE_HOME>¥database」に配置されます。

また、初期化パラメータファイルのファイル名は同じですが、パスワードファイルのファイル名は異なります。UNIX/Linux版Oracleのファイル名は「orapw<SID>」、Windows版Oracleのファイル名は「pwd<SID>.ora」です。

SECTION Ⅱ

スキーマオブジェクトとデータの格納方式

ここでは、Oracleのユーザーと権限、またユーザーが所有するオブジェクトやそのオブジェクトの格納方式について説明します。Oracleで扱うことができるすべてのデータはオブジェクトに格納されます。そして、そのオブジェクトを所有しているのはユーザーです。Oracleに接続し、さまざまな操作を行うためには、各オブジェクトに関する知識はもとより、ユーザーや権限に関する知識も必須です。

CHAPTER

08 ユーザーと権限

本章では、ユーザーとスキーマ、ユーザーのプロパティ、ユーザーに割り当てることができる権限について説明します。

Oracleはユーザーの認証／認可機構を持っており、ユーザーの「認証情報」と「権限情報」を独自に管理しています。そのため、Oracleを適切なセキュリティポリシーのもとで運用するためには、これらの仕組みについて理解しておく必要があります。

ユーザーとスキーマ

Oracleは利用できるユーザー名とパスワードのリストをデータディクショナリに格納しています。Oracleに接続するには、このリストに登録されているユーザー名とパスワードを指定する必要があります。OracleのユーザーとOSのユーザーはまったく別のものです。

ユーザーの最も重要な役割はOracleの操作や管理を行うことですが、オブジェクトの所有者としての役割もあります。すべてのオブジェクトには必ずオブジェクトの所有者が存在します。明示的に指定しない限り、あるオブジェクトの所有者はそのオブジェクトを作成したユーザーであり、そのユーザーのスキーマ内に置かれます。

スキーマとは

スキーマとは、ユーザーが所有するテーブルや索引などのオブジェクトを含む、論理的なコンテナです。オブジェクトが格納される記憶領域を示す表領域とは別の概念です。

図08-01 ユーザーとスキーマの関係

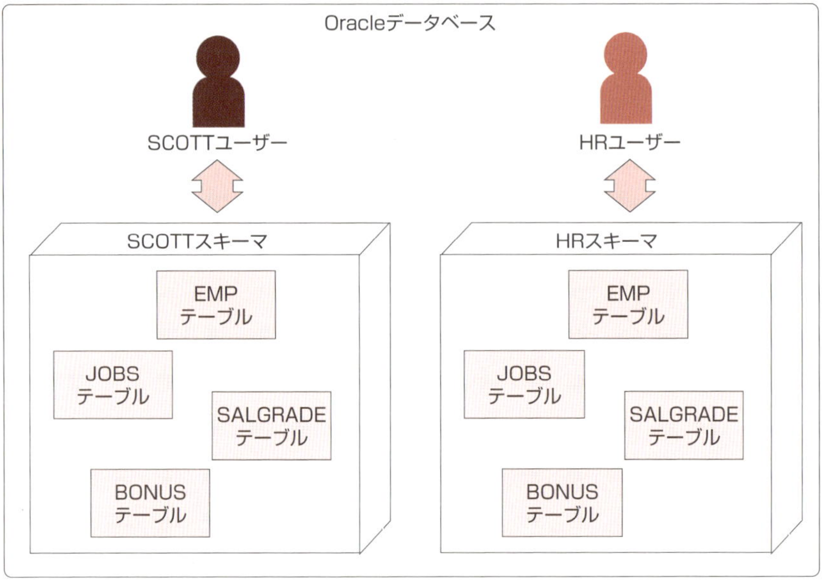

なお、名前が同じでも異なるスキーマ内のオブジェクトは別のオブジェクトとして扱われます。例えば、SCOTTスキーマ内に存在するEMPテーブルと、HRスキーマ内に存在するEMPテーブルはテーブル名は同じですが別のテーブルとして扱われます。他のユーザーが所有するオブジェクトを利用する場合は、スキーマ名をテーブル名の前に記述し、「SCOTT.EMP」や「HR.EMP」と指定します。Oracleに接続すると指定したユーザー名と同名のスキーマに接続されます。このため、スキーマ名を省略した場合は、ユーザーのスキーマ内のオブジェクトを指定したことになります。したがって、SCOTTユーザーが単に「EMP」と指定した場合は「SCOTT.EMP」を意味します。

ユーザー情報のバックアップ

ユーザー情報はデータディクショナリに格納されているため、通常のデータと同じようにはバックアップできません。ユーザー作成時のDDL文を保存しておくか、DBMS_METADATAパッケージを使用してDDL文を取得してください※。なお、データベースに定義できるユーザーの最大数は2,147,483,638です。事実上制限がないと考えてよいでしょう。

※ DBMS_METADATAパッケージについては、Oracle社のマニュアル「PL/SQLパッケージ・プロシージャおよびタイプ・リファレンス」を参照してください。

ユーザーのプロパティ

Oracleのユーザーには先述の「ユーザー名」や「パスワード」以外にも、いくつかのプロパティが用意されています。各プロパティは変更できるので、状況に合わせて適宜設定値を変更してください。

●デフォルト表領域とデフォルト一時表領域

デフォルト表領域は、オブジェクトの作成時に格納先の表領域を指定しなかった場合に、そのオブジェクトが格納される表領域です。デフォルト表領域は、ユーザー作成時にDEFAULT TABLESPACE句で指定します。

デフォルト一時表領域は、SQL実行時に一時セグメント※が必要となった場合に、一時セグメントが確保される表領域です。デフォルト一時表領域は、ユーザーの作成時にTEMPORARY TABLESPACE句で指定します。

ユーザー作成時にデフォルト表領域やデフォルト一時表領域の指定を省略すると、データベースのデフォルト表領域やデフォルト一時表領域が指定されます。データベースにもデフォルト表領域やデフォルト一時表領域が設定されていない場合は、SYSTEM表領域が指定されます。

ただし、SYSTEM表領域はデータベースの動作に必須の管理情報が格納される特殊な表領域なので、ユーザーのオブジェクトや一時セグメントを格納すべきではありません。したがって、ユーザー作成時にはそれぞれの表領域にSYSTEM表領域以外の表領域を明示的に指定すべきです。

ユーザーのデフォルト表領域は、DBA_USERSビューのDEFAULT_TABLESPACE列で、ユーザーのデフォルト一時表領域は、DBA_USERSビューのTEMPORARY_TABLESPACE列で確認できます。

※一時セグメントについては**CHAPTER 03「データファイルと関連する構成要素」**と**CHAPTER 13「問合せ処理の仕組み」**で詳しく説明します。

●権限とロール

権限とは、特定の操作を実行するための権利です。**ロール**は複数の権限をまとめたものです。権限とロールについては、それぞれP.123、P.127で説明します。

●クオータ

クオータ（表領域割り当て制限）とは、ある表領域内でユーザーが使用できる領域サイズの上限値です。ユーザーは、クオータに設定されたサイズを超えた領域を利用することはできません。複数のユーザーが1つの表領域を共用する場合に、特定のユーザーが表領域を占有するのを防ぐのに有効です。

クオータは、ユーザー作成時にQUOTA句で指定します。設定されているクオータはDBA_TS_QUOTASビューで確認できます。

●ユーザープロファイル

ユーザーが使用できるリソースに制限を課す、またはパスワードの管理ポリシーを規定するために、ユーザーには**ユーザープロファイル**を割り当てることができます。ユーザープロファイルを指定しなかった場合は「DEFAULTプロファイル」が設定されます。ユーザープロファイルは、リソースプロファイルの組み合わせで定義されます。

リソースプロファイルは、ユーザーが使用できる各種リソースに制限を課すタイプと、パスワードの管理ポリシーを規定するタイプの2つに分類されます。なお、リソース制限を行うためには初期化パラメータRESOURCE_LIMITが「TRUE」である必要があります。

表08-01 リソース制限を課すリソースプロファイル

リソースプロファイル名	内容	単位
SESSIONS_PER_USER	同時に接続できるセッション数	接続数
CONNECT_TIME	セッションの合計経過接続時間制限	分
IDLE_TIME	セッションで許される最大アイドル時間	分
CPU_PER_SESSION	1セッションあたりの使用できる最大CPU 時間	1/100秒
CPU_PER_CALL	1 SQLあたりの使用できる最大CPU 時間	1/100秒
LOGICAL_READS_PER_SESSION	1セッションあたりの最大論理読み込みブロック数	ブロック
LOGICAL_READS_PER_CALL	1コールあたりの最大論理読み込みブロック数	ブロック
PRIVATE_SGA	共有サーバー接続※におけるセッション単位のプライベート領域（SGA共有プール内）の大きさ	バイト

※共有サーバー接続については、**CHAPTER 21「動的サービス登録／共有サーバー構成／データベースリンク」**で詳しく説明します。

表08-02 パスワードの管理ポリシーを規定するリソースプロファイル

リソースプロファイル名	内容	単位
FAILED_LOGIN_ATTEMPTS	ログインに失敗できる回数。失敗回数がこの値を超えた場合、アカウントはロックされる	回数
PASSWORD_LIFE_TIME	同じパスワードを継続して利用できる最大日数	日
PASSWORD_REUSE_TIME	現在使用しているパスワードを再び使用するまでに必要な日数	日
PASSWORD_REUSE_MAX	現在使用しているパスワードを再び使用するまでに必要なパスワードの変更回数	回数
PASSWORD_LOCK_TIME	ログインに連続して失敗してアカウントがロックされた場合に、アカウントがロックされる日数	日
PASSWORD_GRACE_TIME	パスワードの期限が切れた後、最初にログインしてからパスワードを変更するまでの猶予期間。猶予期間が経過するとパスワードを変更しないと、ログインできなくなる	日
PASSWORD_VERIFY_FUNCTION	パスワードの複雑さを検証するスクリプト	スクリプトの名前

ユーザーの確認

ユーザー名やアカウントの状態、デフォルト表領域といった、Oracleユーザーに関する情報はDBA_USERSビューで確認できます。

書式 ユーザーの確認

```
SELECT username, account_status account,
       default_tablespace default_ts,
       temporary_tablespace temp_ts, profile
FROM DBA_USERS;
```

表08-03 DBA_USERSビューの列値

列名	内容
username	ユーザー名
account_status	アカウント(ログインするための権利)の状態
default_tablespace	ユーザーのデフォルト表領域名
temporary_tablespace	ユーザーのデフォルト一時表領域名
profile	ユーザーに設定されたユーザープロファイル名

表08-04 account_statusの値

値	内容
OPEN	ロックされておらず、ログインが可能
EXPIRED	パスワードが期限切れのため、ログイン後パスワードの変更が必要
LOCKED	アカウントがロックされており、ログインが不可
EXPIRED & LOCKED	パスワードの期限が切れ、かつ、ロックされている

以下の実行例では、DBA_USERSビューでデータベース内に存在するすべてのユーザーを確認しています。

実行例 08-01 データベース内に存在するすべてのユーザーの確認

```
SQL> SELECT username, account_status account,
  2         default_tablespace default_ts,
  3         temporary_tablespace temp_ts, profile
  4  FROM DBA_USERS;

USERNAME   ACCOUNT            DEFAULT_TS   TEMP_TS   PROFILE
---------- ------------------ ------------ --------- -------------------
MGMT_VIEW  OPEN               SYSTEM       TEMP      DEFAULT
SYS        OPEN               SYSTEM       TEMP      DEFAULT
SYSTEM     OPEN               SYSTEM       TEMP      DEFAULT
DBSNMP     OPEN               SYSAUX       TEMP      DEFAULT
SYSMAN     OPEN               SYSAUX       TEMP      MONITORING_PROFILE
SCOTT      OPEN               USERS        TEMP      DEFAULT
TEST       OPEN               USERS        TEMP      DEFAULT
OUTLN      EXPIRED & LOCKED   SYSTEM       TEMP      DEFAULT
WMSYS      EXPIRED & LOCKED   SYSAUX       TEMP      DEFAULT
TSMSYS     EXPIRED & LOCKED   USERS        TEMP      DEFAULT
DIP        EXPIRED & LOCKED   USERS        TEMP      DEFAULT
```

クオータの確認

クオータの情報はDBA_TS_QUOTASビューで確認できます。

書式 クオータの確認

```
SELECT tablespace_name, username, max_bytes
FROM DBA_TS_QUOTAS
WHERE username = '<ユーザー名>';
```

表08-05 DBA_TS_QUOTASビューの列値

列名	内容
tablespace_name	表領域名
username	クオータを持つユーザー
max_bytes	ユーザーに割り当てられたクオータのサイズ。無制限の場合は「-1」

以下の実行例を見ると、TESTユーザーのデフォルト表領域が「USERS」であり、割り当てられているクオータが「10,485,760バイト」(10Mバイト) であることがわかります。

実行例 08-02 クオータの確認

```
SQL> SELECT tablespace_name, username, max_bytes
  2  FROM DBA_TS_QUOTAS
  3  WHERE username = 'TEST';

TABLESPACE_NAME                USERNAME          BYTES  MAX_BYTES
------------------------------ ------------ ---------- ----------
USERS                          TEST                  0   10485760
```

以下の実行例では、サイズ10Mバイトのテーブルの作成は成功していますが (❶)、次に実行したテーブルの作成には失敗しています (❷)。これは、TESTユーザーに割り当てられたクオータを使い果たしたためです。

実行例 08-03 クオータの利用

```
SQL> connect test/test
接続されました。

SQL>  CREATE TABLE test1 (n varchar2(10)) STORAGE (INITIAL 10M); ——❶


表が作成されました。

SQL>  CREATE TABLE test0 (n varchar2(10)) STORAGE (INITIAL 10M); ——❷
create table test0 (n varchar2(10)) storage (initial 10M)
*
行1でエラーが発生しました。:
ORA-01536: 表領域USERSに対する領域割当て制限を使い果たしました。
```

ユーザープロファイルの確認

データベースに存在するすべてのユーザープロファイルの情報は、DBA_PROFILESビューで確認できます。

書式 ユーザープロファイルの確認

```
SELECT profile, resource_name, resource_type, limit
FROM DBA_PROFILES;
```

表08-06 DBA_PROFILESビューの列値

列名	内容
profile	ユーザープロファイル名
resource_name	リソースプロファイル名
resource_type	リソースプロファイルがリソース制限の場合は"KERNEL"、パスワード運用ポリシーの場合は"PASSWORD"
limit	リソースプロファイルの制限値。"DEFAULT" の場合は、DEFAULTプロファイルに含まれる同じ名前のリソースプロファイルの制限値が適用される

以下の実行例を見ると、データベースには「DEFAULT」と「MONITORING_PROFILE」の2つのプロファイルが存在していることがわかります。また、MONITORING_PROFILEプロファイルのLIMIT列の値を見ると、FAILED_LOGIN_ATTEMPTSリソースプロファイル以外のリソースプロファイルの制限値は、DEFAULTプロファイルの制限値が適用されることがわかります（❶）。

実行例 08-04 ユーザープロファイルの確認

```
SQL> SELECT profile, resource_name, resource_type, limit
  2  FROM DBA_PROFILES ORDER BY profile, resource_type;

PROFILE              RESOURCE_NAME                    RESOURCE LIMIT
-------------------- -------------------------------- -------- ----------
DEFAULT              COMPOSITE_LIMIT                  KERNEL   UNLIMITED
DEFAULT              PRIVATE_SGA                      KERNEL   UNLIMITED
DEFAULT              CONNECT_TIME                     KERNEL   UNLIMITED
DEFAULT              IDLE_TIME                        KERNEL   UNLIMITED
```

```
DEFAULT              LOGICAL_READS_PER_CALL      KERNEL   UNLIMITED
DEFAULT              LOGICAL_READS_PER_SESSION   KERNEL   UNLIMITED
DEFAULT              CPU_PER_CALL                KERNEL   UNLIMITED
DEFAULT              CPU_PER_SESSION             KERNEL   UNLIMITED
(省略)
MONITORING_PROFILE   PRIVATE_SGA                 KERNEL   DEFAULT
MONITORING_PROFILE   CONNECT_TIME                KERNEL   DEFAULT
MONITORING_PROFILE   IDLE_TIME                   KERNEL   DEFAULT
MONITORING_PROFILE   COMPOSITE_LIMIT             KERNEL   DEFAULT
MONITORING_PROFILE   LOGICAL_READS_PER_CALL      KERNEL   DEFAULT
MONITORING_PROFILE   SESSIONS_PER_USER           KERNEL   DEFAULT
MONITORING_PROFILE   CPU_PER_SESSION             KERNEL   DEFAULT
MONITORING_PROFILE   CPU_PER_CALL                KERNEL   DEFAULT      ❶
MONITORING_PROFILE   LOGICAL_READS_PER_SESSION   KERNEL   DEFAULT
MONITORING_PROFILE   PASSWORD_LOCK_TIME          PASSWORD DEFAULT
MONITORING_PROFILE   PASSWORD_REUSE_MAX          PASSWORD DEFAULT
MONITORING_PROFILE   PASSWORD_GRACE_TIME         PASSWORD DEFAULT
MONITORING_PROFILE   PASSWORD_VERIFY_FUNCTION    PASSWORD DEFAULT
MONITORING_PROFILE   PASSWORD_REUSE_TIME         PASSWORD DEFAULT
MONITORING_PROFILE   FAILED_LOGIN_ATTEMPTS       PASSWORD UNLIMITED
MONITORING_PROFILE   PASSWORD_LIFE_TIME          PASSWORD DEFAULT

32行が選択されました。
```

権限

権限とは、特定の操作を実行するための権利です。Oracleは権限によってユーザーが実行できる操作を制限しています。権限には対象や範囲によって多くの種類がありますが、大きく「オブジェクト権限」と「システム権限」の2つに分類されます。

オブジェクト権限

オブジェクト権限とは、特定のオブジェクトに対する権限です。表08-07に主なオブジェクト権限をまとめます※。データベース上のすべてのオブジェクト権限の割り当てはDBA_TAB_PRIVSビューで確認できます。

※ 表08-07以外のオブジェクト権限については、Oracle社のマニュアル「SQLリファレンス」の「GRANT」の項を参照してください。

表08-07 主なオブジェクト権限

オブジェクト	権限名	権限により許可される操作
テーブル	SELECT	SELECT文によるテーブルの問い合わせ
	UPDATE	UPDATE文によるテーブルのデータの変更
	INSERT	INSERT文によるテーブルへの新しい行の追加
	DELETE	DELETE文によるテーブルの行の削除
	ALTER	ALTER TABLE文によるテーブル定義の変更
ビュー	SELECT	SELECT文によるビューの問い合わせ
	UPDATE	UPDATE文によるビューのデータの変更
	INSERT	INSERT文によるビューへの新しい行の追加
	DELETE	DELETE文によるビューの行の削除

書式 すべてのオブジェクト権限の確認

```
SELECT grantee, owner, table_name, grantor,
       privilege, grantable
FROM DBA_TAB_PRIVS;
```

接続ユーザーが所有するオブジェクトに対する権限の割り当てはUSER_TAB_PRIVSビューで確認できます。

書式 ユーザーごとのオブジェクト権限の確認

```
SELECT grantee, owner, table_name, grantor,
       privilege, grantable
FROM USER_TAB_PRIVS;
```

表08-08 DBA_TAB_PRIVSビュー／USER_TAB_PRIVSビューの列値

列名	内容
grantee	オブジェクト権限が付与されたユーザー名またはロール名
table_name	オブジェクト名
grantor	オブジェクト権限を付与したユーザー名
privilege	オブジェクト権限名
grantable	権限がGRANTオプション付きで付与されているときは“YES”、付与されていないときは“NO”

システム権限

システム権限は、システムに対する権限です。下表に主なシステム権限をまとめます※。データベース上のすべてのシステム権限の割り当てはDBA_SYS_PRIVSビューで確認できます。

※表08-09以外のシステム権限については、Oracle社のマニュアル「SQLリファレンス」の「GRANT」の項を参照してください。

表08-09 主なシステム権限

分類	システム権限名	権限により許可される操作
データベース	ALTER DATABASE	データベースの変更
システム	ALTER SYSTEM	ALTER SYSTEM文の発行
テーブル	CREATE TABLE	権限を付与したスキーマ内でのテーブルの作成
	CREATE ANY TABLE	任意のスキーマ内でのテーブルの作成。なお、テーブルが設定されるスキーマの所有者は、表領域内にそのテーブルを定義するための割り当て制限が必要
	ALTER ANY TABLE	スキーマ内の任意のテーブルまたはビューの変更
	DROP ANY TABLE	任意のスキーマ内でのテーブルまたは表パーティションの削除および切り捨て
索引	CREATE ANY INDEX	任意のスキーマでの任意のテーブルに対する索引の作成
	ALTER ANY INDEX	任意のスキーマでの索引の変更
	DROP ANY INDEX	任意のスキーマでの索引の削除
ユーザー	CREATE USER	ユーザーの作成
	ALTER USER	任意のユ　ザ　の変更
	DROP USER	ユーザーの削除

書式 すべてのシステム権限の確認

```
SELECT grantee, privilege, admin_option
FROM DBA_SYS_PRIVS;
```

表08-10 DBA_SYS_PRIVSビューの列値

列名	内容
grantee	システム権限が付与されたユーザー名またはロール名
privilege	システム権限名
admin_option	権限がADMINオプション付きで付与されているときは"YES"、付与されていないときは"NO"

ユーザーに「直接割り当てられている」システム権限はUSER_SYS_PRIVSビューで確認できます。ロールを介して間接的に割り当てられているシステム権限は確認できません。

書式 ユーザーに直接割り当てられているシステム権限の確認

```
SELECT username, privilege, admin_option
FROM USER_SYS_PRIVS;
```

表08-11 USER_SYS_PRIVSビューの列値

列名	内容
username	ユーザー名
privilege	システム権限名
admin_option	権限がADMINオプション付きで付与されているときは“YES”、付与されていないときは“NO”

ユーザーに割り当てられているすべてのシステム権限はSESSION_PRIVSビューで確認できます。直接割り当てられたシステム権限だけでなく、ロールを介して間接的に割り当てられているシステム権限も確認できます。

書式 ユーザーに割り当てられているすべてのシステム権限

```
SELECT privilege FROM SESSION_PRIVS;
```

表08-12 SESSION_PRIVSビューの列値

列名	内容
privilege	システム権限名

特殊なシステム権限

Oracleには、「SYSDBA権限」と「SYSOPER権限」という2つの特殊なシステム権限が存在します。これらはデータベースの作成／起動／停止／バックアップ・リカバリなどが行える、データベース管理用の強力なシステム権限です。

表08-13 SYSDBA権限とSYSOPER権限で可能な操作

操作	SYSDBA権限	SYSOPER権限
STARTUPおよびSHUTDOWN	○	○
ALTER DATABASE OPEN／MOUNT／BACKUP	○	○
ALTER DATABASE CHARACTER SET	○	×
CREATE／DROP DATABASE	○	×
CREATE SPFILE	○	○
ALTER DATABASE ARCHIVELOG	○	○
完全リカバリ※を実行するALTER DATABASE RECOVER	○	○
不完全リカバリを実行するALTER DATABASE RECOVER	○	×
制限モード※※で起動したインスタンスへの接続（RESTRICTED SESSION権限を含む）	○	○

※ 完全リカバリは最新状態にするリカバリであり、不完全リカバリは過去のある時点までのリカバリです。
※※ インスタンスを制限モードで起動すると、Oracleへの接続をRESTRICTED SESSION権限を持つユーザーに制限することができます。

Oracleにはデフォルトで SYSDBA権限を持つSYSユーザー※が存在するため、SYSユーザーで接続することで、SYSDBA権限が必要なインスタンスの起動／停止などの操作を実行できます。

また、GRANT文を用いて通常のユーザーにSYSDBA権限／SYSOPER権限を付与することもできます。ただし、付与しただけでは権限は有効になりません。有効にするには接続時に「AS SYSDBA」か「AS SYSOPER」を指定する必要があります。また、接続後ユーザー名は「SYS」か「PUBLIC」※※に強制的に変更され、最終的に接続するユーザーは接続時に指定したユーザー名とは異なるユーザーになります。

※ SYSユーザーについては**「SYSユーザー」**(P.132)で説明します。
※※ PUBLICはDBA_USERSビューには表示されない特殊なユーザーです。

ロール

ロールは、複数の権限をまとめたものです。ロールをユーザーに対して割り当てると、ロールに含まれる権限がユーザーに対して付与されます。

複数のユーザーに、同一の組み合わせの権限を付与する場合、付与する権限をセットにしたロールをあらかじめ定義しておけば、そのロールを付与するだけですべての権限を一括して付与できます。また、権限を追加したり、削除する場合も、ロールから対象の権限を追加・削除するだけで、ロールが付与されたすべてのユーザーから権限を追加・削除することができるので、作業の手間を大幅に省くことができます。

なお、ロールの情報は、データディクショナリに格納されるので、ロールの情報のみをバックアップすることはできません。権限の割り当て時のDDLを保存しておいてください。

また、ロールに別のロールを含め、階層的に管理することもできます。下図では、それぞれのアプリケーションの実行に必要なロールを定義し、そのロールをユーザーに直接割り当てるのではなく、ユーザーのグループに対応したロールに割り当てることで、ロールを階層的に管理しています。このようにロールを割り当てることで、グループやアプリケーションが増えた場合でも、簡単に対応できるようになります。なお、データベースに定義できるロールの最大数は2,147,483,638です。事実上制限がないと考えてよいでしょう。

図08-02 ロールの階層的管理

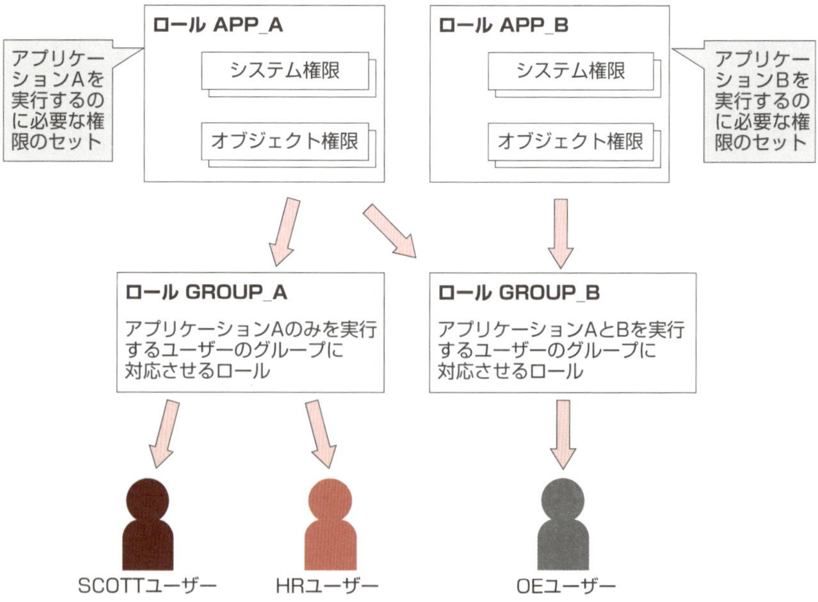

ロールの確認

データベースに存在するロールの情報は、データベースのデータディクショナリに格納されます。データベース上のすべてのロールは、DBA_ROLESビューで確認できます。

書式 ロールの確認

```
SELECT role FROM DBA_ROLES;
```

表08-14 DBA_ROLESビューの列値

列名	内容
role	ロール名

ユーザーまたはロールに直接付与されたロールは、DBA_ROLE_PRIVSビューで確認できます。

書式 ユーザーまたはロールに直接付与されたロールの確認

```
SELECT grantee, granted_role, admin_option
FROM DBA_ROLE_PRIVS;
```

表08-15 DBA_ROLE_PRIVSビューの列値

列名	内容
grantee	granted_roleのロールが付与されたユーザー名とロール名
granted_role	付与されたロール名
admin_option	ロールがADMINオプション付きで付与されているときは"YES"、付与されていないときは"NO"

現在のユーザーに直接付与されたロールはUSER_ROLE_PRIVSビューで確認できます。ただし、ロールを介して間接的に付与されたロールは確認できないので注意してください。

書式 現在のユーザーに直接付与されたロールの確認

```
SELECT username, granted_role, admin_option
FROM USER_ROLE_PRIVS;
```

表08-16 USER_ROLE_PRIVSビューの列値

列名	内容
username	現在のユーザー名
granted_role	付与されたロール名
admin_option	ロールがADMINオプション付きで付与されているときは“YES”、付与されていないときは“NO”

現在のユーザーに付与されているすべてのロールはSESSION_ROLESビューで確認できます。直接付与されたロールだけでなく、ロールを介して間接的に付与されるロールも確認できます。

書式 現在のユーザーに付与されているすべてのロールの確認

```
SELECT role FROM SESSION_ROLES;
```

表08-17 SESSION_ROLESビューの列値

列名	内容
role	付与されたロール名

図08-03 ディクショナリビューから確認できるロール情報

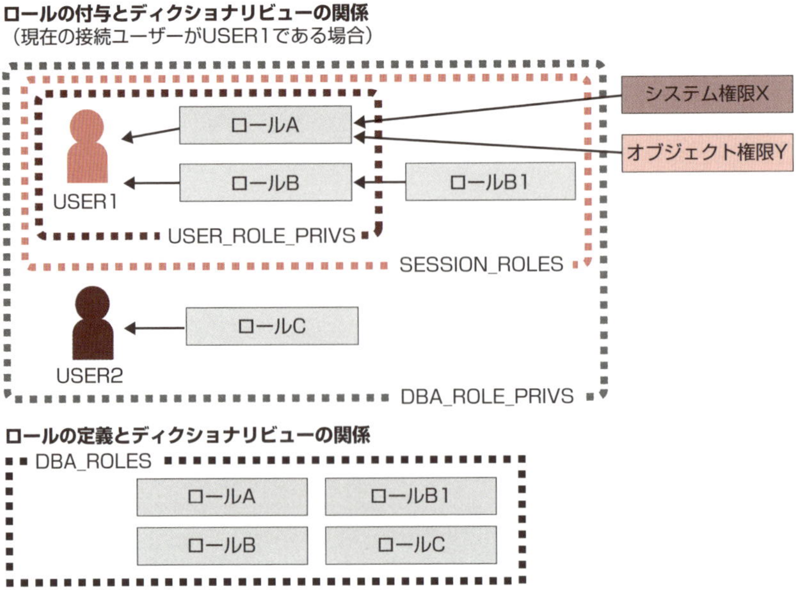

Oracleのデフォルトユーザー

下表に、Oracleにあらかじめ用意されている主要なユーザーをまとめます。

表08-18 Oracleのデフォルトユーザー

ユーザー名	パスワード	説明
SYS	データベース作成時に設定	データディクショナリの実表やビューを所有し、Oracleの起動・停止が行えるユーザー。SYSDBA権限を持ち、すべての操作を実行可能
SYSTEM	データベース作成時に設定	SQL*Plusや他のツールで使用されるビューなどを所有するユーザー。DBAロールを持ち、SYSDBA権限／SYSOPER権限が必要な操作を除く、ほとんどすべての操作を実行可能
DBSNMP	データベース作成時に設定	OEM（Oracle Enterprise Manager）やEM Express※からのデータベースの監視および管理に使用するユーザー
SYSMAN	データベース作成時に設定	OEMに接続して管理作業を行うユーザー（Oracle 10g、11g）
SCOTT	TIGER	デモ用のユーザー
HR	HR	デモ用のユーザー（データベース作成時の設定によっては作成されない）

※ Oracle Enterprise ManagerやEM ExpressはGUIからOracleの管理を実行できるツールです。これらのツールについては**CHAPTER 05のコラム「Oracle Enterprise Manager Database ControlとEM Express」**（P.79）で説明します。

あらかじめ用意されているユーザーは、以下の2種類に分類することができます。

- **特殊な役割を持ち、Oracleの内部動作と密接に結び付くオブジェクトを所有するユーザー**
- **デモ用に用意され、デモ用のオブジェクトを所有するユーザー**

Oracleを用いたシステムを構築する場合、Oracleのデフォルトユーザーを用いて接続してはいけません※。そのシステム用に、新規にユーザーを作成し、そのユーザーで接続すべきです。

※ 例外として、バックアップやデータベースの起動などを実行する特殊な運用管理アプリケーションの場合はSYSやSYSTEMユーザーを利用することも考えられます。

SYSユーザー

SYSユーザーは、SYSDBA権限という、データベースの作成／起動／停止／バックアップ・リカバリなどを含むすべてのデータベース管理作業を行える特殊な権限を持った特殊な管理用のユーザーです。SYSユーザーは、インスタンスの停止時もOracleに接続できます。

SYSユーザーとSYSDBA権限

データベースに格納されたデータの参照・更新処理ではなく、データベースの管理作業を行う場合は、SCOTTユーザーのような一般ユーザーではなく、適切な管理権限を持ったユーザーで接続する必要があります。

OS認証※が機能する環境で、SYSユーザーでOracleに接続するには、SQL*Plus起動後、以下のコマンドを実行します。SYSユーザーでOracleに接続する場合、必ずSYSDBA権限を指定しなければなりません。

※ OS認証については、CHAPTER 07「その他の構成要素」のコラムを参照してください。

書式 SYSユーザーでSYSDBA権限を指定して接続(SQL*Plus)

```
connect / AS SYSDBA
```

OS認証が機能しない環境で、SYSユーザーでOracleに接続するには、SQL*Plus起動後、以下のコマンドを実行します。

書式 SYSユーザーでSYSDBA権限を指定して接続(SQL*Plus)

```
connect sys/<パスワード> as sysdba
```

以下の実行例では、SQL*Plusを起動し、SYSDBA権限で接続しています。

実行例 08-05 SYSDBA権限で接続している例

```
C:¥>sqlplus /nolog

SQL*Plus: Release 12.1.0.1.0 Production on 土 3月 14 17:24:20 2015
```

```
Copyright (c) 1982, 2013, Oracle.  All rights reserved.

SQL> connect / as sysdba
接続されました。

SQL> show user
ユーザーは"SYS"です。

SQL>
```

データディクショナリと動的パフォーマンスビュー

SYSユーザーは、Oracle内部の情報を確認できるデータディクショナリビューと動的パフォーマンスビュー、Oracle内部の構成情報を格納するデータディクショナリビューの元表（データディクショナリ）を所有しています。SYSユーザーが所有するデータディクショナリビューのデータは、Oracleの内部動作に関連する重要なデータなので、ユーザーに対してデータディクショナリビューへのオブジェクト権限を与えてはいけません。

なお、Oracleのデフォルトの構成（初期化パラメータO7_DICTIONARY_ACCESSIBILITY = false）では、SELECT／UPDATE／INSERT／DELETE ANY TABLEシステム権限を持つユーザーでも、SYSスキーマ内のオブジェクトに対してはアクセスが許可されません。これは、データディクショナリをはじめとするSYSスキーマ内のオブジェクトに格納された重要なデータを保護するための動作です。

SYSTEMユーザー

SYSTEMユーザーは、DBAロールを持つ管理用ユーザーです。SYSDBA権限やSYSOPER権限は保持していませんが、これらの権限が必要な作業を除く、ほとんどすべての操作を実行できます。

SYSTEMユーザーは、管理情報を格納する特別なテーブルや管理情報を参照できる特別なビュー、各種データベースコンポーネントやツールが使用する内部的なテーブルやビューを所有しています。これらのテーブル、ビューと混在するため、SYSTEMスキーマにはアプリケーション固有のオブジェクトを格納してはいけません。

本章のまとめ

●ユーザーとスキーマ

- ユーザーは、同名のスキーマを持つ。ユーザーが所有するすべてのオブジェクトは、同名のスキーマ内に配置される
- ユーザーには、ロール、権限、デフォルト表領域、デフォルト一時表領域、クオータ、プロファイルといったプロパティを定義することができる

●権限とロール

- 権限には、オブジェクト権限とシステム権限の2種類がある
- オブジェクト権限は、特定のオブジェクトに対して特定の操作を実行する権限
- システム権限は特定の操作を実行する権限
- SYSDBA権限、SYSOPER権限は、データベースの作成／起動／停止／バックアップ・リカバリなどのデータベース管理のための操作を行える特殊なシステム権限
- ロールは、権限とロールをセットにしたもの。ロールを使用することで、権限割り当ての管理コストを削減できる

●Oracleのデフォルトユーザー

- Oracleには、あらかじめいくつかのデフォルトユーザーが用意されており、Oracleの動作に必要なユーザーと、デモ用のユーザーに分類できる
- SYSユーザーはSYSDBA権限と呼ばれるすべての操作が可能な特殊な権限を持っている
- SYSDBA権限でOracleに接続すると、自動的にSYSユーザーで接続される
- SYSユーザーでOracleに接続するにはAS SYSDBA句を指定する
- SYSユーザーは、データディクショナリビューとデータディクショナリ、動的パフォーマンスビューを所有している
- SYSTEMユーザーは、DBAロールを持つ管理用ユーザー。SYSDBA権限、SYSOPER権限は保持していない

CHAPTER

09 テーブルとデータ型

本章以降、3つの章にわたって、テーブルや索引、ビューなどのオブジェクト（スキーマオブジェクト）について説明します。Oracleで扱うすべてのデータはオブジェクトに格納されます。

そのため、Oracleに接続し、さまざまな操作を行うには、各オブジェクトに関する知識が必須です。それぞれのオブジェクトの特徴を理解し、どのような仕組みで管理されているかをきちんと把握しましょう。

本書ではOracleで扱うことができる、下表に示すオブジェクトについて説明します。

表09-01 本書で説明するオブジェクト

種類	概要
テーブル	行と列から構成される表形式のオブジェクト
索引	テーブル内の行に効率的にアクセスをするための補助的なオブジェクト
ビュー	テーブルまたは他のビューをもとに作られた仮想的なテーブル
マテリアライズドビュー	実体化されたビュー
シノニム	オブジェクトの別名
シーケンス	一意の連続した数値を生成するオブジェクト

テーブルとは

本章では、Oracleをはじめ、RDBMSの最も基本的なオブジェクトである「テーブル」について説明します。テーブルは、行と列から構成される表形式のオブジェクトで、データを保管する役割を担います。データベース内に作成できるテーブルの数に制限はなく、物理的な制約がない限り、必要に応じていくつでも作成できます。

行と列

まず、テーブルの構成要素や基本的な仕組みを説明します。テーブルは下図のように、行と列で構成されます。1つの関連するデータが1つの行に格納されます。例えば、1人の従業員の属性を1行に格納することができます。従業員の属性には「従業員番号」や「氏名」、「所属部署」、「役職」など、関連するデータが記載されています。データベースではこれらのデータの集まりを1行に格納します。列とは、上記における「従業員番号」や「氏名」など、テーブルを構成するデータの項目です。

図09-01 テーブルの構造

列

EMPNO	ENAME	JOB	MGR	HIREDATE	SAL	COMM	DEPTNO
7369	SMITH	CLERK	7902	80-12-17	800		20
7499	ALLEN	SALESMAN	7698	81-02-20	1600	300	30
7521	WARD	SALESMAN	7698	81-02-22	1250	500	30
7566	JONES	MANAGER	7839	81-04-02	2975		20
7654	MARTIN	SALESMAN	7698	81-09-28	1250	1400	30
7698	BLAKE	MANAGER	7839	81-05-01	2850		30
7782	CLARK	MANAGER	7839	81-06-09	2450		10
7788	SCOTT	ANALYST	7566	87-04-19	3000		20
7839	KING	PRESIDENT		81-11-17	5000		10
7844	TURNER	SALESMAN	7698	81-09-08	1500	0	30

行

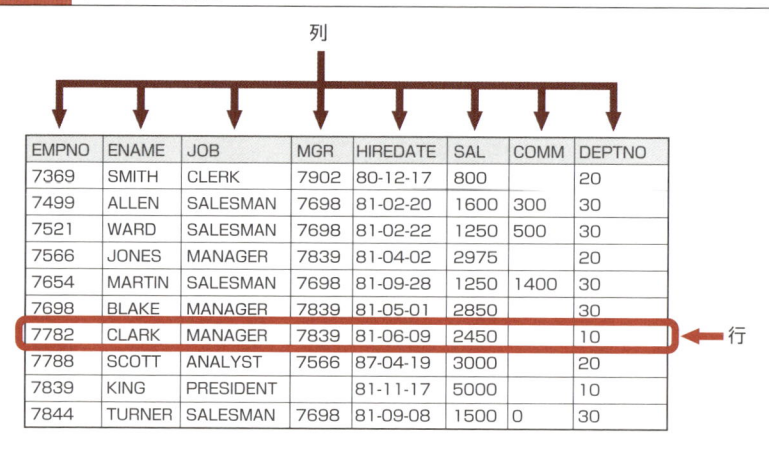

上図では、EMPNO列からDEPTNO列まで8つの列（8つの項目）が定義されています。なお、列には「**列名**」と「**データ型**」を定義する必要があります。

列名は、テーブル内の列を識別する名前です。1つのテーブルに同じ名前の列を含めることはできません。

データ型は、列に格納できるデータの種類（文字列、数値、日付など）です。データ型に反する種類のデータを格納することはできません。データ型によっては、サイズ（文字列長や数値の精度など）を定義することもできます※。

なお、1つのテーブルに格納できる行の数に制限はありませんが、1つのテーブルに含めることができる列の数は最大で1000列です。

※ データ型についてはP.144で説明します。また、列には「制約」を設定することもできます。制約についてはP.155で説明します。

行の格納方法

テーブルの行は、テーブルが格納される表領域と結び付いているデータファイル内の**ブロック**に格納されます。下図に、テーブルと表領域、データファイル、ブロック、行の関係を図示します。

図09-02 行の格納イメージ

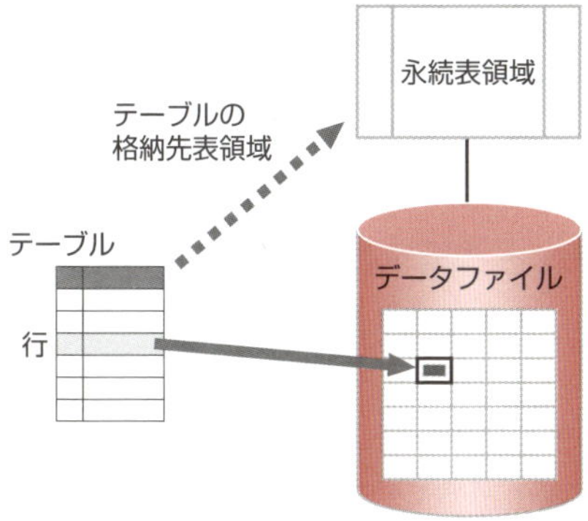

行の挿入処理を実行すると、ブロックのデータ格納用の領域に、**末端側**から順に行データが格納されます(次ページの図09-03)。通常は、1つのブロックに、複数の行が格納されます。

なお、Oracleはデータ格納用領域がいっぱいになるまで行データを詰め込むわけではありません。「**PCTFREE**」と「**PCTUSED**」という2つのパラメータを使ってデータ格納用領域を管理しています。

PCTFREEとは

各テーブルにPCTFREEと呼ばれるパラメータを設定できます。Oracleは、ブロック内の空き領域がPCTFREEに設定した割合を超えると、そのブロックに対する行の挿入を止めて別のブロックに行を挿入します。

例えば、PCTFREEに「20」を指定した場合、ブロック全体の80%まで行が挿入された時点でそのブロックには行が挿入されなくなります。この空き領域は行データの更新の際に利用されます。詳細は次項「行移行」(P.139)で説明します。

図09-03 行のブロックへの格納

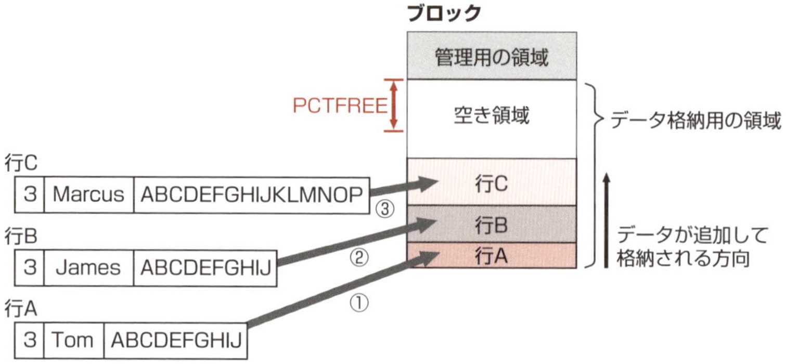

セグメント空き領域管理方式とPCTUSED

上記で「ブロックの空き領域の割合がPCTFREEの設定値を超えるとそのブロックには行が挿入されない」と説明しましたが、一度いっぱいになったブロックに今後ずっと行が挿入されないわけではありません。行の削除や更新作業によってブロック内の空き領域が増えると再び行を挿入できるようになります。

どれくらい空き領域が増えたら、行が挿入できるようになるのかは、テーブルを格納する表領域の**セグメント空き領域管理方式**※によって異なります。Oracleではセグメント空き領域管理方式として「**フリーリスト管理**」と「**自動セグメント領域管理**」の2種類が用意されています。使用する管理方式は表領域の作成時にSEGMENT SPACE MANAGEMENT句で指定します。

※ セグメントとはオブジェクトに割り当てられた記憶領域です。詳細は**CHAPTER 12「オブジェクトの格納方式と記憶域」**で説明します。

表09-02 セグメント空き領域管理方式

セグメント空き領域管理方式	行が挿入できる条件
フリーリスト管理 (MANUAL)	表領域がフリーリスト管理方式の場合、テーブルに「PCTUSED」パラメータを設定し、ブロックの使用率がPCTUSEDの設定値を下回ると行を挿入できるようになる。なお、PCTUSEDにはPCTFREEよりも小さい値を設定する必要がある。SEGMENT SPACE MANAGEMENT句で"MANUAL"を指定する。Oracle 9i～Oracle 10g R1までのデフォルトの管理方式
自動セグメント領域管理 (AUTO)	表領域が自動セグメント管理方式の場合、行を挿入できるかどうかは、Oracleが自動的に判断する。PCTUSEDを設定しても無視される。SEGMENT SPACE MANAGEMENT句で"AUTO"を指定する。Oracle 10g R2以降のデフォルトの管理方式

●セグメント空き領域管理方式の確認

表領域のセグメント空き領域管理方式は、DBA_TABLESPACESビューで確認できます。

書式 セグメント空き領域管理方式の確認

```
SELECT tablespace_name, segment_space_management
FROM DBA_TABLESPACES;
```

実行例 09-01 セグメント空き領域管理方式の確認

```
SQL> CREATE TABLESPACE tbs_manual
  2  DATAFILE 'c:¥oradata¥tbs_manual01.dbf' SIZE 10M
  3  SEGMENT SPACE MANAGEMENT MANUAL;

表領域が作成されました。

SQK> SELECT tablespace_name, segment_space_management
  2  FROM DBA_TABLESPACES
  3  WHERE tablespace_name LIKE 'TBS%';

TABLESPACE_NAME                SEGMEN
------------------------------ ------
TBS_MANUAL                     MANUAL
```

行移行

PCTFREEを設定してブロックに空き領域を残しておく理由は、UPDATE文の実行などにより行が更新され、行のデータサイズが大きくなる可能性があるからです。ただし、拡張した行がブロックの空き領域に収まらなかった場合、「**行移行**」が発生します。

行移行が発生すると、更新による増加分のデータだけではなく、行全体のデータが別のブロックにコピーされます。また、該当行の位置を保持している索引などのすべてのオブジェクトを更新しなければならないので、元のブロックに行のポインタを残します。

図09-04 行移行が発生する流れ

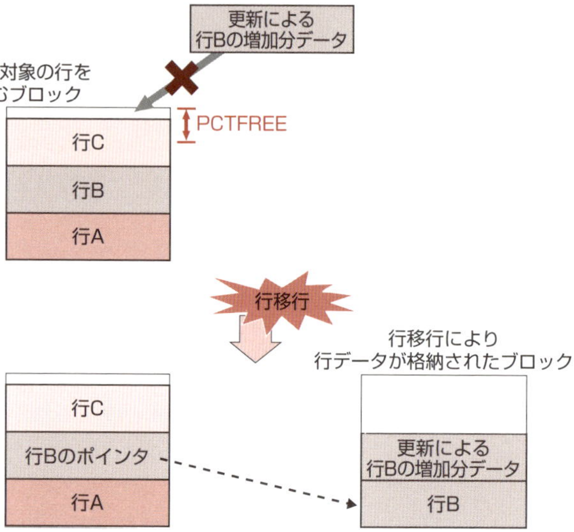

行移行が発生している行のデータを読み出すには、行のポインタが格納されているブロックと、行のデータが格納されているブロックの2つを読み出す必要があるため、パフォーマンスが低下します。したがって、行移行が頻発するような状況は避けることが望ましいです。そのため、更新処理によってデータサイズが拡大する頻度が高いテーブルや大幅なデータサイズの拡大が発生しうるテーブルについては、PCTFREEに比較的大きい値を設定しておき、行移行の発生を抑制することをおすすめします。

行連鎖

行移行と似ている現象に「**行連鎖**」があります。行連鎖は1行のデータのサイズがブロックのデータ格納用領域よりも大きい場合に発生する現象です。データサイズがブロックのデータ格納用領域よりも大きい場合、次の図のように1行を複数の**行断片**に分割し、それぞれの行断片が別々のブロックに格納されます。

図09-05 行連鎖

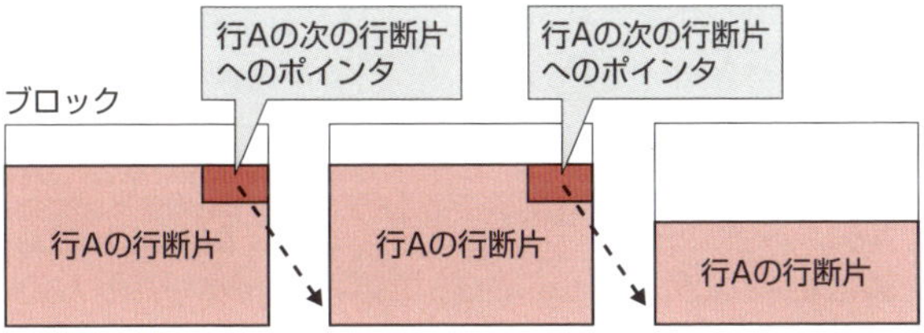

行移行と行連鎖の確認

行移行・行連鎖の発生数を確認するには、対象のテーブルに対してANALYZE COMPUTE STATISTICS文を実行したうえで、DBA_TABLESビュー、またはUSER_TABLESビューのCHAIN_CNT列で確認します。行移行と行連鎖の発生数を個別に確認することはできません。

書式 行移行と行連鎖の確認

```
SELECT table_name, chain_cnt FROM USER_TABLES
WHERE table_name = <テーブル名>;
```

実行例 09-02 行移行／行連鎖の発生数の確認

```
SQL> ANALYZE TABLE test COMPUTE STATISTICS;

表が分析されました。

SQL> SELECT table_name, chain_cnt
  2  FROM USER_TABLES
  3  WHERE table_name = 'TEST';

TABLE_NAME      CHAIN_CNT
------------- ----------
TEST                    1
```

行移行／行連鎖が発生している行を具体的に確認するには、まずutlchain.sqlを実行して検証結果を格納するCHAINED_ROWSテーブルを作成したうえで、対象のテーブルに対してANALYZE LIST CHAINED ROWS文を実行し、CHAINED_ROWSテーブルのHEAD_ROWID列を確認します。HEAD_ROWID列は、行移行／行連鎖が発生している行の先頭ブロックに対応するROWIDです。行移行と行連鎖が発生している行を個別に確認することはできません。

書式 行移行／行連鎖が発生している行の確認

```
SELECT owner_name, table_name, head_rowid
FROM chained_rows;
```

実行例 09-03 行移行／行連鎖が発生している行の確認

```
SQL> @?¥rdbms¥admin¥utlchain.sql
表が作成されました。

SQL> ANALYZE TABLE test LIST CHAINED ROWS;
表が分析されました。

SQL> SELECT owner_name, table_name, head_rowid
  2  FROM chained_rows;

OWNER_NAME TABLE_NAME HEAD_ROWID
---------- ---------- ------------------
SCOTT      TEST       AAAMgzAAEAAAAAgAAA
```

@コマンド　COLUMN

SQL*Plusの「@」は、指定されたファイルに記載されたSQLを実行するコマンドです。@コマンドに続いて指定された“?”はOracleソフトウェアのインストールディレクトリである<ORACLE_HOME>を表します。

つまり、上記の実行例では、<ORACLE_HOME>の配下にある「rdbms¥admin¥utlchain.sql」というファイルに記載されたSQLを実行することになります。

行の格納ブロックとROWID

行は、特定の順序でブロックに格納されるのではなく、バラバラに格納されています。したがって、ORDER BY句を指定せずにSELECT文を実行した場合、問合せ結果はソートされていないバラバラの順序になります。

図09-06 行の格納ブロック

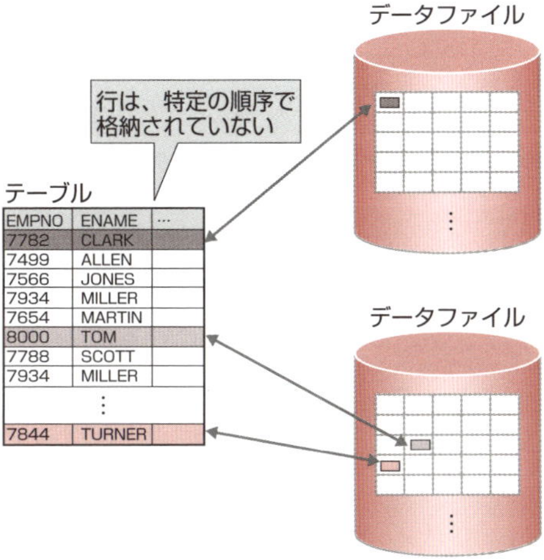

Oracleでは、行の列値と行が格納されるブロックとの対応関係については特に明確なルールがないため、行の列値から、その行が格納されているブロックを特定する方法はありません。しかし、その行の**ROWID**がわかっている場合は、行が格納されているブロックを特定することができます。

ROWIDとは、以下の情報から構成される行の物理的な位置を示す特殊な識別子です。ROWIDは行の列値ではありません。行のROWIDは、**ROWID疑似列**を含むSELECT文で確認できます。

```
ROWID = ファイル番号+ブロック番号+行番号+補助情報
```

実行例 09-04 ROWID疑似列を用いたROWIDの確認

```
SQL> SELECT rowid, empno, ename FROM emp;

ROWID                   EMPNO ENAME
------------------ ---------- ----------
AAAMgzAAEAAAAAgAAA       7369 SMITH ──── ❶
AAAMgzAAEAAAAAgAAB       7499 ALLEN
AAAMgzAAEAAAAAgAAC       7521 WARD
AAAMgzAAEAAAAAgAAD       7566 JONES
AAAMgzAAEAAAAAgAAE       7654 MARTIN
(省略)
```

検索条件としてROWID疑似列に実行例09-04の❶で得られたROWIDを指定して、問合せを実行できます。

実行例 09-05 ROWID疑似列を用いた問い合わせ

```
SQL> SELECT rowid, empno, ename FROM emp
  2  WHERE rowid = 'AAAMgzAAEAAAAAgAAA';

ROWID                   EMPNO ENAME
------------------ ---------- ------
AAAMgzAAEAAAAAgAAA       7369 SMITH

1行が選択されました。
```

検索条件にROWIDを指定して行にアクセスする方法は、Oracleに用意されている行のアクセス方法の中で**最も高速な方法**です。しかし、ROWID疑似列から得られるROWIDは行の列値ではなく、行の物理的な位置から導出された情報である点に注意してください。行の物理的な位置が変更されたときはROWIDの値が変わるため、ROWIDを用いた問合せでは意図通りの結果が得られない場合があります。ROWIDを用いた問合せを実行する場合は、該当する行の物理的な配置が変更されていないと判断できる場合にのみ使用すべきです。

データ型

列には格納するデータに合わせて「**データ型**」を定義します。データ型を定義することで、列に格納されるデータに一定の制限を課すことができます。例えば、「数値データ型」が定義されている列には文字列「A」を格納することはできません。また、データ型によって必要な領域サイズが異なるため、適切なデータ型を選択することは重要です。領域サイズの大小は、データの読み取り、書き込みのパフォーマンスや、必要なディスク容量に影響します。

Oracleで使用できるデータ型

Oracleで使用できるデータ型を次の表にまとめます。「文字データ型」や「数値データ型」、「日付データ型」などがあります。

表09-03 Oracleで利用可能な主なデータ型

データ型	説明
文字	文字データを格納する。データ型に「CHAR」、「VARCHAR2」、「NCHAR」、「NVARCHAR2」の4種類が用意されている
数値	数値データを格納する。データ型に「NUMBER」が用意されている
日付	日付データを格納する。データ型に「DATE」、「TIMESTAMP」が用意されている
LOB	大きいサイズのデータを格納する。データ型に「CLOB」、「NCLOB」、「BLOB」、「BFILE」の4種類が用意されている
ROWID	行のアドレスを格納する。データ型は「ROWID」

文字データ型

Oracleには、**CHAR型**、**VARCHAR2型**、**NCHAR型**、**NVARCHAR2型**の4つの文字データ型が存在します。

文字データ型には、列長を指定する必要があります。また、CHAR型、VARCHAR2型では、列長を指定する単位（列長をカウントする単位）としてバイト単位または文字単位を指定できます。

表09-04 文字データ型

データ型	格納データ	列長の指定	最大サイズ
CHAR	固定長のデータベースキャラクタセット文字列	バイト単位または文字単位	2000バイト
VARCHAR2	可変長のデータベースキャラクタセット文字列	バイト単位または文字単位	4000バイト※
NCHAR	固定長のUnicode（各国語キャラクタセット）文字列	文字単位	2000バイト
NVARCHAR2	可変長のUnicode（各国語キャラクタセット）文字列	文字単位	4000バイト※

※ デフォルトの場合。12cで追加された機能（MAX_STRING_SIZE=EXTENDED）を使用すると、最大サイズを32,767バイトに拡張できます。ただし、この機能には多くの制限があるため、十分に注意して使用してください。

格納データと列長

格納データが固定長文字列である文字データ型（CHAR型、NCHAR型）の場合、文字列は列長に指定されたサイズで格納されます。文字列が列長に指定されたサイズよりも少ない場合、自動的に**末尾に空白文字が追加**されて、列長に指定されたサイズの文字列となります。

一方、格納データが可変長である文字データ型（VARCHAR2型、NVARCHAR2型）の場合、指定されたサイズより少ない場合でも空白では埋められず、実際のデータサイズで格納されます。なお、列に列長を超えた文字列を格納することはできません。

データベースキャラクタセットと各国語キャラクタセット

格納データがデータベースキャラクタセットである文字データ型（CHAR型、VARCHAR2型）の場合、その文字をデータベースキャラクタセットに対応する文字コードを用いてバイト列に変換した形式（バイト表現）でデータファイルに格納されます。例えば、データベースキャラクタセットが「JA16SJIS」の場合、文字「あ」は、「あ」のシフトJISでのバイト表現である「0x82A0」（2バイト）で格納されます。

一方、格納データがUnicode（各国語キャラクタセット）である文字データ型（NCHAR型、NVARCHAR2型）の場合、各国語キャラクタセットのバイト表現でデータファイルに格納されますが、各国語キャラクタセットには、Unicodeに対応したキャラクタセット（AL16UTF16またはUTF-8※）しか指定できないので、Unicodeとなります。例えば、各国語キャラクタセットが「AL16UTF16」の場合、文字「あ」は、「あ」のUTF-16（Unicode）でのバイト表現である「0x3042」で格納されます。

※ UTF-8は過去の互換性目的でサポートされているキャラクタセットなので、特に理由がない限り使用すべきではありません。

キャラクタセット　COLUMN

キャラクタセットとは、Oracleが使用する文字コードの体系です。Oracleが扱える文字の種類、文字をデータファイルに格納するときのバイト表現を規定しています。データベースキャラクタセットは、以下の目的で使われるキャラクタセットです。

- CHAR型、VARCHAR2型、CLOB型データの格納
- テーブル名、列名およびPL/SQL変数などの識別子の命名
- SQLとPL/SQLのソースコードの入力と格納

データベースキャラクタセットはデータベース作成時に指定します。原則的に作成後に変更することはできません。日本語環境／多言語環境で主に用いられるキャラクタセットは次の通りです。

表09-05 日本語環境／多言語環境で主に用いられるキャラクタセット

環境	キャラクタセット名	説明
日本語環境	JA16SJIS	シフトJISに相当するキャラクタセット
	JA16SJISTILDE	シフトJISに相当するキャラクタセット（波形のダッシュとチルドがUnicodeとの間でマッピングされる方法を除き、JA16SJISと同じ）
	JA16EUC	日本語EUCに相当するキャラクタセット
	JA16EUCTILDE	日本語EUCに相当するキャラクタセット（波形のダッシュとチルドがUnicodeとの間でマッピングされる方法を除き、JA16EUCと同じ）
多言語環境	AL32UTF8	UTF-8エンコーディングのUnicode対応多言語キャラクタセット

各国語キャラクタセットは、データベースキャラクタセットが非Unicode系のキャラクタセットの場合に、Unicodeの文字データを格納するための補完的なキャラクタセットです。Unicodeの文字データを、NCHAR型、NVARCHAR2型、NCLOB型の列に格納することができます。

各国語キャラクタセットには、UTF-8またはAL16UTF16キャラクタセットを指定できます（デフォルトはAL16UTF16）。

データベースのデータベースキャラクタセット、各国語キャラクタセットはV$NLS_PARAMETERSビューで確認できます。

構文 キャラクタセットの確認

```
SELECT * FROM V$NLS_PARAMETERS
WHERE parameter LIKE '%CHARACTERSET';
```

実行例 09-06 キャラクタセットの確認

```
SQL> SELECT * FROM V$NLS_PARAMETERS
  2  WHERE parameter LIKE '%CHARACTERSET';

PARAMETER                   VALUE
-------------------------   ------------
NLS_CHARACTERSET            JA16SJIS
NLS_NCHAR_CHARACTERSET      AL16UTF16
```

09 テーブルとデータ型

数値データ型

Oracleでは、整数や固定小数点数、浮動小数点数の格納に**NUMBER型**を用います。なお、定義する際に精度とスケールで、格納できる数値の種別を指定します。

書式 NUMBER型の定義

```
NUMBER ([<精度>]  [, <スケール>])
```

精度：1〜38／スケール：−84〜127

精度は、整数部と小数部を含めた数全体の桁数です。ここで指定された精度を超える桁数の数値を格納することはできません。スケールは、小数点以下の桁数です。デフォルトは「0」です。例えば、スケールに「0」を指定すると、列には整数値のみ格納できます。また、精度に「5」、スケールに「2」を設定すると、整数部分の桁数が3桁、小数部分の桁数が2桁である固定小数点数のみ格納できます。

精度・スケールともに指定しない場合は例外的な扱いとなり、38桁の精度が保証された浮動小数点数※が格納できます。

※ 浮動小数点数は小数点の場所が固定されていない数の内部表現であるため、保障された精度を超えた範囲では、計算した結果に誤差が発生する場合があります。

表09-06 NUMBER型の定義の例と、表現可能な数値

定義	表現可能な数値
NUMBER (3)	3桁の整数
NUMBER (5,2)	5桁の精度の小数点以下2桁の固定小数点数
NUMBER (38)	38桁の整数
NUMBER	38桁の精度（10進精度）が保障された浮動小数点数

日付データ型

Oracleでは、日付データ型として**DATE型**、**TIMESTAMP型**の2つのデータ型が一般的に用いられます。

表09-07 日付データ型

データ型	格納データ	範囲
DATE	秒単位までの日時データ	-4712/01/01～9999/12/31まで
TIMESTAMP	ミリ秒、最小でナノ秒単位までの日時データ	-4712/01/01～9999/12/31まで

DATE型は日付および時刻の情報を格納できます。指定できる日付の範囲は、西暦紀元前4712年1月1日から西暦9999年12月31日までです。時刻には時、分、秒を指定できますが、小数点以下の秒を指定することはできません。

TIMESTAMP型は、日付および時刻の情報を格納できます。指定できる日付の範囲はDATE型と同じです。DATE型と異なり小数点以下の秒を指定することができます。小数点以下の桁数には0～9の値を指定できます。デフォルトは「6」です。

LOBデータ型

LOBデータ型は、文字データ型よりもサイズが大きいテキスト文字列や、画像、映像、文書などのバイナリ形式のデータを格納するために使用するデータ型です。Oracleには、4つのLOBデータ型が存在します。

表09-08 LOBデータ型

データ型	格納データ	最大サイズ
CLOB	データベースキャラクタセット文字列	デフォルトでは、4GBから1を引いたバイト数に表領域のブロックサイズを掛けた値。記憶域パラメータの設定をデフォルトより変更することで、8～128TBのデータを格納できる
NCLOB	Unicode（各国語キャラクタセット）文字列	
BLOB	バイナリデータ	
BFILE	データベース外のバイナリファイルへのロケータ	2の32乗ー1バイト※

※ 最大サイズはOSにより制限される場合があります。

なお、LOBデータ型はOLTP処理を中心とした通常の企業向けITシステムではあまり使用されません。画像、映像データを扱うマルチメディア向けシステムや、文書ファイルや大きなサイズのテキストを扱うナレッジマネジメント系システムにて利用されます。詳細はOracle社のマニュアル「アプリケーション開発者ガイド—ラージ・オブジェクト」を参照してください。

ROWIDデータ型

ROWIDデータ型は、ROWID（P.142）を格納するデータ型です。ROWIDは行の物理的な位置を示す特殊な16進数の値です。行のROWIDを保管する特殊なテーブルを作成しておくと、テーブルの行へのアクセスを高速化することができます。例えば、EMPテーブルのある特定の行について頻繁にアクセスする場合は、その行に対するアクセスを少しでも効率化するために、ROWID型の列を持つテーブルを作成し、該当行のROWIDを格納することが考えられます。

図09-07 ROWID型の列を持つテーブルの利用

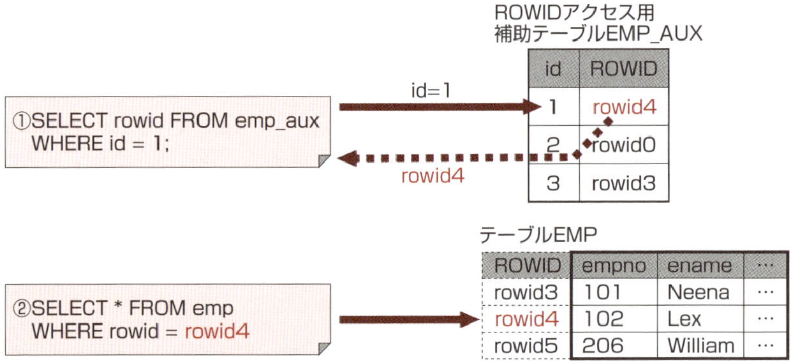

データ型とサイズ

データを格納するために必要なサイズはデータ型により異なります。データ型とサイズの関係を次の表にまとめます。CHAR型が、列長に対応する領域を常に必要とする点に注意が必要です。行により格納する文字列の長さが大きく異なる場合は、CHAR型ではなくVARCHAR2型を使用することで、ディスク領域の消費を抑えることができます。

表09-09 データ型とデータが格納されたときに示すサイズ

データ型	固定／可変	サイズ
CHAR	固定	列長のバイト※
CHAR	固定／可変	列長の文字と同数のバイト※※。実際に格納されている文字列データの長さが、列長の文字と同数のバイトを超えた場合、実際に格納されている文字列データの長さ
VARCHAR2	可変	実際に格納されている文字列データの長さ
NCHAR	固定	列長の文字数の2倍※※※
NVARCHAR	可変	実際に格納されている文字列データの長さ
NUMBER	可変	精度÷2を整数切り上げ+1。有効桁数38桁未満の負数の場合はさらに1バイトを加算
DATE	固定	7バイト
TIMESTAMP	可変	秒の小数部にデータがある場合：11バイト固定 秒の小数部にデータがない場合：7バイト固定
ROWID	固定	10バイト

※ 列長をバイトで指定した場合。
※※ 列長と文字で指定した場合。
※※※ 各国語キャラクタセットがAL16UTF16の場合。サロゲートペアと呼ばれる一部の文字は1文字が2文字分の長さとして扱われる。

テーブルの確認

データベース内に存在するすべてのテーブルはDBA_TABLESビューで確認できます。このビューから、テーブルの格納先の表領域や、ブロック内の空き領域管理用のパラメータが確認できます。

書式 テーブルの確認

```
SELECT owner, table_name, tablespace_name, pct_free, pct_used
FROM DBA_TABLES;
```

表09-10 DBA_TABLESビューの列値

列名	内容
owner	テーブルを所有するユーザー
table_name	テーブル名
tablespace_name	テーブルの格納先表領域
pct_free	ブロック内の空き領域の最小割合
pct_used	ブロック内の使用済み領域の最小割合。表領域が自動セグメント領域管理の場合は“NULL”

実行例 09-07 テーブルの確認

```
SQL> connect / as sysdba
SQL> SELECT owner, table_name, tablespace_name, pct_free, pct_used
  2  FROM DBA_TABLES;

OWNER    TABLE_NAME        TABLESPACE_NAME  PCT_FREE   PCT_USED
-------- ----------------- ---------------- ---------- ----------
SYS      ICOL$             SYSTEM                    0          0
SYS      CON$              SYSTEM                   10         40
SYS      UNDO$             SYSTEM                   10         40
SYS      PROXY_ROLE_DATA$  SYSTEM                   10         40
(結果省略)
```

また、Oracleに接続中のユーザーが所有するテーブルはUSER_TABLESビューで確認できます。

書式 接続ユーザーが所有するテーブルの確認

```
SELECT table_name, tablespace_name, pct_free, pct_used
FROM USER_TABLES;
```

表09-11 USER_TABLESビューの列値

列名	内容
table_name	テーブル名
tablespace_name	テーブルの格納先表領域
pct_free	ブロック内の空き領域の最小割合
pct_used	ブロック内の使用済み領域の最小割合。表領域が自動セグメント領域管理の場合は "NULL"

実行例 09-08 接続ユーザーが所有するテーブルの確認

```
SQL> connect scott/tiger
SQL> SELECT table_name, tablespace_name, pct_free, pct_used
  2  FROM USER_TABLES;

TABLE_NAME   TABLESPACE_NAME  PCT_FREE  PCT_USED
------------ ---------------- --------- ----------
DEPT         USERS                   10
EMP          USERS                   10
BONUS        USERS                   10
SALGRADE     USERS                   10
```

テーブルの列定義の確認

テーブルの列定義はSQL*PlusのDESCコマンドで確認できます。テーブルを構成する列の列名、NOT NULL制約の有無、データ型とサイズを確認することができます。NOT NULL制約とは、列の値にNULLを含めることができないという制約条件です※。

※ 制約については次項で説明します。

書式 列定義の確認

```
DESC &lt;テーブル名&gt;
```

実行例 09-09 EMPテーブルの列定義の確認

```
SQL> connect scott/tiger
SQL> DESC EMP

 名前                NULL?    型
 ------------ -------- -------------
 EMPNO               NOT NULL NUMBER(4)
 ENAME                        VARCHAR2(10)
 JOB                          VARCHAR2(9)
 MGR                          NUMBER(4)
 HIREDATE                     DATE
 SAL                          NUMBER(7,2)
 COMM                         NUMBER(7,2)
 DEPTNO                       NUMBER(2)
```

上記の実行結果から、EMPテーブルに関する以下のことが確認できます。

- **EMPNO列は整数部4桁のNUMBER型。また、NULLを値として持つことは許されていない**
- **ENAME列は列長10bytesのVARCHAR2型**
- **JOB列は列長9bytesのVARCHAR2型**
- **MGR列は列長4bytesのNUMBER型**
- **HIREDATE列はDATE型**

- **SAL列は列長全体で7桁、整数部5桁、小数部2桁のNUMBER型**
- **COMM列は列長全体で7桁、整数部5桁、小数部2桁のNUMBER型**
- **DEPTNO列は整数部2桁のNUMBER型**

データベース内に存在するすべてのテーブルの列に関する情報は、DBA_TAB_COLUMNSビューで、接続中のユーザーが所有するテーブルの列に関する情報はUSER_TAB_COLUMNSビューで確認できます。

書式 すべての列に関する情報の確認

```
SELECT owner, table_name, column_name data_type,
       data_length, data_precision, data_scale,
       nullable, char_length, char_used
FROM DBA_TAB_COLUMNS
WHERE table_name = <テーブル名>;
```

書式 接続中のユーザーが所有するテーブルの列に関する情報の確認

```
SELECT table_name, column_name data_type, data_length,
       data_precision, data_scale, nullable,
       char_length, char_used
FROM USER_TAB_COLUMNS
WHERE table_name = <テーブル名>;
```

表09-12 DBA_TAB_COLUMNSおよびUSER_TAB_COLUMNSビューの列値

列名	内容
owner	テーブルを所有するユーザー
table_name	テーブル名
column_name	列名
data_type	列のデータ型
data_length	列の長さ（バイト単位）
data_precision	列の精度
data_scale	列のスケール
nullable	NULLの設定可／不可。列にNOT NULL制約がある場合または列が主キーの一部である場合は“N”
char_length	列の長さを文字で表示する
char_used	列長を指定する単位。列長がバイト単位の場合は“B”、列長が文字単位の場合は“C”

実行例 09-10 列の確認

```
SQL> connect scott/tiger
SQL> SELECT table_name, column_name, data_type, data_length,
  2         data_precision, data_scale, nullable,
  3         char_length, char_used
  4  FROM USER_TAB_COLUMNS WHERE table_name = 'EMP';

TABLE_NAME COLUMN_NAME  DATA_TYPE  DATA_LENGTH DATA_PRECISION DATA_SCALE N CHAR_LENGTH C
---------- ------------ ---------- ----------- -------------- ---------- - ----------- -
EMP        EMPNO        NUMBER              22              4          0 N           0
EMP        ENAME        VARCHAR2            10                           Y          10 B
EMP        JOB          VARCHAR2             9                           Y           9 B
EMP        MGR          NUMBER              22              4          0 Y           0
EMP        HIREDATE     DATE                 7                           Y           0
EMP        SAL          NUMBER              22              7          2 Y           0
EMP        COMM         NUMBER              22              7          2 Y           0
EMP        DEPTNO       NUMBER              22              2          0 Y           0
```

制約（整合性制約）

制約とは、テーブルの列（または列の組み合わせ）の値に関するルールです。制約に反するデータはテーブルに格納することはできません。Oracleでは下表に示す制約を定義することができます。

表09-13 Oracleで定義できる制約

制約	説明
PRIMARY KEY制約（主キー制約）	列（または列の組み合わせ）に重複値とNULLを許可しない。列には、自動的にBツリー索引※が作成される。1つのテーブルに設定できるPRIMARY KEY制約は1つのみ
UNIQUE KEY制約（一意制約）	列（または列の組み合わせ）に重複値を許可しない。列には、自動的にBツリー索引が作成される。PRIMARY KEY制約と異なり、1つのテーブルに設定できるUNIQUE KEY制約の数に制約はない
NOT NULL制約	列にNULLを許可しない
FOREIGN KEY制約（参照整合性制約）	列（または列の組み合わせ）の値が、それぞれ関連するテーブルの一意キーまたは主キーの値と一致している必要がある。詳細は「リレーションシップとFOREIGN KEY制約」（P.158）で説明する
CHECK制約	制約の条件を満たさない値を許可しない。CHECK制約に作成時に与える条件は、SQLのWHERE句に指定する条件と同じように記述することができる

※Bツリー索引と制約の関係については、CHAPTER 10のコラム「Bツリー索引と制約」（P.170）で説明します。

PRIMARY KEY制約とUNIQUE KEY制約は、ともに列（または列の組み合わせ）に重複値を許可しない制約ですが、PRIMARY KEY制約はテーブルに1つしか設定できません。また、NULL値を許さない点にも注意が必要です。また、列にUNIQUE KEY制約とNOT NULL制約を設定することで、PRIMARY KEYと同等の効果を得ることができます。

制約の確認

データベースに存在する制約はDBA_CONSTRAINTSビュー、接続ユーザーが所有する制約はUSER_CONSTRAINTSビューで確認できます。

書式 データベースに存在する制約の確認

```
SELECT owner, constraint_name, constraint_type, table_name,
       r_owner, r_constraint_name, index_owner, index_name
FROM DBA_CONSTRAINTS;
```

書式 接続ユーザーが所有する制約の確認

```
SELECT constraint_name, constraint_type, table_name,
        r_owner, r_constraint_name, index_owner, index_name
FROM USER_CONSTRAINTS;
```

表09-14 DBA_CONSTRAINTSおよびUSER_CONSTRAINTSビューの列値

列名	内容
owner	制約の所有者
constraint_name	制約の名前
constraint_type	制約のタイプ ・C（CHECK制約） ・P（PRIMARY KEY制約） ・U（UNIQUE KEY制約） ・R（FOREIGN KEY制約）
table_name	制約が定義されたテーブル（またはビュー）
r_owner	FOREIGN KEY制約で参照されるテーブルの所有者※
r_constraint_name	参照表の一意制約の定義名※
index_owner	索引を所有しているユーザーの名前※※
index_name	索引の名前（一意および主キー制約の場合のみ表示）※※

※「リレーションシップとFOREIGN KEY制約」（P.158）で説明します。
※※ 一意制約、主キー制約を付与したときに自動的に作成される索引に関する情報です。

以下の実行例では、SCOTTユーザーの制約を確認しています。EMPテーブル、DEPTテーブルに設定済みの制約が確認できます。

実行例 09-11 制約の確認

```
SQL> connect scott/tiger

SQL> SELECT constraint_name const_name, constraint_type, table_name,
  2          r_owner, r_constraint_name r_const_name,
  3          index_owner index_own, index_name idx_name,
  4  FROM USER_CONSTRAINTS ORDER BY table_name;

CONST_NAME  C TABLE_NAME R_OWNER  R_CONST_NAME  IDX_OWN  IDX_NAME
----------- - ---------- -------- ------------- -------- ---------
PK_DEPT     P DEPT                              SCOTT    PK_DEPT
PK_EMP      P EMP                               SCOTT    PK_EMP
FK_DEPTNO   R EMP        SCOTT    PK_DEPT
```

キー

UNIQUE KEY制約、PRIMARY KEY制約、FOREIGN KEY制約を付与した列（または列の組み合わせ）は、行を特定する際に利用できます。例えば、PRIMARY KEY制約を付与した列には、重複した値を設定できないので、その列の値で行を特定できます。列の組み合わせに対してPRIMARY KEY制約を付与した場合でも、列値の組で行を特定できます。

このような、行を特定するために用いられる特殊な列（または列の組み合わせ）を「**キー**」と呼びます。

表09-15 キーの種類

キー	説明
主キー	PRIMARY KEY制約の定義に含まれる列（または列の集合）。主キーの値は、テーブル内の行を一意に識別する。1つのテーブルには1つの主キーのみが定義できる
一意キー	UNIQUE KEY制約の定義に含まれる列（または列の集合）
外部キー	FOREIGN KEY制約の定義に含まれる列（または列の集合）
参照キー	同じテーブルまたは別のテーブルの一意キーまたは主キーで、外部キーによって参照されるキー

図09-08 キーと制約

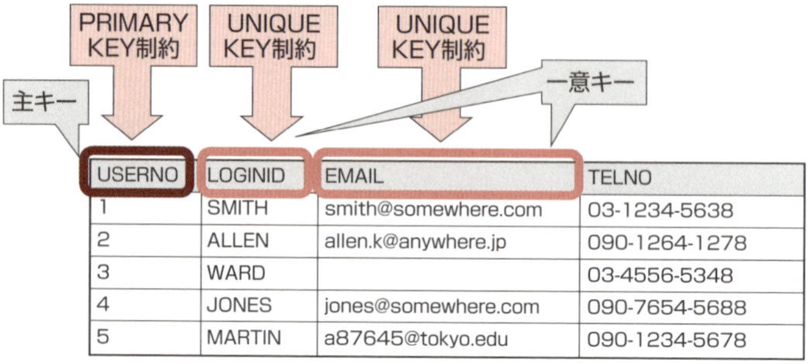

USERNO	LOGINID	EMAIL	TELNO
1	SMITH	smith@somewhere.com	03-1234-5638
2	ALLEN	allen.k@anywhere.jp	090-1264-1278
3	WARD		03-4556-5348
4	JONES	jones@somewhere.com	090-7654-5688
5	MARTIN	a87645@tokyo.edu	090-1234-5678

上図の例では、USERNO列にPRIMARY KEY制約を付与しているので、この列が主キーとなります。また、LOGINID列、EMAIL列にUNIQUE KEY制約を付与しているので、これらの列は一意キーとなります。

リレーションシップとFOREIGN KEY制約

RDBMSでは、行と行の関連性を、それぞれの行の列値が等しいことで表します。例えば、下図でDEPTテーブルのDEPTNO列の値と、EMPテーブルのDEPTNO列の値が等しいことで「従業員（employee）がその部署（department）に所属している」という関連性を示します。

図09-09 リレーションシップとFOREIGN KEY制約

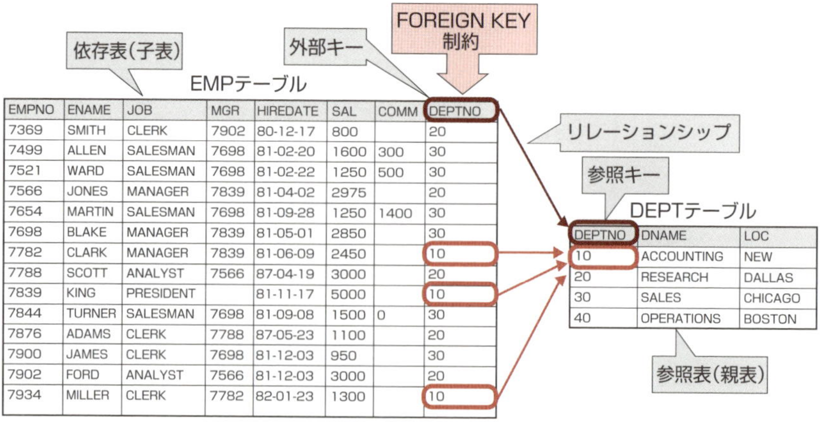

EMPテーブル

EMPNO	ENAME	JOB	MGR	HIREDATE	SAL	COMM	DEPTNO
7369	SMITH	CLERK	7902	80-12-17	800		20
7499	ALLEN	SALESMAN	7698	81-02-20	1600	300	30
7521	WARD	SALESMAN	7698	81-02-22	1250	500	30
7566	JONES	MANAGER	7839	81-04-02	2975		20
7654	MARTIN	SALESMAN	7698	81-09-28	1250	1400	30
7698	BLAKE	MANAGER	7839	81-05-01	2850		30
7782	CLARK	MANAGER	7839	81-06-09	2450		10
7788	SCOTT	ANALYST	7566	87-04-19	3000		20
7839	KING	PRESIDENT		81-11-17	5000		10
7844	TURNER	SALESMAN	7698	81-09-08	1500	0	30
7876	ADAMS	CLERK	7788	87-05-23	1100		20
7900	JAMES	CLERK	7698	81-12-03	950		30
7902	FORD	ANALYST	7566	81-12-03	3000		20
7934	MILLER	CLERK	7782	82-01-23	1300		10

DEPTテーブル

DEPTNO	DNAME	LOC
10	ACCOUNTING	NEW
20	RESEARCH	DALLAS
30	SALES	CHICAGO
40	OPERATIONS	BOSTON

RDBMSでは、このようなテーブル同士の関連性を「**リレーションシップ**」と呼んでいます。前の図の例では、EMPテーブルのDEPTNO列が参照元、DEPTテーブルのDEPTNO列が参照先になります。

Oracleでは、リレーションシップの参照元の列に対してFOREIGN KEY制約を付与し、リレーションシップにおける参照関係の整合性を保護することができます。FOREIGN KEY制約を付与した列を「**外部キー**」、外部キーにより参照される列を「**参照キー**」と呼びます。また、外部キーを含むテーブルを「**依存表**」または「**子表**」、子表の外部キーが参照するテーブルを「**参照表**」または「**親表**」と呼びます。

● 外部キーの値

FOREIGN KEY制約を付与した場合、外部キーに、参照キーに存在しない値を設定することはできません。下図のEMPテーブルとDEPTテーブルの例では、参照キーであるDEPTテーブルのDEPTNO列には「50」という値が存在しないので、EMPテーブルのDEPTNO列に「50」を設定することはできません。このようなFOREIGN KEY制約の動作により、参照表と無関係なデータが依存表に設定されることを防ぐことができるため、データの整合性を保護することができます。

図09-10 FOREIGN KEY制約によるデータ整合性の保護

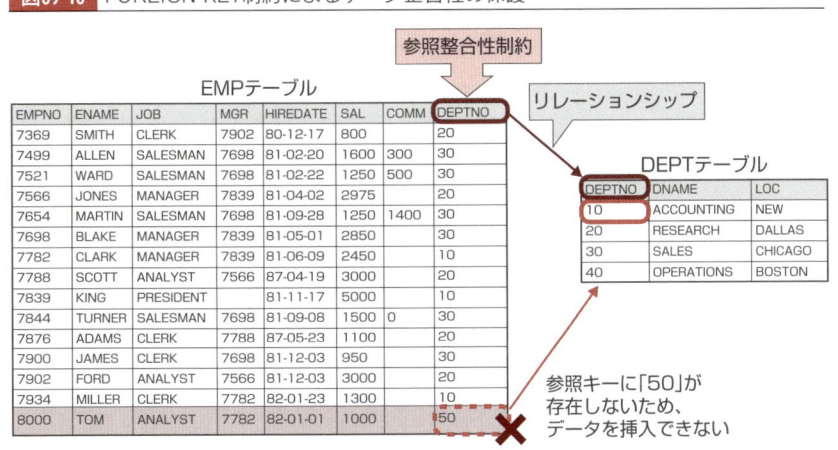

参照整合性制約

リレーションシップ

EMPテーブル

EMPNO	ENAME	JOB	MGR	HIREDATE	SAL	COMM	DEPTNO
7369	SMITH	CLERK	7902	80-12-17	800		20
7499	ALLEN	SALESMAN	7698	81-02-20	1600	300	30
7521	WARD	SALESMAN	7698	81-02-22	1250	500	30
7566	JONES	MANAGER	7839	81-04-02	2975		20
7654	MARTIN	SALESMAN	7698	81-09-28	1250	1400	30
7698	BLAKE	MANAGER	7839	81-05-01	2850		30
7782	CLARK	MANAGER	7839	81-06-09	2450		10
7788	SCOTT	ANALYST	7566	87-04-19	3000		20
7839	KING	PRESIDENT		81-11-17	5000		10
7844	TURNER	SALESMAN	7698	81-09-08	1500	0	30
7876	ADAMS	CLERK	7788	87-05-23	1100		20
7900	JAMES	CLERK	7698	81-12-03	950		30
7902	FORD	ANALYST	7566	81-12-03	3000		20
7934	MILLER	CLERK	7782	82-01-23	1300		10
8000	TOM	ANALYST	7782	82-01-01	1000		50

DEPTテーブル

DEPTNO	DNAME	LOC
10	ACCOUNTING	NEW
20	RESEARCH	DALLAS
30	SALES	CHICAGO
40	OPERATIONS	BOSTON

参照キーに「50」が存在しないため、データを挿入できない

本章のまとめ

●テーブル

- テーブルは行と列から構成されるOracleの最も基本的なオブジェクト
- 行はテーブルの格納先表領域のデータファイル内のブロックに格納される
- 更新処理により拡張した行がブロックの空き領域に収まらなかった場合、行移行という現象が発生する
- 1行のデータのサイズがブロックのデータ格納用領域よりも大きい場合、行連鎖という現象が発生する
- 行は特定の順序にしたがってブロックに格納されるわけではない
- 行が格納されているブロックはROWIDで特定できる

●データ型

- Oracleには、文字データ型、数値データ型、日付データなどのデータ型が存在する
- 文字データ型には、固定長文字列を格納するCHAR型、NCHAR型、可変長文字列を格納するVARCHAR2型、NVARCHAR2型がある
- 数値型はNUMBER型を使用し、精度とスケールの指定に応じて、整数、固定小数点数、浮動小数点数を格納することができる
- 日付データ型には、DATE型、TIMESTAMP型がある
- ROWIDデータ型は、行のアドレスを示すROWIDを格納する

●制約

- テーブルの列(または2つ以上の列の組み合わせ)には、制約を付与して、列の値に関してルールを定義することができる
- PRIMARY KEY制約は列値に重複値とNULLを許可しない制約
- UNIQUE KEY制約は列値に重複値を許可しない制約
- NOT NULL制約は列値にNULLを許可しない制約
- FOREIGN KEY制約はリレーションシップにより定義された参照キーに存在しない列値の設定を許可しない制約

CHAPTER 10

索引の仕組み

索引はテーブル内の行へのアクセスを効率化するための補助的なオブジェクトです。その名の通り、書籍の索引と同じ働きをします。書籍の索引を見ると目的の単語が掲載されているページがわかりますが、Oracleの索引では、ある列の値を持つ行のROWIDがわかります。

Oracleには用途に合わせていくつかの種類の索引があります。それぞれの特徴をきちんと理解すれば、処理を高速化するだけではなく、問題が発生した場合のチューニング作業においても役立ちます。

図10-01 索引の概念

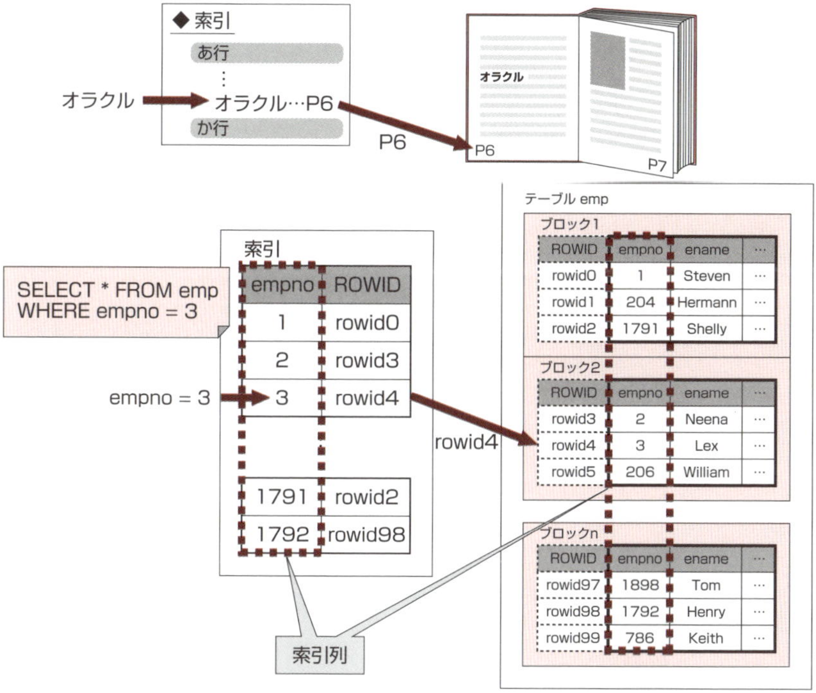

索引の必要性

索引は、テーブルの1つ以上の列に対して作成します。適切な列を含む索引を作成すると、その列（**索引列**）をWHERE句に含むSQL処理を効率化できます。1つのテーブルに対して作成できる索引の数に制限はありません。しかし、テーブルのすべての列や列の組み合わせに対して索引を作成するべきではありません。索引には、全行分の索引列の値とROWIDが格納されるので、余計な記憶領域が必要となります。

また、テーブルに格納された行が更新されるたびに、Oracle内部で索引のメンテナンス処理が実行されるので、索引の数が増えればそれだけ更新処理に時間がかかります。使われない索引や不適切な列に定義された索引はディスク領域の無駄遣いであり、更新パフォーマンスの低下をもたらすこともあるため、削除すべきです。

索引の種類

Oracleでは用途に合わせていくつかの種類の索引を使用することができます。索引ごとに特徴が異なるので、列値やテーブルの特性に応じて適切な索引を選択する必要があります。

表10-01 Oracleで使用できる代表的な索引

索引の種類	特徴
Bツリー索引	ツリー構造のルートより二分検索を行い、行を検索するため、列値の種類が多い列、特に一意性を持った列に有効な索引
ビットマップ索引	索引列の列値をビットデータに対応させた、ビットマップと呼ばれる構造を持つ索引。ビット演算による検索を行うため、行数に対する列値の種類の比率が低いテーブルに有効な索引
ファンクション索引	索引作成時に指定された式の値を索引に格納する

Bツリー索引

Oracleで最もよく利用される索引は**Bツリー索引**です。Bツリー索引は、索引列の値をあらかじめソートしておき、このソート済みデータに対して値の比較による検索を行うことで効率的なアクセスを実現する索引です。

二分検索の仕組み

Bツリー索引の構造を説明する前に、Bツリー索引による検索の基本となる「**二分検索（バイナリサーチ／二分探索）**」の仕組みについて説明します。

二分検索とは、検索対象となるデータ群をあらかじめソートしておき、そのデータ群を半分に分割することと、分割したデータと目的のデータを比較することを繰り返し実行することで、データを絞り込んでいく検索方法です。

具体例をあげて説明します。下図では、「1」～「10」の10個の検索対象のデータから、目的のデータ「7」を検索する手順を示しています。

図10-02 二分検索

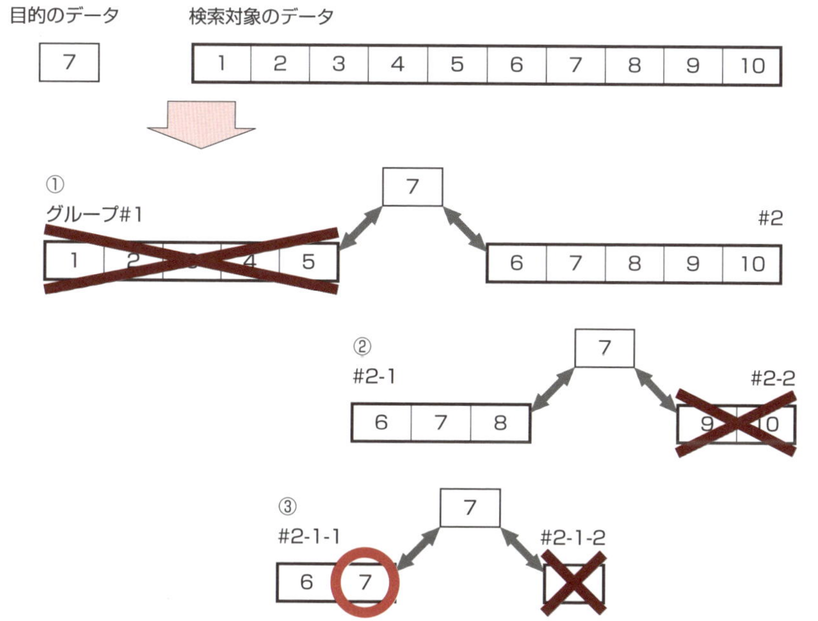

二分検索では、まず検索対象のデータを2つのグループに分割し、どちらのグループに目的のデータが存在する可能性があるかをグループ分割の境界値との比較で判断します（図10-02の①）。ここでは、グループ#1、#2が「5」、「6」で分割されていることから、目的のデータ「7」は、グループ#1に存在する可能性がなく、グループ#2に存在する可能性があることがわかります。

このため、グループ#2に限定して検索を続けます。次に、グループ#2をさらに2つのグループに分割し、どちらのグループに目的のデータが存在する可能性があるかを判断します（図10-02の②）。ここでは、グループ#2-1に存在する可能性があります。このように検索対象のデータを2分割していくことで、データを検索します。

二分検索のメリットは、検索対象のデータを先頭から順次比較する方法と比べ、データの比較回数を大幅に減らすことができる点です。前の図の検索対象のデータを先頭から１つずつ比較していった場合、データの比較回数は最大で検索対象のデータ件数と同じ10回です。複数回実施した場合の平均は5回ですが、二分検索を用いた場合、比較回数は3回です。データ量が多い場合、比較回数の差はさらに広がります。

Bツリー索引の構造

Bツリー索引は「**リーフブロック**」、「**ブランチブロック**」、「**ルートブロック**」に分かれたツリー構造をしています（図10-03）。

リーフブロックには、索引列の列値がROWIDとペア（**索引エントリ**）で、列値でソートされた状態で格納されます。隣りあったリーフブロックは、お互いにリンクされています。このリンクをたどって、すべてのリーフブロックのデータを並べると、全行分の索引列の列値をソートしたデータが得られます。

リーフブロックの上層であるブランチブロックには、配下のリーフブロックのデータ位置を示す**DBA（データブロックアドレス）**と、リーフブロックに含まれる列値の範囲が格納されます。

最上層のルートブロックにはルートブロックの配下のブランチブロックのDBAと、ブランチブロックに含まれる列値の範囲が格納されています。

Bツリー索引が適するケース

Bツリー索引は主キーや一意キーといった一意な値を持つ列※や、列値の重複が少なく列値の種類が多い列など、二分検索が有効に機能する列に適しています。

一方、列値の種類が少なく、複数の行が同じ値を持つ列に対しては有効ではありません。例えば、値が「男」、「女」しかない列や、値が「赤」、「白」、

図10-03 Bツリー索引の構造

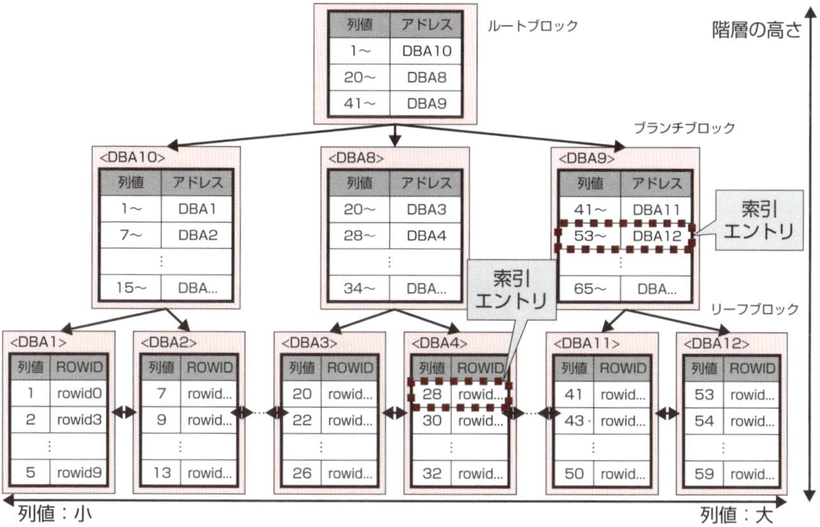

「青」しかない列にBツリー索引を作成しても、二分検索が有効に機能しないため、効率的なアクセスは実現できません。

また、Bツリー索引では、テーブルの索引列が更新されると索引のメンテナンスが必要となります。そのため、少量のデータ更新処理が多数同時に実行されるOLTP系システムに適している索引といえます。

※ Oracleでは、主キー、一意キーに自動的にBツリー索引が作成されるため、通常はこれらのキーに対してユーザーが手動で索引を作成する必要はありません。

Bツリー索引を用いたデータへのアクセス

Bツリー索引の特徴は、少数のブロックの読み取りで検索を実行できるよう、あらかじめソートされた列値をもとに作成されたツリー構造を持っていることです。

次の図は、EMPテーブルのEMPNO列にBツリー索引が定義されている場合の行データへのアクセス処理を示しています。EMPテーブルに対して「`SELECT * FROM emp WHERE empno = 27;`」が発行されたとします。

図10-04 Bツリー索引を用いた行データへのアクセス

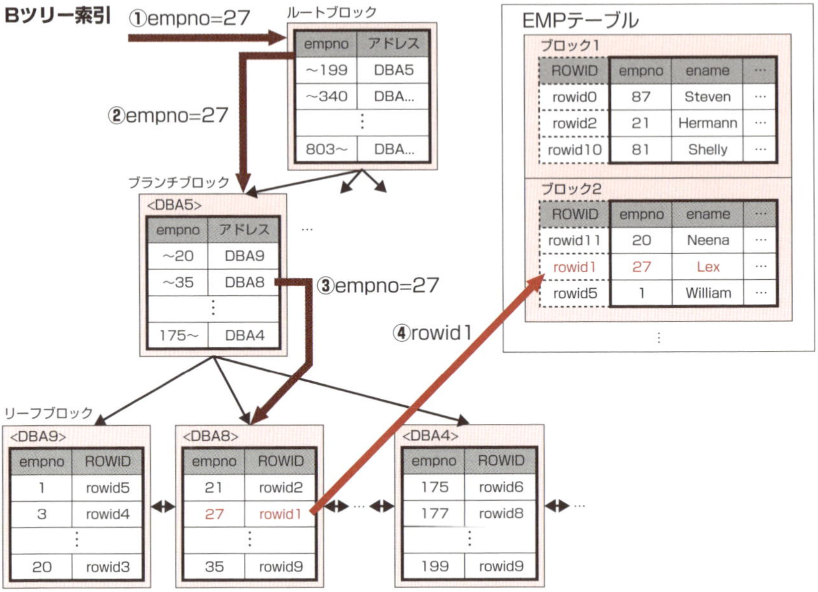

OracleがSQL処理に索引を使用すると決定した場合、Oracleは、まずBツリー索引のルートブロックを読み出します（①）。

次に、ルートブロックに格納されている列値の範囲から、検索条件「empno = 27」を含むブランチブロックを選び、ブランチブロックを読み出します（②）。ここでは、列値の範囲が1～199に対応するブランチブロックを読み出しています。

同様に、ブランチブロックに格納されている列値の範囲から「empno = 27」を含むリーフブロックを選び、リーフブロックを読み出します（③）。

最後に、リーフブロックから「empno = 27」に対応するROWIDを取得し、そのROWIDを含むテーブルのブロックを読み出し、行データを取得します（④）。

このように、Bツリー索引は値の比較による検索に適した構造をしています。列値を比較しながらルートブロックからリーフブロックまでの一連のブロックのみ読み出すだけで、該当する行のROWIDを得ることができます。

Bツリー索引を用いた範囲検索の実行

Bツリー索引のもう1つの特徴は、全行分の索引列の列値をソートしてリーフブロックに保持しているため、索引列の範囲検索を高速に実行できることです。

下図に、Bツリー索引を用いて索引列の範囲検索を実行した場合の行データへのアクセス方法を説明します。EMPテーブルに対して「SELECT * FROM emp WHERE empno BETWEEN 20 AND 27;」が発行されたとします。

図10-05 Bツリー検索を用いた範囲検索の実行

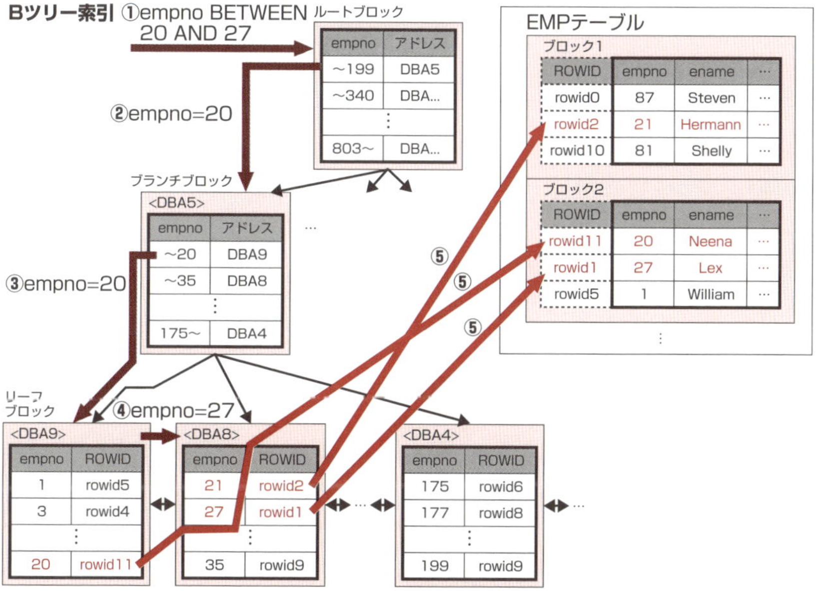

Oracleが SQL処理に索引を使用すると決定した場合、Oracleは、Bツリー索引のルートブロックを読み出します（①）。以後、図10-04の場合と同様に、ルートブロック→ブランチブロックと順に読み出してSQLの検索条件の範囲境界に相当する「empno = 20」を含むリーフブロック（DBA9）を読み出します（②、③）。

そして、SQLの検索条件の逆側の範囲境界に相当する「empno = 27」を含むリーフブロックを得るため、リーフブロック間のリンクをたどって、大きいempnoを含むリーフブロック（DBA8）を読み出します（④）。

ここで読み出した2つのリーフブロックから「empno BETWEEN 20 AND 27」に対応するROWIDを取得し、行データを取得します（⑤）。

Bツリー索引のメンテナンス

索引列が更新されるたびに、索引は自動的にメンテナンスされます。

下図は、テーブルに「empno = 5」となる新しい行を挿入した際の索引のメンテナンスの動作を示しています。

図10-06 行の挿入に伴う索引のメンテナンス処理

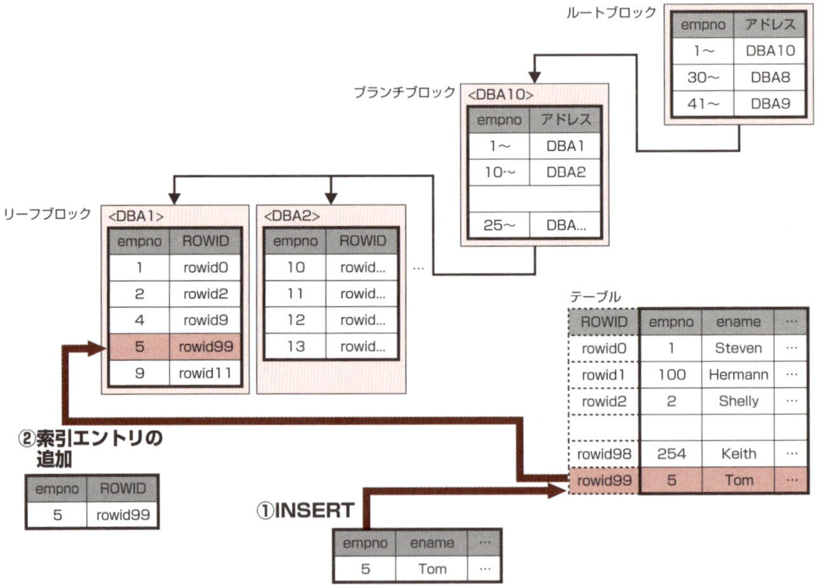

テーブルに新しい行が挿入されると、行の配置場所を示すROWIDの値と、行の列値から構成される索引エントリ（上図では「ROWID = rowid99」、「empno = 5」から構成される索引エントリ）を「empno = 5」に該当するリーフブロックに追加します。

一方、索引列が更新された場合は、次の図のように古い索引エントリが削除され、新しい列値に対応するリーフブロックに新しい索引エントリが追加されます。

図10-07 索引列の更新に伴う索引のメンテナンス処理

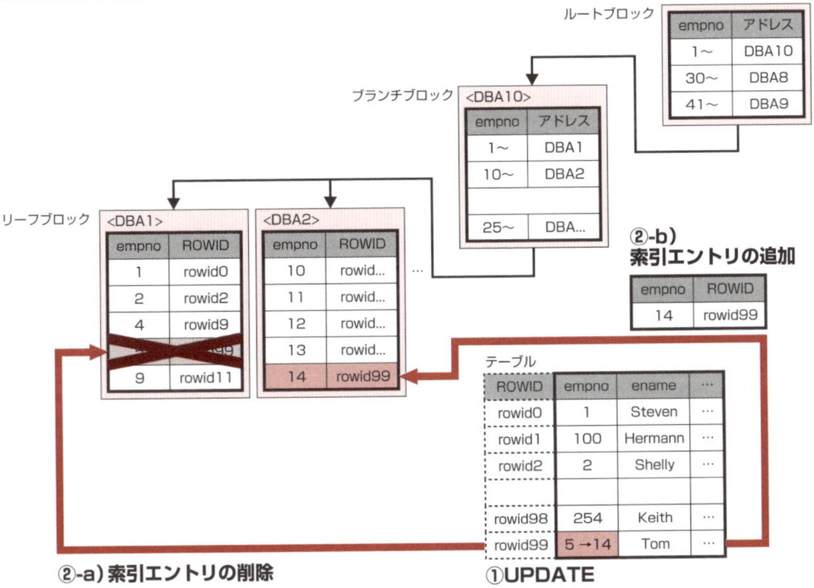

表10-02 テーブルへの更新処理と索引のメンテナンス処理

テーブルへの更新処理	索引のメンテナンス処理
新しい行の追加	リーフブロックへ索引エントリを追加する
行の削除	リーフブロックから索引エントリを削除する
索引列の列値の更新	リーフブロックから古い索引エントリを削除し、新しい列値に対応したリーフブロックに索引エントリを追加する

Bツリー索引の階層

図10-03の概念図では、上からルートブロック、ブランチブロック、リーフブロックの3階層で構成されていますが、階層は索引の行数や索引を構成する列に応じて増減します。

例えば、テーブルの行数が極めて少なく、全行分の列値とROWIDが1つのブロックに収まる場合は、索引は1つのリーフブロック（ルートブロック）のみで構成されます。ブランチブロックは存在しません。一方、テーブルの行数が多い場合は、リーフブロックの数が増え、これにしたがってブランチブロックの階層数も増えます。

図10-08 データ量の大小と索引の階層

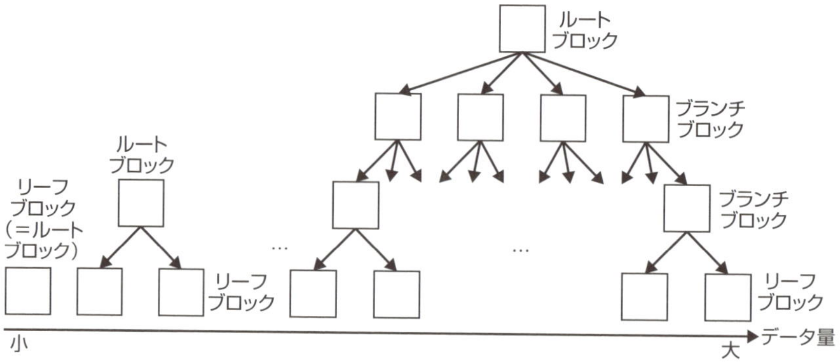

Bツリー索引と制約 COLUMN

列(または列の組み合わせ)にPRIMARY KEY制約または、UNIQUE KEY制約を付与すると、制約を付与した列に対して自動的にBツリー索引(一意索引)が作成されます。PRIMARY KEY制約とUNIQUE KEY制約の実現に必要な重複値のチェックは、このBツリー索引(一意索引)を用いて実行されます。先に説明した通り、Bツリー索引は、索引が設定された列値のソート済みデータから構成されるので、高速に重複値のチェックができます。

PRIMARY KEY制約およびUNIQUE KEY制約については「制約(整合性制約)」(P.155)で説明します。

ビットマップ索引

ビットマップ索引は、1つの列値を1つのビットに対応させたビットマップを作成し、そのビットマップを元に条件に合致する行を選択することで効率的なアクセスを実現する索引です。なお、ビットマップ索引はEnterprise Editionでのみ使用できる機能です。

ビットマップ索引の構造

ここでは製品テーブルの色列にビットマップ索引を設定した場合を例に、ビットマップの構造について説明します。色列として「赤」、「青」、「白」それぞれに欄を用意し、値が「赤」の場合は「赤」欄に「1」を設定し、他の「青」欄と「白」欄には「0」を設定します。同様に「白」の場合は、「白」欄に「1」を設定し、他の「赤」欄、「青」欄には「0」を設定します。

図10-09 ビットマップ索引の構造（イメージ）

ビットマップ索引

色			ROWID
赤	青	白	
1	0	0	rowid0
0	0	1	rowid1
0	1	0	rowid2
0	0	1	rowid3
0	1	0	rowid4
0	0	1	rowid5
	⋮		
0	1	0	rowid98
0	0	1	rowid99

製品テーブル

ROWID	製品ID	製品名	色
rowid0	1	冷蔵庫	赤
rowid1	2	洗濯機	白
rowid2	3	車	青
rowid3	4	ヒーター	白
rowid4	5	靴	青
rowid5	6	コート	白
	⋮		
rowid98	98	下駄箱	青
rowid99	99	楽器	白

赤　青　白

ビットマップ索引を用いた複合条件検索

ビットマップ索引が設定されたサイズ列と色列を検索条件に含むSQL文「SELECT * FROM 製品 WHERE サイズ = 'M' AND (色 = '赤' OR 色 = '白');」を実行した場合の処理を例に説明します。

このSQLを実行するとき、Oracleはビットマップ索引から、検索条件に指定された列値に対応するビットマップを取得します。次の図では、ビットマップ索引「サイズ」の列値「M」のビットマップと、ビットマップ索引「色」の列値「赤」、「白」のビットマップを取得します。取得したビットマップに対して、検索条件に含まれる論理演算を適用します。

今回のSQLでは、「 □ AND (□ OR □)」という論理演算となります。論理演算の結果、ビット値が1である行が検索条件を満たす行になります。ビットデータに対する論理演算はコンピュータで高速に処理が可能なので、対象の行数が多い場合でも比較的高速に検索処理を実行できます。

図10-10 ビットマップ索引を用いた複合条件検索

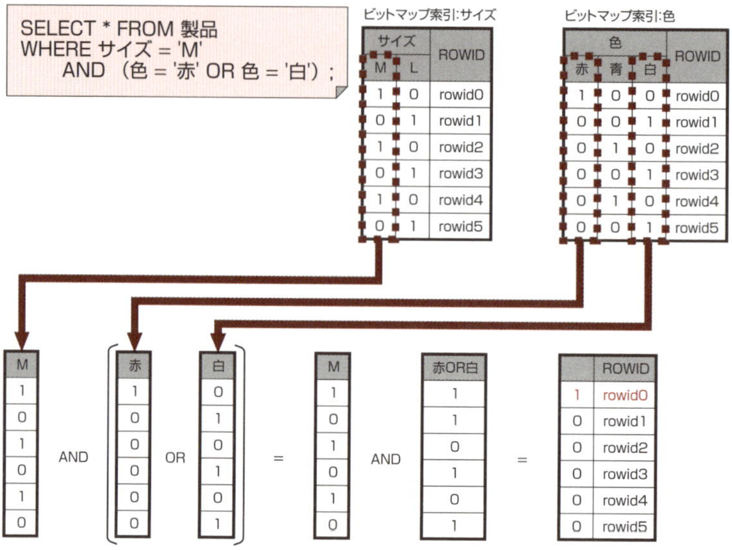

ビットマップ索引が適するケース

ビットマップ索引は、列値の種類が少ない行に対して適した索引です。ビットマップ索引は、複数のAND条件やOR条件を持つ複雑な検索条件のSQL処理を高速に実行することができます。また、Bツリー索引と比べて、索引のサイズを大幅に小さくすることができます。

このような特徴のため、テーブルのデータ量が非常に多く、複雑な検索条件のSQLが多く発行されるDWH系システムに適しています。一方で、取り得る列値が多い列、すなわち、一意キーや、主キーのように値の重複がない、または少ない列には適していません。また、索引の更新とテーブルの更新を同時に実行できないため、OLTP系システムには適していません。

ファンクション索引

ファンクション索引は、索引列に対してファンクションを適用した際のSQL処理を高速化する索引です。ファンクション索引は、Bツリー索引とビットマップ索引として作成できます。

ファンクション索引の構造

ファンクション索引の構造は基本的にBツリー索引およびビットマップ索引と同様です。ただし、列値の代わりに索引作成時に指定した式の結果が格納されます。

図10-11 ファンクション索引の構造

Bツリー索引

リーフブロック1

ename	ROWID
James	rowid...
Tom	rowid...
Scott	rowid...

ファンクション索引（Bツリー索引）

リーフブロック1

UPPER(ename)	ROWID
JAMES	rowid...
TOM	rowid...
SCOTT	rowid...

ビットマップ索引

リーフブロック1

色			ROWID
赤	青	白	
1	0	0	rowid0
0	0	1	rowid1
0	1	0	rowid2

ファンクション索引（ビットマップ索引）

リーフブロック1

FUNC(色)			ROWID
A	B	C	
1	0	0	rowid0
1	0	0	rowid1
0	0	1	rowid2

ファンクション索引が適するケース

通常、検索条件で索引列に対してファンクションを適用した場合、問合せに索引は使われません。対処方法として、索引列に対してファンクションを適用しない形式の検索条件に書き換える方法がありますが、この方法が常に利用できるとは限りません。

例えば、SCOTTスキーマのEMPテーブルのENAME列にBツリー索引を作成して、文字列を大文字に変換するファンクション「UPPER」を使った検索条件「`WHERE ename = UPPER('james');`」を実行した場合、Bツリー索引は使われません。また、ファンクションを適用しないように検索条件を書き換えることも困難です。このような場合に以下のファンクション索引を作成すると、SQL実行時にこの索引が使用されます。

```
CREATE INDEX fanc_indx1 ON emp(upper(ename));
```

このように、列に対してファンクションや演算子を適用した式によって定義された索引の種類を**ファンクション索引**と呼びます。ファンクション索引を利用するには以下の条件が満たされていなければなりません。

- **ファンクション索引を作成するユーザーはCREATE ANY INDEXおよびQUERY REWRITEシステム権限が必要**※
- **初期化パラメータQUERY_REWRITE_ENABLEDが「true」**
- **ファンクション索引に単一行ファンクションは使用できるが、グループファンクションは使用できない**

※ QUERY REWRITEとはSQLを内部的に書き換える処理のことです。ファクション索引の実行には内部的にQUERY REWRITE処理が利用されています。

索引の確認

データベース内に存在するすべての索引はDBA_INDEXESビューで、自分が所有する索引はUSER_INDEXESビューで確認できます。

書式 データベース内に存在する索引の確認

```
SELECT owner, index_name, index_type, uniqueness,
       table_owner, table_name, tablespace_name
FROM DBA_INDEXES;
```

書式 接続しているユーザーが所有する索引の確認

```
SELECT index_name, index_type, uniqueness,
       table_owner, table_name, tablespace_name
FROM USER_INDEXES;
```

表10-03 DBA_INDEXESビューおよびUSER_INDEXESビューの列値

列名	内容
owner	索引を所有するユーザー名
index_name	索引名
index_type	索引のタイプ。値は表10-04参照
uniqueness	一意索引の場合は“UNIQUE”、非一意索引の場合“NONUNIQUE”
table_owner	索引が設定されたテーブルを所有するユーザー名
table_name	索引が設定されたテーブル名
tablespace_name	索引が格納される表領域名

表10-04 索引のタイプ

表示値	意味
NORMAL	Bツリー索引
BITMAP	ビットマップ索引
NORMAL/REV	逆キー索引※
FUNCTION-BASED NORMAL	ファンクション索引ベースのBツリー索引
FUNCTION-BASED BITMAP	ファンクション索引ベースのビットマップ索引
FUNCTION-BASED NORMAL/REV	ファンクション索引ベースの逆キー索引※

※ 逆キー索引については**コラム「逆キー索引」**(P.178)を参照してください。

データベース内のBツリー索引はINDEX_TYPE列が「**NORMAL**」の行で確認できます。

実行例 10-01 Bツリー索引の確認

```
SQL> connect / as sysdba

SQL> SELECT owner, index_name, index_type, uniqueness,
  2         table_owner, table_name, tablespace_name
  3  FROM DBA_INDEXES;

OWNER    INDEX_NAME  INDEX_TYPE  UNIQUENES TABLE_OWNER  TABLE_NAME  TABLESPACE_NAME
-------- ----------- ----------- --------- ------------ ----------- ---------------
SYS      I_ICOL1     NORMAL      NONUNIQUE SYS          ICOL$       SYSTEM
SYS      I_CON1      NORMAL      UNIQUE    SYS          CON$        SYSTEM
(結果省略)
```

ビットマップ索引はINDEX_TYPE列が「**BITMAP**」の行で確認できます。

実行例 10-02 ビットマップ索引の確認

```
SQL> SELECT owner, index_name, index_type, table_owner,
  2         table_name, tablespace_name
  3  FROM DBA_INDEXES
  4  WHERE index_type = 'BITMAP';
                                    TABLE_             TABLESPACE_
OWNER  INDEX_NAME     INDEX_TYPE   OWNER  TABLE_NAME NAME
------ -------------- ------------ ------ ---------- -----------
SH     MV_SUBCAT_BIX  BITMAP       SH     SALES_MV   EXAMPLE
SH     MV_CHAN_BIX    BITMAP       SH     SALES_MV   EXAMPLE
SH     MV_PROMO_BIX   BITMAP       SH     SALES_MV   EXAMPLE
```

ファンクション索引はINDEX_TYPE列に「**FUNCTION**」を含む行で確認できます。ファンクションの対象索引が、Bツリー索引の場合は「**FUNCTION-BASED NORMAL**」、ビットマップ索引の場合は「**FUNCTION-BASED BITMAP**」となります。すべてのファンクション索引を確認する際のSELECT文には、WHERE句に「`index_type LIKE 'FUNCTION%'`」と指定します。

実行例 10-04 ファンクション索引の確認

```
SQL> SELECT owner, index_name, index_type, table_owner,
  2         table_name, tablespace_name
  3  FROM DBA_INDEXES
  4  WHERE index_type LIKE 'FUNCTION%';
                                                   TABLE_ TABLE_ TABLESPACE_
OWNER  INDEX_NAME INDEX_TYPE                       OWNER  NAME   NAME
------ ---------- -------------------------- ------ ------ -----------
SCOTT  FANC_INDX1 FUNCTION-BASED NORMAL           SCOTT  EMP    INDX
SCOTT  FANC_INDX2 FUNCTION-BASED BITMAP           SCOTT  EMP    INDX
```

索引の列の確認

データベース内に存在する索引の列はDBA_IND_COLUMNSビューで、接続ユーザーが所有する索引の列はUSER_IND_COLUMNSビューで確認できます。

書式 Bツリー索引が設定された列の確認

```
SELECT index_owner, index_name, table_name, column_name
FROM DBA_IND_COLUMNS;
```

表10-05 DBA_IND_COLUMNSビューの列値

列名	内容
index_owner	索引の所有ユーザー
index_name	索引名
table_name	索引が設定されたテーブル名
column_name	索引が設定された列名

実行例 10-05 Bツリー索引が設定された列の確認

```
SQL> connect / as sysdba
SQL> SELECT index_owner, index_name, table_name, column_name
  2  FROM DBA_IND_COLUMNS;

INDEX_OWNER INDEX_NAME            TABLE_NAME        COLUMN_NAME
----------- --------------------- ----------------- ------------
SYS         I_USER1               USER$             NAME
SYS         I_OBJ#                C_OBJ#            OBJ#
(結果省略)

SQL> connect test/password
SQL> SELECT index_name, table_name, column_name
  2  FROM USER_IND_COLUMNS;

INDEX_NAME  TABLE_NAME     COLUMN_NAME
----------- -------------- ---------------
TEST_IDX    TEST_TAB       VAL
```

OLTP環境とDWH環境 COLUMN

データベースを用いたITシステムは、非常に大まかな分類ですが、OLTP系のシステムとDWH系のシステムに分類することができます。

OLTP（オンライントランザクション処理）系システムでは、リアルタイムでデータを変更するトランザクションが、複数のユーザーから同時に実行されます。各トランザクションで更新されるデータの量は比較的少量です。OLTP系システムの例として、銀行取引システム、売上計上システム、航空券予約システムなどがあります。OLTP系システムでは、トランザクションが短時間で、同時に実行できるように設計を行う必要があります。

一方、DWH（データウェアハウス）系システムでは、大量に蓄積されたデータを分析する問合せが実行されます。データはリアルタイムで更新されることは少なく、夜間などに一括投入（挿入／更新）されるケースが多いです。DWH系システムは、複数のOLTP系システムから収集し、蓄積されたデータを元にビジネス上のデータ分析／意思決定を行うために使用されます。DWH系システムでは、大量のデータに対して効率的に問合せを実行できる点に留意して設計を行う必要があります。

逆キー索引 COLUMN

逆キー索引は、現在では一般的に使用されないため、本文での解説は割愛しましたが、ここで簡単に特徴のみ紹介いたします。

逆キー索引は「索引列の列値のバイナリデータをバイト単位で反転した値」を元にして作成する特殊なBツリー索引です。索引の各ブロックには、索引列の列値の代わりに、列値をバイト単位で反転した値がソートされて格納されます。下図を用いて、通常のBツリー索引の列値の格納方法と、逆キー索引の列の値の格納方法を比較します。

図10-12 逆キー索引とBツリー索引のリーフブロック比較

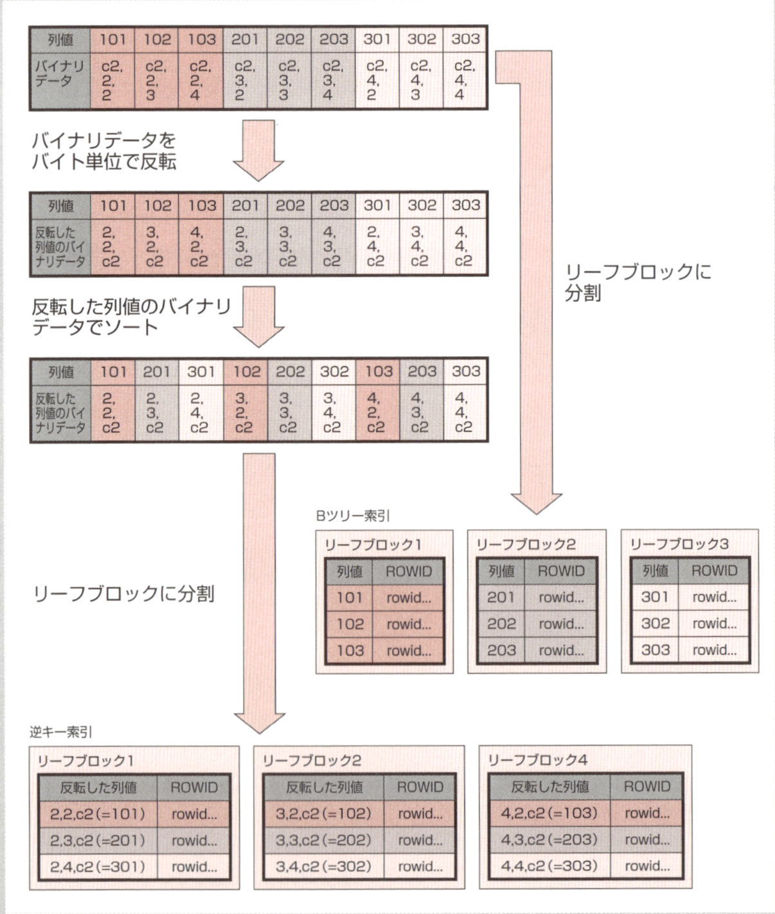

DBA_OBJECTS／USER_OBJECTSビュー COLUMN

データベースに存在するすべてのオブジェクトの情報はDBA_OBJECTSビューで、接続ユーザーが所有するオブジェクトの情報はUSER_OBJECTSビューで確認できます。

書式 データベースに存在するすべてのオブジェクトの確認

```
SELECT owner, object_name, object_id, object_name
FROM DBA_OBJECTS;
```

書式 接続ユーザーが所有するオブジェクトの確認

```
SELECT object_name, object_id, object_name
FROM USER_OBJECTS;
```

表10-06 DBA_OBJECTS／USER_OBJECTSビューの列値

列名	内容
owner	オブジェクトの所有者
object_name	オブジェクト名
object_id	オブジェクトID
object_type	オブジェクトのタイプ

表10-07 object_typeの値とオブジェクト

値	オブジェクト
TABLE	テーブル
INDEX	索引
VIEW	ビュー
MATERIALIZED VIEW	マテリアライズドビュー
SEQUENCE	シーケンス
SYNONYM	シノニム

本章のまとめ

●索引

- 索引は行データへのアクセスを高速化するためのオブジェクト
- 索引はテーブルの列（または列の組み合わせ）に対して定義できる

●Bツリー索引

- Bツリー索引は列値の種類が多い列に有効な索引
- Bツリー索引は多くの更新処理が同時実行される環境にも適用が可能。主にOLTP環境に使用される

●ビットマップ索引

- ビットマップ索引は行数に対する列値の種類の比率が低いテーブルに有効な索引
- ビットマップ索引は更新処理が同時実行される環境には向かない。主にデータウェアハウス環境に使用される

●ファンクション索引

- ファンクション索引は索引列に対してファンクションを適用した検索条件のSQL処理を高速化するための索引の種類
- ファンクション索引は列に対してファンクションや演算子を適用した式によって定義される。Bツリー索引もしくはビットマップ索引として作成できる

CHAPTER 11

その他のオブジェクト

本章では「ビュー」、「マテリアライズドビュー」、「シノニム」、「シーケンス」について説明します。これらは補助的なオブジェクトですが、使い方次第でパフォーマンスや使い勝手を向上することができます。

ビュー

ビューは、テーブルや他のビューをもとに作られた仮想的なテーブルです。テーブルと同様に行と列から構成されます。ビューのもととなるテーブルを、「**実表**」（元表）と呼びます。ビューは、実表に対するSELECT文によって定義されます。ビューは実際のデータを持たない仮想的なテーブルなので、データを格納するための領域は不要です。

図11-01 ビューとビューの実表

ビュー: EMPSAL

EMPNO	ENAME	JOB	…	…	…
7369	SMITH	CLERK			
7499	ALLEN	SALESMAN			
7566	WARD	SALESMAN			
7566	JONES	MANAGER			
7654	MARTIN	SALESMAN			
…	…	…			

```
SELECT empno, ename, job
FROM emp
WHERE job='SALESMAN';
```

ビューの実表: EMP

EMPNO	ENAME	JOB	…	…	…
7369	SMITH	CLERK			
7499	ALLEN	SALESMAN			
7566	WARD	SALESMAN			
7566	JONES	MANAGER			
7654	MARTIN	SALESMAN			
…	…	…			

ビューに対する問合せで確認できるデータの実体は実表にあります。ビューに対して問合せが実行されると、Oracle内部では実表に対してSELECT文が実行されます。

ビューに関するSQL操作にはいくつかの制限がありますが、基本的にはテーブルと同じように問合せ・更新・挿入・削除処理を実行できます。ただし、ビューから確認できるデータの実体は、実表のデータなので、ビューに対して行った変更は、実表に適用される点に注意してください。また、ビューに対してINSERT文を実行するには、実表に対するINSERT権限が必要です。

ビューを使用するメリットとして「セキュリティの強化」と「問合せの簡素化」の2点があげられます。

表11-01 ビューのメリット

メリット	概要
セキュリティの強化	ビューを定義することで、アクセスできるデータを制限し、セキュリティを向上することができる。アクセスできるデータは、ビュー定義に指定したSELECT文によって事前に定義した範囲内の行と列に制限される
問合せの簡素化	複数の実表からデータを算出するような定義を行ったビューを作成することで、毎回実表からデータを算出する複雑なSQL文を発行することなく、定義済みのビューに問合せるだけで、必要なデータを得ることができる

ビューのデータと実表

次の実行例では、SCOTTスキーマのEMPテーブルを実表とする、JOB列の値が「SALESMAN」であるデータのみが表示されるVW_EMPSALビューを作成しています※。実表に対してWHERE句を指定することでも同様の結果を得られますが、頻繁にJOB列が「SALESMAN」であるデータを参照するようなケースでは、ビューを利用するとWHERE句を指定することなく、必要なデータを取得することができるので便利です。

※ デフォルトではSCOTTユーザーにCREATE VIEWシステム権限は付与されていないため、ビューを作成できません。次ページのコラムを参考にSCOTTユーザーにCREATE VIEWシステム権限を付与してください。

実行例 11-01 ビューの作成例

```
SQL> connect scott/tiger
接続されました。

SQL> CREATE VIEW vw_empsal AS SELECT * FROM emp WHERE job = 'SALESMAN';
ビューが作成されました。

SQL> SELECT * FROM vw_empsal;


  EMPNO ENAME   JOB          MGR HIREDATE   SAL  COMM DEPTNO
------- ------- --------- ----- -------- ----- ----- ------
   7499 ALLEN   SALESMAN   7698 81-02-20  1600   300     30
   7521 WARD    SALESMAN   7698 81-02-22  1250   500     30
   7654 MARTIN  SALESMAN   7698 81-09-28  1250  1400     30
   7844 TURNER  SALESMAN   7698 81-09-08  1500     0     30

4行が選択されました。

SQL> SELECT * FROM emp WHERE job = 'SALESMAN';

 EMPNO ENAME   JOB          MGR HIREDATE   SAL  COMM  DEPTNO
------ ------- --------- ----- -------- ----- ----- -------
  7499 ALLEN   SALESMAN   7698 81-02-20  1600   300      30
  7521 WARD    SALESMAN   7698 81-02-22  1250   500      30
  7654 MARTIN  SALESMAN   7698 81-09-28  1250  1400      30
  7844 TURNER  SALESMAN   7698 81-09-08  1500     0      30

4行が選択されました。
```

SCOTTユーザーでCREATE VIEWの実行に失敗する場合 COLUMN

デフォルトではSCOTTユーザーにCREATE VIEWシステム権限が付与されていないため、ビューを作成することはできません。GRANT文を実行して、SCOTTユーザーにCREATEビュー権限を付与してください。

書式 SCOTTユーザーへのCREATE VIEW権限の付与

```
SQL> GRANT CREATE VIEW TO scott;
```

ビューの確認

データベース内に存在するビューはDBA_VIEWSビューで、接続ユーザーが所有するテーブルはUSER_VIEWSビューで確認できます。

書式 データベース内のビューの確認

```
SELECT owner, view_name, text FROM DBA_VIEWS;
```

書式 接続ユーザーが所有するビューの確認

```
SELECT view_name, text FROM USERS_VIEWS;
```

表11-02 DBA_VIEWSおよびUSER_VIEWSビューの列値

列名	内容
owner	ビューを所有するユーザー名
view_name	ビュー名
text	ビューを構成するSELECT文

実行例 11-02 ビューの確認

```
SQL> connect / as sysdba
SQL> SELECT owner, view_name, text FROM DBA_VIEWS;

OWNER  VIEW_NAME       TEXT
------ --------------- --------------------------------------------
SYS    V_$MAP_LIBRARY  select "LIB_IDX","LIB_NAME","VENDOR_NAME",
                       "PROTOCOL_NUM","VERSION_NUM","PATH_NAME","
                       MAP_FILE","FILE_CFGID","MAP_ELEM","ELEM_CF
                       GID","MAP_SYNC" from v$map_library

SYS    V_$MAP_FILE     select "FILE_MAP_IDX","FILE_CFGID","FILE_ST
                       ATUS","FILE_NAME","FILE_TYPE","FILE_STRUCTU
                       RE","FILE_SIZE","FILE_NEXTS","LIB_IDX" from
                       v$map_file
 (省略)
```

マテリアライズドビュー

マテリアライズドビューはその名の通り、実体を持った（materialized ＝実体化された）ビューです。ビューで確認できるデータの実体は、ビューの実表のデータですが、マテリアライズドビューで確認できるデータは、マテリアライズドビュー自身が保持しています。

マテリアライズドビューは、ビューと同様に、テーブルまたはビューに対するSELECT文により定義されます。SELECT文で参照しているテーブルまたはビューのことを「**ディテール表**」（マスター表）と呼びます。

ビューが実データを持たない（仮想表）のに対し、マテリアライズドビューは「**内部表**」（ベース表）と呼ばれるテーブルに、実データを持っています。下図にビューとマテリアライズドビューに対する問合せ実行時の処理の違いをまとめています。

図11-02　ビューとマテリアライズドビューの違い

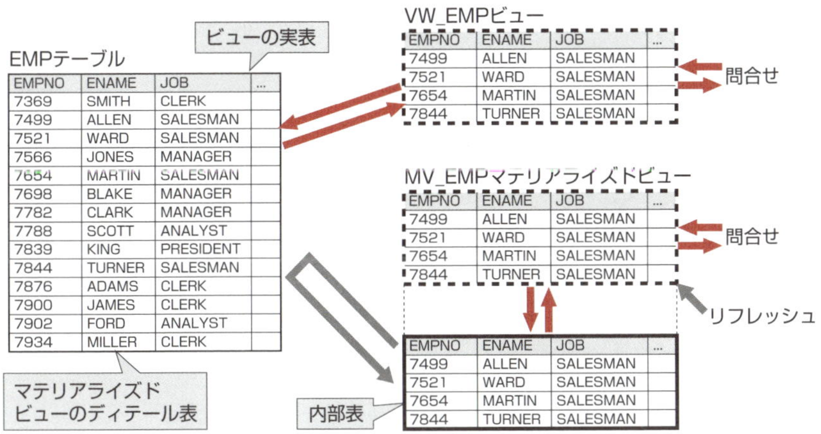

ビューに対して問合せを実行すると、Oracle内部では実表に対するデータの読み出し処理が実行されるのに対し、マテリアライズドビューに対して問合せを実行すると、内部表に対するデータの読み出しが実行されます。ディテール表に対するデータの読み出しは実行されません。

ディテール表に加えた変更を内部表に反映するには、「**リフレッシュ**」と呼ばれる処理を実行する必要があります。リフレッシュは自動実行・手動実行のいずれかの方法で実行できます。リフレッシュが実行されていない状態では、実表に問合せた結果と、マテリアライズドビューに問合せた結果が異なる場合があります。

マテリアライズドビューの利点と注意点

マテリアライズドビューは実体化されたビューであるため、ビューと同様にセキュリティの強化、問合せの簡素化という利点を持ちます。また、マテリアライズドビューのデータはあらかじめ内部表に実体化されているため、ビューと異なり実表（ディテール表）に問合せる必要がありません。ビュー定義のSELECT文が実行に長時間を要するものだった場合は、ビューからマテリアライズドビューに変更することで問合せ時間の短縮を図ることができます。

しかし、その反面、ディテール表のデータを内部表に反映するにはリフレッシュ処理が必要で、リフレッシュ処理が頻繁に実行されるとデータベースの負荷が増加する場合もあります。また、内部表の記憶領域が必要となります。

リフレッシュモード

マテリアライズドビューのディテール表からマテリアライズドビューの内部表に変更を反映するタイミングを、マテリアライズドビューのリフレッシュモードで定義します。

表11-03 リフレッシュモード

リフレッシュモード	説明
ON COMMIT （自動リフレッシュ）	ディテール表を変更するトランザクションがコミットされた場合、直ちに内部表をリフレッシュする
ON DEMAND （手動リフレッシュ）	自動でリフレッシュは実行されません。DBMS_VIEWパッケージのリフレッシュ用プロシージャを実行したときに内部表がリフレッシュされる

リフレッシュモードが「ON COMMIT」の場合、手動でリフレッシュを実行する必要がないためメンテナンス作業が軽減されますが、ディテール表にトランザクションがコミットされるたびにリフレッシュ処理が実行されるため、トランザクションの処理パフォーマンスが低下する点に注意してください。

一方、リフレッシュモードが「ON DEMAND」の場合、ディテール表に対するトランザクションの処理パフォーマンスが低下する心配はありませんが、アプリケーションの要件に応じた適切なタイミングで手動リフレッシュを実行しないと、ディテール表とマテリアライズドビューのデータの不整合が問題となる場合があります。

図11-03 リフレッシュモードによる変更の伝播

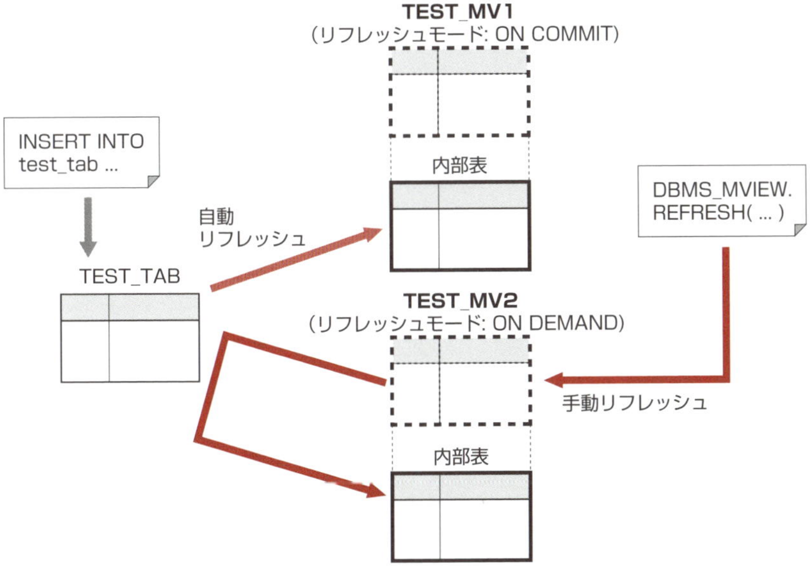

マテリアライズドビューの確認

データベース内に存在するマテリアライズドビューはDBA_MVIEWSビューで、接続ユーザーが所有するマテリアライズドビューはUSER_MVIEWSビューで確認できます。

書式 マテリアライズドビューの確認

```
SELECT owner, mview_name, query, refresh_mode
FROM DBA_MVIEWS;
```

表11-04 DBA_MVIEWSビューの列値

列名	内容
owner	マテリアライズドビューを所有するユーザー名
mview_name	マテリアライズドビュー名
query	マテリアライズドビューを定義するSELECT文
refresh_mode	マテリアライズドビューのリフレッシュモード。リフレッシュモードがON COMMITの場合は“COMMIT”、ON DEMANDの場合は“DEMAND”

実行例 11-03 マテリアライズドビューの確認

```
SQL> connect /  as sysdba
SQL> SELECT owner, mview_name, query, refresh_mode
  2  FROM DBA_MVIEWS;

OWNER    MVIEW_NAME  QUERY                            REFRES
-------- ----------- -------------------------------- ------
TEST     TEST_MV2    select count(*) from test_tab    DEMAND
TEST     TEST_MV1    select count(*) from test_tab    COMMIT
```

シーケンス

シーケンスとは、一意の連続した数値を生成するオブジェクトです。取引データに付与する取引番号などの、重複がない一意の連続した番号を生成する必要がある場合などに使用します。

なお、トランザクションのロールバックが発生しても、一度発行したシーケンス番号は取り消されないので、シーケンス番号に欠落が発生する可能性がある点に注意してください。

シーケンスのメリットと注意点

一意の連続した数値を生成する方法として、次の実行例のように連番生成用のテーブルを用意し、アプリケーションからこのテーブルに問合せる形で連番を取得し、このテーブルの値を更新する形で連番の値を進める方法が考えられます。

この方法には、同時に大量の連番の生成が必要となった際に、連番生成用のテーブルのロック解放待ちが発生するため、パフォーマンスに悪影響を与える問題点があります。

実行例 11-04 連番生成用テーブルを用いた連番の生成

```
SQL> CREATE TABLE num_admin (
  2    num_name varchar(10), cur_num number(8));

表が作成されました。

SQL> INSERT INTO num_admin VALUES('test_no', 1);

1行が作成されました。

SQL> SELECT cur_num FROM num_admin
  2  WHERE num_name = 'test_no' FOR UPDATE;

   CUR_NUM
----------
         1

(アプリケーション側での取得した連番の利用)

SQL> UPDATE num_admin SET cur_num = cur_num + 1
  2  WHERE num_name = 'test_no';

1行が更新されました。

SQL> COMMIT;

コミットが完了しました。

SQL> SELECT cur_num FROM num_admin
  2  WHERE num_name = 'test_no' ;

   CUR_NUM
----------
         2
```

一方、シーケンスを使用すると、ロック解放待ちは発生しにくいため、パフォーマンスが低下する可能性は極めて低くなります。ただし、シーケンスを利用すると番号に欠番が発生する可能性があるので注意が必要です。連番に欠番が許されない場合は、連番生成用のテーブルが必要となるでしょう。

シーケンスの確認

データベース内に存在するシーケンスはDBA_SEQUENCESビューで、接続ユーザーが所有するシーケンスはUSER_SEQUENCESビューで確認できます。

書式 シーケンスの確認

```
SELECT sequence_owner, sequence_name, min_value, increment_by
FROM DBA_SEQUENCES;
```

表11-05 DBA_SEQUENCESビューの列値

列名	内容
sequence_owner	シーケンスを所有するユーザー名
sequence_name	シーケンス名
min_value	初期値
increment_by	増加分

実行例 11-05 シーケンスの確認

```
SQL> connect / as sysdba
SQL> SELECT sequence_owner, sequence_name, min_value, increment_by
  2  FROM DBA_SEQUENCES;

SEQUENCE_OWNER  SEQUENCE_NAME                   MIN_VALUE INCREMENT_BY
--------------- ------------------------------ ---------- ------------
SYS             UTL_RECOMP_SEQ                          1            1
SYS             AQ$_SYS$SERVICE_METRICS_TAB_N           1            1
SYS             WRI$_SQLSET_STMT_ID_SEQ                 1            1
(結果省略)
```

シノニム

シノニムとは、オブジェクトの別名です。テーブルやビュー、シーケンス、プロシージャ、パッケージなどのさまざまなオブジェクトに対して、シノニムを定義して別名を付けることができます。

シノニムのメリット

なぜ、すでに名前が付けられているオブジェクトに対してシノニムを作成する必要があるかを考えてみましょう。

●セキュリティの向上

オブジェクトに対してシノニムを作成しておき、オブジェクトにアクセスしたいユーザーにシノニム名だけを教えることで、オブジェクトに関する情報を隠蔽できるので、セキュリティを高めることができます。

●操作性の向上

ユーザー名やテーブル名が長い場合、SQL文が長くなり、タイプミスなどの発生する可能性が高くなります。シノニムを作成することで、SQL文が簡略化され、操作性が向上します。

シノニムの確認

データベース内に存在するシノニムはDBA_SYNONYMSビューで、接続ユーザーが所有するシノニムはUSER_SYNONYMSビューで確認できます。

書式 シノニムの確認

```
SELECT owner, synonym_name, table_owner, table_name
FROM DBA_SYNONYMS;
```

表11-06 DBA_SYNONYMSビューの列値

列名	内容
owner	シノニムを所有するユーザー名
synonym_name	シノニム名
table_owner	シノニムを定義したオブジェクトを所有するユーザー名
table_name	シノニムを定義したオブジェクトの名称

実行例 11-06 シノニムの確認

```
SQL> connect / as sysdba
SQL> SELECT owner, synonym_name, table_owner, table_name
  2  FROM DBA_SYNONYMS;

OWNER   SYNONYM_NAME  TABLE_OWNER  TABLE_NAME
------- ------------- ------------ ------------
SYSTEM  SYSCATALOG    SYS          SYSCATALOG
SYSTEM  CATALOG       SYS          CATALOG
SYSTEM  TAB           SYS          TAB
（結果省略）
```

本章のまとめ

●ビュー

・ビューは仮想的なテーブル
・ビューはテーブル（実表）へのSELECT文で定義される
・ビューは実際のデータを持たない

●マテリアライズドビュー

・マテリアライズドビューは実体を持ったビュー
・ディテール表の変更をマテリアライズドビューに反映するには、手動または自動リフレッシュを行う必要がある

●シーケンス

・シーケンスは一意な連番を作成するためのオブジェクト
・作成された連番には欠番が発生することがある
・シーケンスを使用すると、ロック解放待ちが発生しにくいため、連番生成においてパフォーマンスが低下する可能性は低い

●シノニム

・シノニムはオブジェクトに対する別名
・シノニムを利用することで、セキュリティの向上、利便性の向上を実現することができる

CHAPTER 12

オブジェクトの格納方式と記憶域

これまでの章で、オブジェクトのデータはブロックという固定サイズの領域単位でデータファイルに格納されることを説明しました。

本章では、ブロック、セグメント、エクステントを利用したオブジェクトの格納方式に関する階層的な仕組みについて詳しく説明します。Oracleでは、オブジェクトに対するブロックの割り当てについて、階層的な仕組みが用意されています。

なお、本章ではOracle 9i以降のデフォルトである**ローカル管理のエクステント管理方式**を前提にしています。

オブジェクトのデータ記憶域

オブジェクトの格納方式について説明する前に、本章で説明の対象となるオブジェクトを明確にしておきます。オブジェクトには、データファイル上にデータ格納用の記憶域（ブロック）が割り当てられるオブジェクトと、割り当てられないオブジェクトがあります。本章では、データ格納用の記憶域が割り当てられるオブジェクトの、格納方式について説明します。

データ格納用の記憶域が割り当てられるオブジェクト

「テーブル」、「索引」、「マテリアライズドビュー」は、オブジェクト自身の定義情報に加えて、オブジェクトの中身であるデータを保持します。オブジェクト自身の定義情報はデータディクショナリに格納されますが、オブジェクトのデータは、格納先表領域配下のデータファイル上のブロックに格納されます。

図12-01 オブジェクトの定義情報とデータの格納

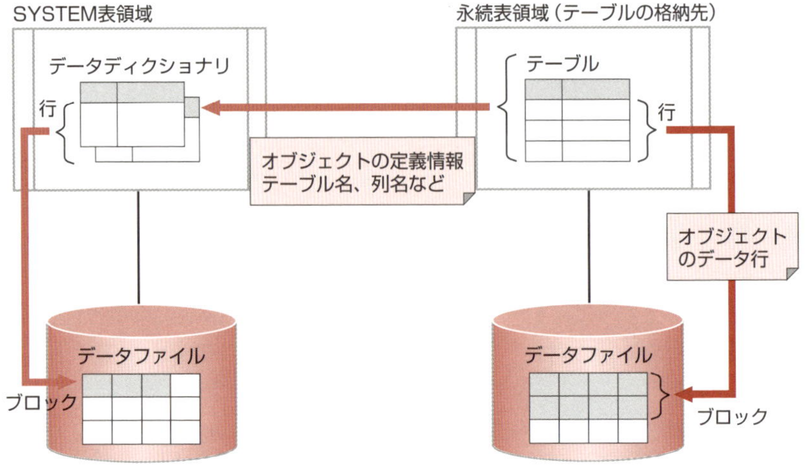

データ格納用の記憶域が割り当てられないオブジェクト

「ビュー」、「シーケンス」、「シノニム」は、データファイルにデータを格納しないオブジェクトです。これらのオブジェクトにはデータの実体がないので、データファイル上のブロックは割り当てられません。

図12-02 オブジェクトの定義情報の格納

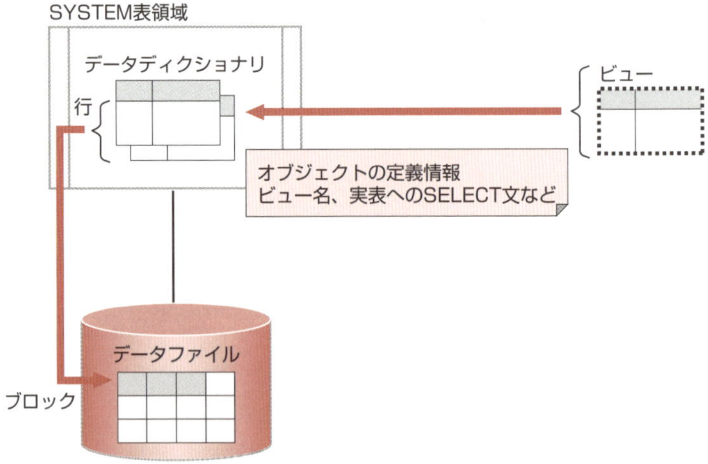

以降では、テーブルや索引などのデータ格納用の記憶域（ブロック）が割り当てられるオブジェクトについて、オブジェクトのデータがどのように格納されるかを説明します。

セグメント／エクステント／ブロック

Oracleは管理面・性能面を考慮した階層的な仕組みを用いて、オブジェクトに格納されたデータをデータファイル上のブロックに格納します。さまざまな用語が登場するため、一度では理解しにくいかもしれませんが、どの箇所に関する説明かわからなくなった場合は、下図を見直して、内容を再確認してください。

図12-03 Oracleのデータ格納方式の概観

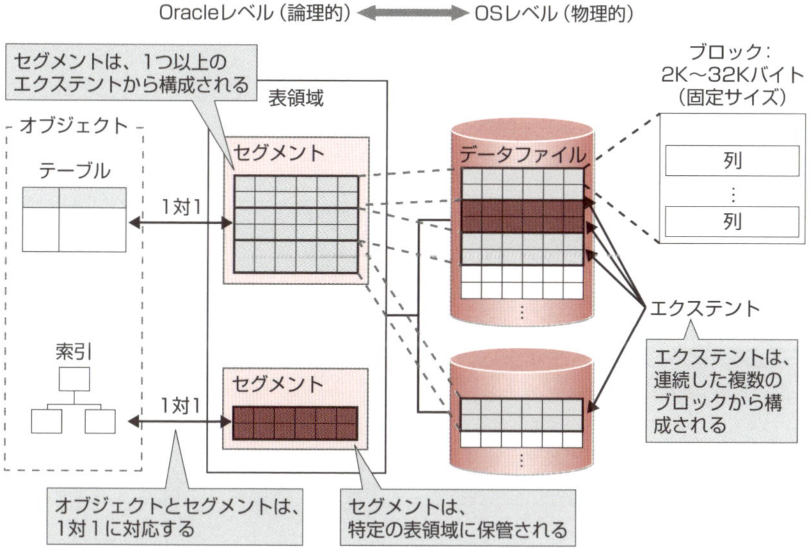

表領域とセグメント

データ格納用の記憶域（ブロック）が割り当てられるオブジェクトには、それぞれに対応する「**セグメント**」が作成されます。セグメントとは、オブジェクトのすべてのデータを格納する割り当て済みの記憶領域です。セグメントは、オブジェクトの格納先の**表領域**に存在します。例えば、EMPテーブルは、EMPテーブルのデータを格納している「EMPセグメント」を持ち、EMP_IDX索引はEMP_IDX索引のデータを格納している「EMP_IDXセグメント」を持っています。

図12-04 オブジェクトとセグメント、表領域

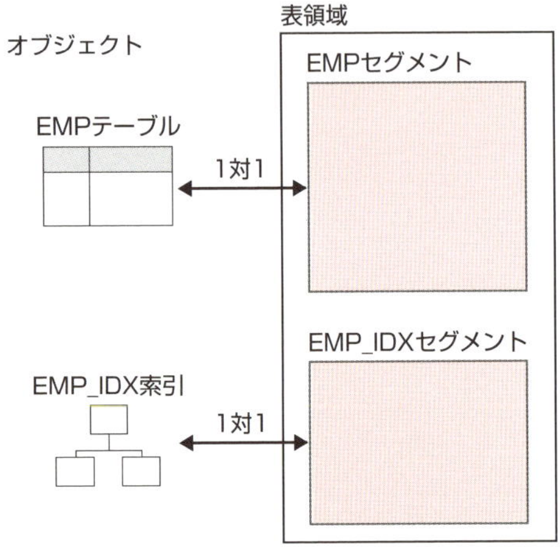

データベース内のセグメントはDBA_SEGMENTSビューで、接続ユーザーが所有するセグメントはUSER_SEGMENTSビューで確認できます。

書式 データベース内のセグメントの確認

```
SELECT owner, segment_name, segment_type,
       tablespace_name, bytes, blocks
FROM DBA_SEGMENTS;
```

書式 接続ユーザーが所有するセグメントの確認

```
SELECT segment_name, segment_type,
       tablespace_name, bytes, blocks
FROM USER_SEGMENTS;
```

表12-01 DBA_SEGMENTSおよびUSER_SEGMENTSビューの列値

列名	内容
owner	セグメントを所有するユーザー
segment_name	セグメント名
segment_type	セグメントの種別（表12-02参照）
tablespace_name	セグメントの格納先表領域
bytes	セグメントのサイズ（バイト）
blocks	セグメントのサイズ（ブロック数）

表12-02 segment_typeの主な値

列値	内容
TABLE	テーブルセグメント
INDEX	索引セグメント
ROLLBACK	UNDOセグメント（ロールバックセグメント）
TEMPORARY	一時セグメント

実行例 12-01 データベース内のセグメントの確認

```
SQL> connect / as sysdba
SQL> SELECT owner, segment_name, segment_type,
  2         tablespace_name, bytes, blocks
  3 FROM DBA_SEGMENTS;

OWNER SEGMENT_NAME  SEGMENT_TYPE TABLESPACE_NAME       BYTES   BLOCKS
----- ------------- ------------ ---------------- --------- --------
SYS   I_USER1       INDEX        SYSTEM               65536        8
SYS   CON$          TABLE        SYSTEM              262144       32
SYS   UNDO$         TABLE        SYSTEM               65536        8
SYS   I_OBJ#        INDEX        SYSTEM              262144       32
SYS   I_IND1        INDEX        SYSTEM              131072       16
SYS   I_CDEF2       INDEX        SYSTEM              196608       24
SYS   I_OBJ5        INDEX        SYSTEM             2097152      256
```

セグメントとエクステント

セグメントは、ブロックから構成されます。しかし、ブロックは4KB～32KBという比較的小さなサイズの記憶領域であるため、Oracleはセグメントとブロックを直接関連付けて管理せず、特定のデータファイル内の連続したブロックの集合である「**エクステント**」を用いて記憶領域を管理しています。エクステントという概念を導入することで、ブロックをグループ化することができます。セグメントは1つ以上のエクステントから構成されます。

図12-05 セグメントとエクステント

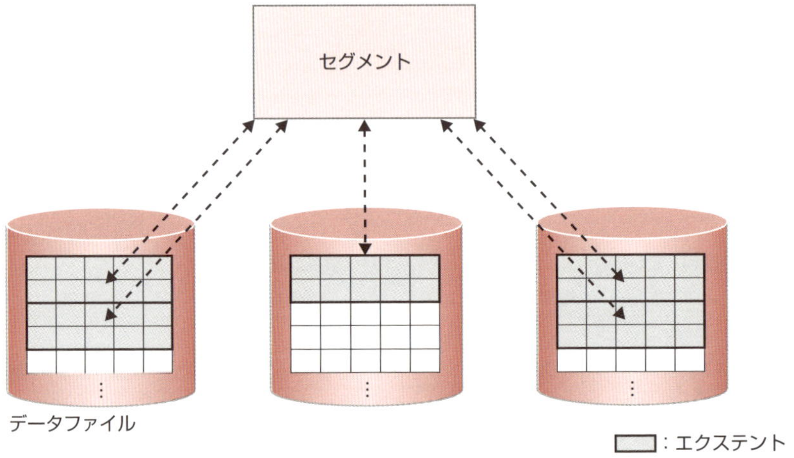

データベース内のエクステントはDBA_EXTENTSビューで、接続ユーザーが所有するセグメントのエクステントはUSER_EXTENTSビューで確認できます。

書式 データベース内のエクステントの確認

```
SELECT owner, segment_name, segment_type,
       tablespace_name, extent_id, file_id,
       block_id, bytes, blocks
FROM DBA_EXTENTS;
```

書式 接続ユーザーが所有するセグメントのエクステントの確認

```
SELECT segment_name, segment_type, tablespace_name,
       extent_id, bytes, blocks
FROM USER_EXTENTS;
```

表12-03 DBA_EXTENTS およびUSER_EXTENTSビューの列値

列名	内容
owner	エクステントを含むセグメントを所有するユーザー※
segment_name	エクステントを含むセグメント名
segment_type	エクステントを含むセグメントの種別
tablespace_name	エクステントを含むセグメントの格納先表領域
extent_id	セグメント内のエクステント番号
file_id	エクステントを含むファイルのファイル番号※
block_id	エクステントを構成するブロックの中で、先頭のブロックのブロック番号※
bytes	エクステントのサイズ（バイト）
blocks	エクステントのサイズ（ブロック数）

※ USER_EXTENTSビューはこの列を含まない

実行例 12-02 データベース内のエクステントの確認

```
SQL> connect / as sysdba
SQL> SELECT owner, segment_name seg_name, segment_type seg_type,
  2         tablespace_name TBS_NAME,
  3         extent_id, file_id, block_id, bytes, blocks BLKS
  4  FROM DBA_EXTENTS;

OWNER  SEG_NAME  SEG_TYPE TBS_NAME  EXTENT_ID  FILE_ID BLOCK_ID BYTES  BLKS
------ --------- -------- -------- ---------- -------- -------- ----- -----
SYS    CON$      TABLE    SYSTEM            0        1      169 65536     8
SYS    CON$      TABLE    SYSTEM            1        1    11617 65536     8
SYS    CON$      TABLE    SYSTEM            2        1    31905 65536     8
SYS    CON$      TABLE    SYSTEM            3        1    34537 65536     8
SYS    UNDO$     TABLE    SYSTEM            0        1      105 65536     8
```

ブロック

データファイルは「**ブロック**」（データブロック）と呼ばれる固定サイズの領域に分割され利用されます。ブロックのサイズは2KB、4KB、8KB、16KB、32KBのいずれかを指定できますが、データファイルのI/O処理はブロック単位で実行されるので、ブロックサイズにはOSのブロックサイズの整数倍（等倍を含む）を指定する必要があります。

また、システムの特性を考慮する必要もあります。大きなサイズのデータをディスクから読み出すDWH系のシステムでは、ブロックサイズを大きくすることでデータを読み出す際にブロックのI/O回数を少なくすることができます。例えば、10Mバイト（10×1024×1024バイト）のデータを読み出す場合、ブロックサイズが2KBでは約5120回もブロックのI/Oが必要ですが、32KBの場合は320回で済みます。

一方、小さなサイズのデータを繰り返し処理するOLTP系のシステムでは小さなブロックサイズが有効です。データサイズが小さいにもかかわらずブロックサイズが大きいと、ブロック内に処理対象外のデータが多く含まれるため、実質的なI/O処理効率がよくありません。例えば、100バイトのデータを読み出す場合の実質的なI/O効率（取得対象のデータサイズ ÷ ディスクI/Oサイズ）を考えると、ブロックサイズが2KBの場合は約5%、32KBの場合は0.3%です。また、小さなサイズのデータを読み書きする場合に、ブロックサイズを小さくするとデータベースバッファキャッシュのキャッシュヒット率を高めることもできます。ブロックサイズを大きくすると、データベースバッファキャッシュに実質的に少量のデータしか保管することができません。

図12-06 ブロックサイズとデータベースバッファキャッシュの関係

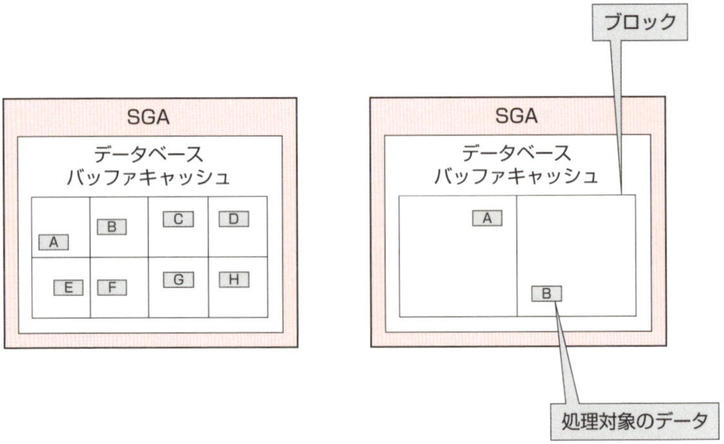

ローカル管理表領域のエクステント管理

セグメント作成時やセグメントのサイズ拡張時のエクステント割り当て処理と、ローカル管理表領域のエクステント管理の方式について説明します。

Oracle 9i以降のデフォルトであるローカル管理表領域※には、2種類のエクステント管理方式があります。エクステントの管理方式によって割り当てられるエクステントのサイズが異なります。

※もう1つの表領域種別であるディクショナリ管理表領域に関する説明については**コラム「ディクショナリ管理とローカル管理」**(P.202)で説明します。

表12-04 エクステント管理方式

エクステント管理方式	ALLOCATION_TYPE列※	説明
UNIFORM	UNIFORM	表領域内のすべてのエクステントを同じサイズで管理するエクステント管理方式
AUTOALLOCATE	SYSTEM	表領域内のエクステントサイズをOracleが自動的に決定する

※エクステント管理方式は、DBA_TABLESPACEビューのALLOCATION_TYPE列で確認できます。

UNIFORM

エクステント管理方式が**UNIFORM**(均一サイズ)の場合、表領域内のエクステントはすべて同じサイズになります。エクステントの管理方式は表領域の作成時に指定します。オブジェクト作成時に、ユーザーがエクステントのサイズを指定することはできません。

例えば、表領域のエクステントサイズが500Kバイトの場合、エクステントサイズに20Kバイトを指定しても、500Kバイトのエクステントが割り当てられます。また、700Kバイトを指定した場合は500Kバイトのエクステントが2つ割り当てられます。指定したエクステントサイズは無視され、割り当てられるエクステントのサイズは常に500Kバイトとなります。

図12-07 エクステント管理方式UNIFORMのエクステント割り当て

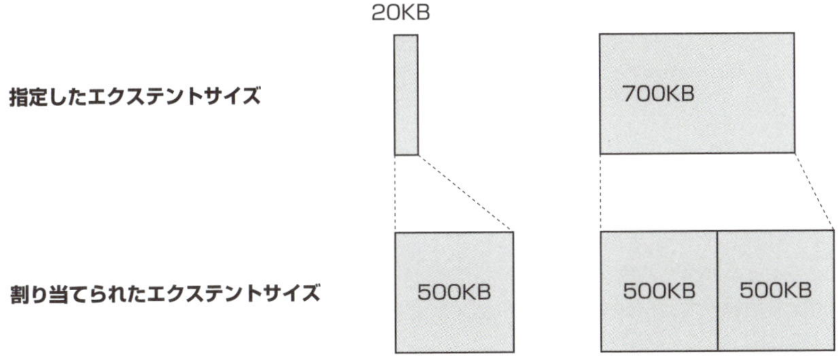

AUTOALLOCATE

エクステント管理方式がAUTOALLOCATE（システム管理）の場合、表領域内のエクステントサイズは内部アルゴリズムにしたがってOracleが自動的に算出します。指定した初期エクステントの個数、エクステントサイズは無視され、割り当てられるエクステントのサイズはOracleが自動的に決定します。

記憶域パラメータの指定

オブジェクトを作成すると、対応するセグメントが作成され、セグメントに対して初期エクステントが割り当てられます。割り当てられたエクステントサイズの合計が、セグメント全体の初期サイズとなります。

セグメントの初期エクステントはSTORAGE句のINITIALパラメータで指定しますが、ローカル管理表領域では、最終的なエクステントのサイズはエクステント管理方式にしたがって決定されます。また、エクステントの個数は、割り当てられるエクステントサイズの合計が、指定されたエクステントサイズを上回るように決定されます。

次の実行例では、ブロックサイズが8Kバイトのデータベースに、エクステントサイズが128KバイトのUNIFORMの表領域と、AUTOALLOCATEの

ディクショナリ管理とローカル管理 COLUMN

Oracle 8以前のバージョンでは、「ディクショナリ管理方式」と呼ばれるエクステントの管理方式のみが提供されていました。ディクショナリ管理方式とは、表領域内のエクステントの使用状況などのエクステント管理情報をデータディクショナリに保管するエクステント管理方式です。エクステントの新規割り当てが発生した場合など、エクステントの状態が変化するたびにデータディクショナリのデータが更新されるため、エクステントの状態変化に伴う内部処理の負荷が高いという欠点がありました。

Oracle 8iで導入されたローカル管理方式では、表領域内のエクステントのメンテナンスを各データファイル内のビットマップによって管理します。ディクショナリ管理方式と比べ、エクステントの状態変化に伴う内部処理の負荷を低くすることができます。Oracle 9i以降はローカル管理方式がデフォルトの管理方式です。特段の理由がない限り、ディクショナリ管理方式を用いる必要はありません。

表領域に、セグメントサイズに150Kバイトを指定してテーブルを作成しています。

実行例 12-03 セグメントサイズを指定したテーブルの作成

```
SQL> SELECT tablespace_name, block_size, initial_extent,
  2         extent_management, allocation_type
  3  FROM DBA_TABLESPACES
  4  WHERE tablespace_name = 'TEST';

                                 INITIAL_  EXTENT_
TABLESPACE_NAME BLOCK_SIZE EXTENT    MANAGEMENT  ALLOCATION_TYPE
--------------- ---------- --------- ---------- ----------------
TEST_U                8192     65536 LOCAL                SYSTEM
TEST_A                8192    131072 LOCAL               UNIFORM

SQL> CREATE TABLE tbl_a (name varchar(100))
  2  STORAGE (initial 150k) TABLESPACE test_a;

表が作成されました。

SQL> CREATE TABLE tbl_u (name varchar(100))
  2  STORAGE (initial 150k) TABLESPACE test_u;

表が作成されました。
```

DBA_SEGMENTSビューでセグメントに関する情報を、DBA_EXTENTSビューでエクステントに関する情報を確認できます。これらのビューで確認できるセグメントサイズと、エクステント構成を下表にまとめます。

表12-05 エクステント管理方式とエクステント構成の対応

エクステント管理方式	セグメントサイズ	エクステント構成
AUTOALLOCATE	192Kバイト	64Kバイト×3
UNIFORM（128Kバイト）	256Kバイト	128Kバイト×2

エクステントのサイズが、INITIALパラメータのエクステントサイズではなく、表領域のエクステント管理方式にしたがって決定されていることや、実際に割り当てられたセグメントのサイズがINITIALパラメータのエクステントサイズより若干大きいサイズに切り上げられていることに注意してください。

実行例 12-04 エクステント管理方式とエクステント構成の確認

```
SQL> SELECT owner, segment_name, segment_type,
  2         tablespace_name, bytes/1024
  3  FROM DBA_SEGMENTS WHERE segment_name LIKE 'TBL%';

OWNER        SEGMENT_NAME SEGMENT_TYPE TABLESPACE_NAME  BYTES/1024
------------ ------------ ------------ ---------------- ----------
TEST         TBL_A        TABLE        TEST_A                  192
TEST         TBL_U        TABLE        TEST_U                  256

SQL> SELECT owner, segment_name, segment_type,
  2         tablespace_name, bytes/1024, blocks
  3  FROM DBA_EXTENTS WHERE segment_name LIKE 'TBL%';

OWNER  SEGMENT_NAME SEGMENT_TYPE TABLESPACE_NAME  BYTES/1024     BLOCKS
------ ------------ ------------ ---------------- ---------- ----------
TEST   TBL_U        TABLE        TEST_U                  128         16
TEST   TBL_U        TABLE        TEST_U                  128         16
TEST   TBL_A        TABLE        TEST_A                   64          8
TEST   TBL_A        TABLE        TEST_A                   64          8
TEST   TBL_A        TABLE        TEST_A                   64          8
```

※ 11g R2以降では、上記とは異なる実行結果になります。詳細はコラム「遅延セグメント作成」(P.209)を参照してください。

オブジェクト作成時のエクステントサイズの指定は、格納されるデータのサイズが、将来的に増加することがわかっている場合に有効です。あらかじめ領域を確保することで、データが増えたときにはじめて領域不足が発覚するような事態を避けることができます。

エクステントの追加割り当て

オブジェクトに格納されるデータが増え、新規データをセグメントに格納できなくなった場合、自動的にエクステントを追加で割り当てることでセグメントを拡張します。追加分のエクステントは、オブジェクトの格納先の表領域に属するデータファイルの空き領域から割り当てられます。

なお、追加で割り当てられるエクステントのサイズは、表領域のエクステント管理方式にしたがって決定されます。

図12-08 セグメントの拡張とエクステントの追加割り当て

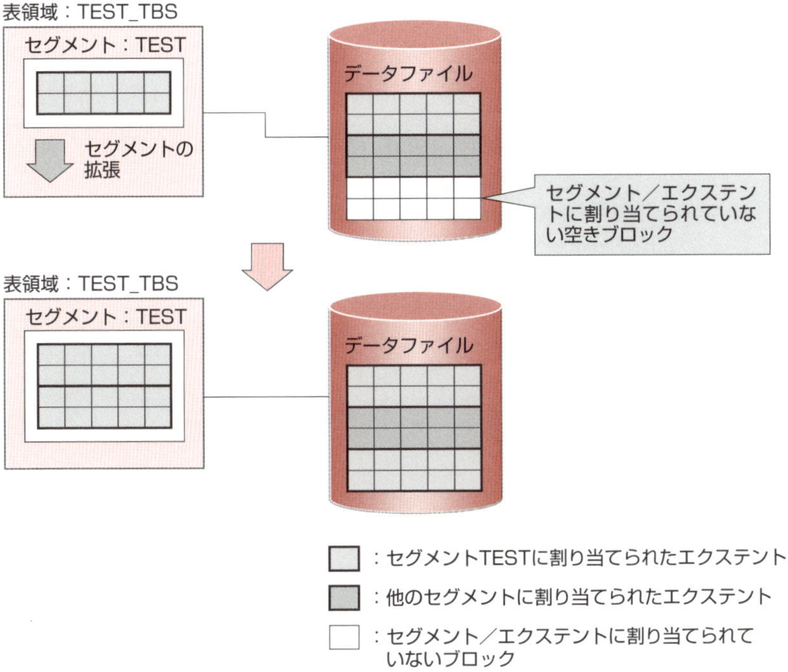

エクステントの割り当て解除

原則的に、一度セグメントに割り当てられたエクステントは、セグメントに対応するオブジェクトを削除するまで表領域に戻されません。しかし、下表の操作を行うと、エクステントが解放され、エクステント内のブロックが表領域に戻されます。

表12-06 セグメントからのエクステント割り当て解除

操作	説明
TRUNCATE TABLE	テーブル内の全データが削除され、テーブル作成時の初期エクステントの割り当て状態まで縮小される
ALTER TABLE DEALLOCATE UNUSED	HWM以上の未使用エクステントを解放する
ALTER TABLE SHRINK SPACE	セグメントの断片化を解消し、HWMを下げて未使用エクステントを解放する

セグメントのHWM

エクステントの割り当て解除について説明する前に、ブロックの使用状況とセグメントの**HWM（High Water Mark：最高水位標）**について説明します。

セグメントはHWMと呼ばれる位置情報を持っています。HWMとは、「以降のブロックは、すべて未フォーマットのDBA（データブロックアドレス）」を指す位置情報です。セグメントに割り当てられたブロックには、フォーマットされたブロックと、フォーマットされていないブロックがあり、フォーマットされたブロックにはデータを格納することができます。つまり、フォーマットされていないブロックには、データは格納されていないので、HWM以後のブロックにはデータは格納されていないことが保障されます。

図12-09 セグメントのHWM

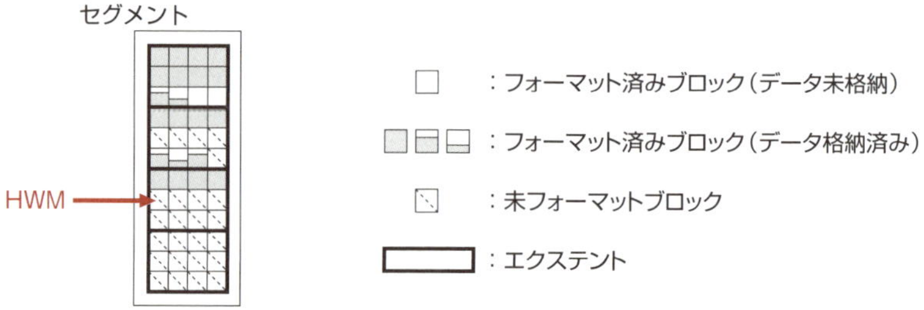

TRUNCATE TABLE文

TRUNCATE TABLE文は、テーブル内のすべての行を削除するSQL文です。TRUNCATE TABLE文を実行するとHWMは1番目のエクステントの先頭ブロックに移動するので、セグメントに割り当てられたエクステントは、テーブル作成時のエクステント割り当て状態に戻ります。

図12-10 TRUNCATE TABLE文の動作

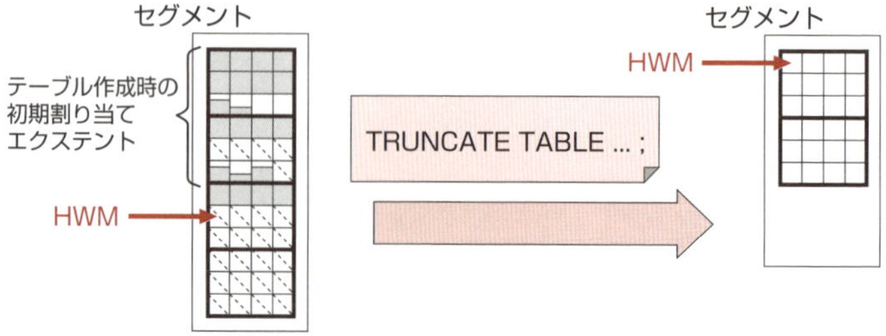

ALTER TABLE DEALLOCATE UNUSED文

ALTER TABLE DEALLOCATE UNUSED文は、HWM以上の未フォーマットのブロックを解放するSQL文です。ただし、ローカル管理表領域の場合、表領域の設定にしたがってOracleがエクステントサイズを自動的に管理するため、HWM以上のすべてのブロックが解放されるわけではありません。

HWM以上のエクステント内のすべてのブロックが未フォーマットであるエクステントのみが解放されます。

図12-11 ALTER TABLE DEALLOCATE UNUSED文の動作

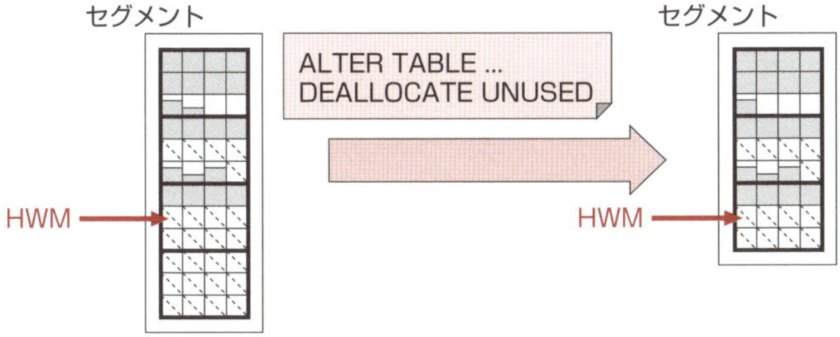

ALTER TABLE SHRINK SPACE文

ALTER TABLE SHRINK SPACE文はセグメントの断片化を解消してHWMを下げ、HWM以降の未使用エクステントを解放するSQL文です。Oracle 10gより使用できます※。

ALTER TABLE SHRINK SPACE文の動作は、セグメントの断片化の解消処理（COMPACTフェーズ）と、HWMの引き下げと未使用エクステントの解放処理（SHRINKフェーズ）の2つのフェーズに分けることができます。

なお、ALTER TABLE SHRINK SPACE文にCOMPACT句を付けると、セグメントの断片化の解消処理のみを行い、HWMの引き下げと未使用エクステントの解放処理は実行しません。

※ 10gのデフォルトのASSM（自動セグメント領域管理方式）の場合

図12-12 ALTER TABLE SHRINK SPACE文の動作

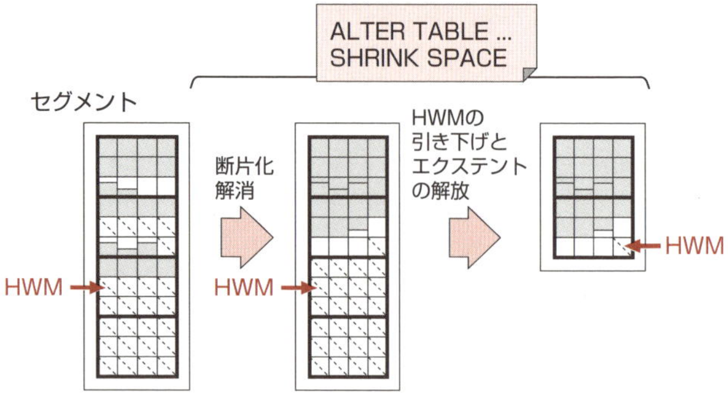

パーティショニング

COLUMN

Oracleでは、1つのテーブルに格納できる行数に制限はありませんが、あまり多くの行を格納してしまうと管理／性能上の問題が出てくる場合があります。

Oracleでは、1つのテーブルを複数のセグメント（パーティション）に分割して管理する「パーティショニング」という機能を用意しています。

パーティショニングを使った場合、パーティションの種類とテーブルの特定の列（パーティションキー）の値にしたがって、対応するパーティションにデータを分割して格納します。

表12-07 パーティションの種類

種類	説明
レンジパーティション	あらかじめ値の範囲を定義しておき、範囲とパーティションを対応付け、キーの値の範囲にしたがってデータを分割するパーティショニング方法
リストパーティション	あらかじめ値のリストを定義しておき、値とパーティションを対応付け、キーの値にしたがってデータを分割するパーティショニング方法
ハッシュパーティション	パーティションキーにハッシュアルゴリズムを適用し、ハッシュ値にしたがってデータを分割するパーティショニング方法
コンポジットパーティション	上記のパーティション方法を組み合わせた多段階のパーティショニング方法

レンジパーティション、リストパーティションはあらかじめ定義した値の範囲またはリストによりデータを分割するため、値とパーティションには意味的な関係がありますが、ハッシュパーティションはハッシュ値によりデータを分割するため値とパーティションに意味的な関係がないことに注意が必要です。

遅延セグメント作成 COLUMN

11g R1以前では、テーブルを作成した時点でセグメントも作成されますが、11g R2以降では、テーブルにデータが追加されたタイミングでセグメントを作成するように動作が変更されています。この機能を「遅延セグメント作成」と呼びます。

このため、11g R2以降で実行例12-03、12-04のコマンドを実行すると、セグメントやエクステントが作成されません。INSERT文を実行してデータを追加すると、セグメントおよびエクステントが作成されます。

遅延セグメント作成機能を無効化したい場合は、初期化パラメータDEFERRED_SEGMENT_CREATIONに「false」を設定するか、CREATE TABLE文にSEGMENT CREATION IMMEDIATE句を指定します。

実行例 12-05 遅延セグメント作成

```
SQL> SELECT owner, segment_name, segment_type,
  2         tablespace_name, bytes/1024
  3  FROM DBA_SEGMENTS WHERE segment_name LIKE 'TBL%';

レコードが選択されませんでした。

SQL> INSERT INTO tbl_a (name) values ('TEST');

1行が作成されました。

SQL> INSERT INTO tbl_u (name) values ('TEST');

1行が作成されました。

SQL> commit;

コミットが完了しました。

SQL> SELECT owner, segment_name, segment_type,
  2         tablespace_name, bytes/1024
  3  FROM DBA_SEGMENTS WHERE segment_name LIKE 'TBL%';

OWNER       SEGMENT_NAME SEGMENT_TYPE TABLESPACE_NAME BYTES/1024
----------- ------------ ------------ --------------- ----------
TEST        TBL_A        TABLE        TEST_A                 192
TEST        TBL_U        TABLE        TEST_U                 256
```

本章のまとめ

●オブジェクトのデータ記憶域

- オブジェクトのうち、テーブル、索引、マテリアライズドビューはデータ記憶域を持つ
- オブジェクトのうち、ビュー、シノニム、シーケンスはデータ記憶域を持たない

●表領域／セグメント／エクステント／ブロック

- データを持つオブジェクトには、対応するセグメントが存在する
- セグメントにオブジェクトのデータが格納される
- セグメントは1つ以上のエクステントから構成され、エクステントはデータファイル上の連続したブロックから構成される

●セグメントへのエクステント割り当て

- ローカル管理表領域のエクステント管理方式にはUNIFORMとAUTOALLOCATEの2種類が存在する。いずれの方式でも、エクステントのサイズはOracleが管理するため、ユーザーが個々のエクステントのサイズを指定することはできない
- セグメントのサイズは、指定されたサイズと表領域のエクステント管理方式にしたがってOracleが割り当てるため、最終的なセグメントのサイズは切り上げられる場合がある
- セグメントの拡張が必要となった場合、追加でエクステントが割り当てられる
- セグメントは以降のブロックはすべて未フォーマットであることを示すHWMという位置情報を持っている
- セグメントに割り当てられたエクステントの解放にはTRUNCATE TABLE文、ALTER TABLE DEALLOCATE UNUSED文、ALTER TABLE SHRINK SPACE文（Oracle 10g以降）を用いる

SECTION Ⅲ

SQL処理の仕組み

利用者にとって、RDBMSの最も重要な機能は、オブジェクトに格納されたデータを参照／更新することです。SECTION Ⅲでは、SQL処理の動作の仕組みを詳しく説明します。CHAPTER 13ではSELECT文による問合せ処理について、CHAPTER 14ではUPDATE文をはじめとする更新処理について説明します。SQL処理の仕組みがわかれば、SQLの書き方が必ず変わります。

CHAPTER

13 問合せ処理の仕組み

本章では、SQL文が実行されるまでの処理内容を手順を追って解説するとともに、SELECT文による問合せ処理が、Oracle内部でどのような仕組みで実行されているかを説明します。

問合せ処理はサーバープロセスが実行しますが、処理の過程でSGA内の共有プールやデータベースバッファキャッシュおよび索引やPGA、一時表領域を利用します。同じ処理結果を戻すSQL文であったとしても、SQL文の書き方やメモリの扱い方次第でパフォーマンスが大きく異なります。実際のシステム構築の現場ではパフォーマンスは非常に重要な要件となるので本章の内容を十分に理解し、適切な問合せを行えるようになりましょう。

本章で説明する内容は、Oracleアーキテクチャ全体から見た下図の色の付いた網かけ部分です。

図13-01 問合せ処理に関連するアーキテクチャの構成要素

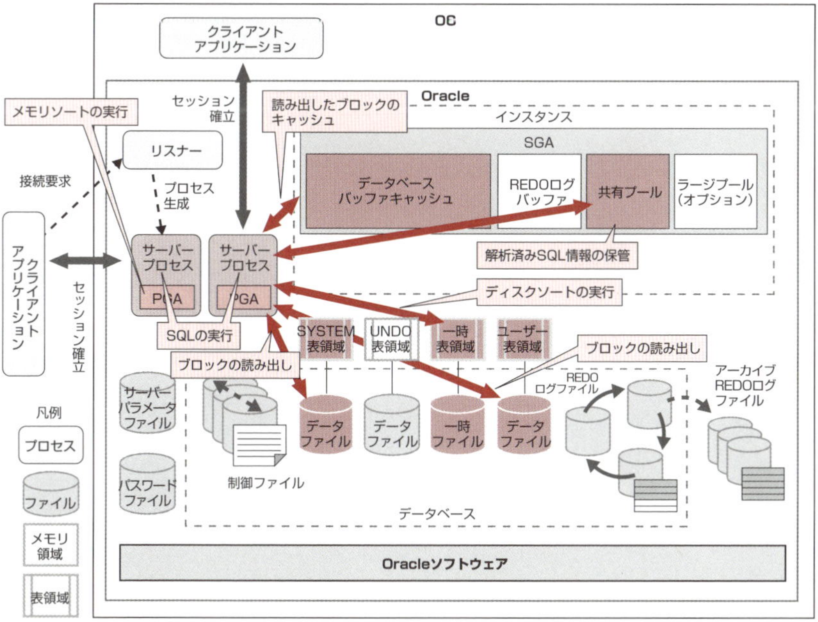

Oracleでの SQL処理の流れ

クライアントアプリケーションから発行されたSQLは、サーバープロセスが処理します。サーバープロセスが行うSQL処理は大きく分けると以下の3ステップです。

1. SQLの解析
2. SQLの実行
3. 行の取得（SELECT文の場合のみ）

図13-02 SQL処理のステップ

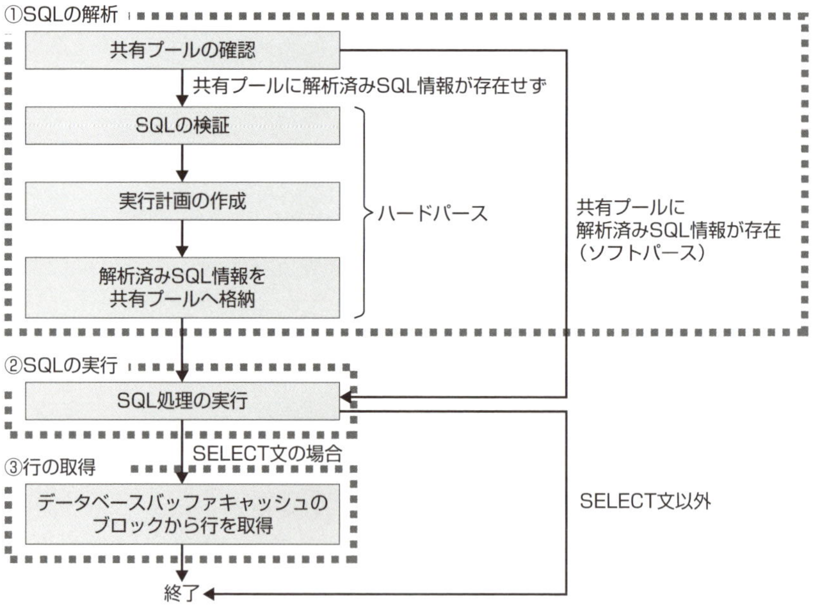

SQLの解析

まず、SQLの実行に先立ち、サーバープロセスはクライアントアプリケーションから発行されたSQL文を解析します。これは、SQLの言語としての特性と、アーキテクチャ上の特性によります。

コンパイル処理が必要なJavaやC#などのプログラミング言語と異なり、SQLには実行前に文法的な誤りを検出する仕組みはありませんし、アクセスするテーブルや列が存在しているかを確認することもできません。また、SQLに指定できるのはデータが満たすべき条件（WHERE句）だけで、具体的なデータの取得方法を記述することもできません。

このためサーバープロセスはSQLの実行前にSQL文の解析処理を行い、SQLに文法的な誤りがないか、どのような実行方法でSQLを実行するか、アクセスするテーブルや列が存在しているかなどを確認する必要があります。

SQLの解析で行われる処理は以下の4つです。なお、SQLを解析する際の最終的な目的は、SQLの実行方法を示す「**実行計画**」を作成することです。

1. **共有プールの確認**
2. **SQLの検証**
3. **実行計画の作成**
4. **解析済みSQL情報を共有プールへ格納**

共有プールの確認

サーバープロセスは、受け取ったSQLと同じSQLの解析結果（解析済みSQL情報）が共有プールに存在しないか確認します※。同じSQLの解析結果が存在した場合は、その解析済みSQL情報を使用することで「SQLの検証」と「実行計画の作成」の2つの処理をスキップし、SQLを実行します。

なお、このように共有プールにある解析済みSQL情報を使用した場合の処理を「**ソフトパース**」と呼びます。

※ 一度解析されたSQLの解析済みSQL情報は**共有プール**に保管されています（P.84）。

図13-03 ソフトパース

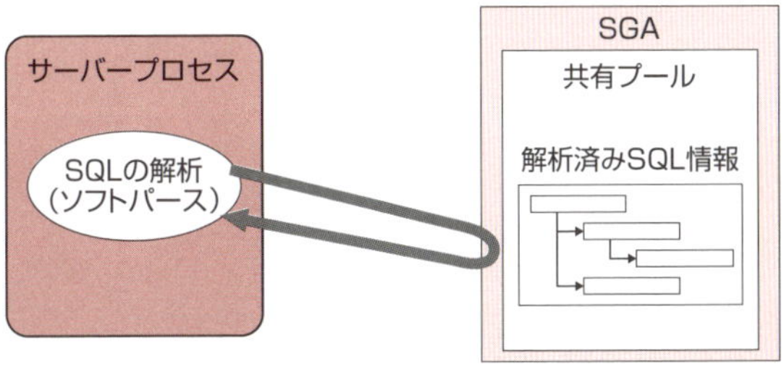

13 問合せ処理の仕組み

SQLの検証

受け取ったSQLが実行可能か否かを検証します。具体的には「SQLに文法的な誤りがないか」、「指定されたテーブルや列が存在しているか」をチェックします。サーバープロセスの検証でSQLが無効と判断された場合は、以下の実行例のように、クライアントアプリケーションに対してエラー内容に応じたエラーを返し、処理を終了します。SQLは実行されません。

実行例 13-01 文法エラーとなるSQLの実行例(FROM句がない場合)

```
SQL> SELECT * emp0;
select * emp0
         *
行1でエラーが発生しました。:
ORA-00923: FROMキーワードが指定の位置にありません。
```

実行例 13-02 対象が存在しないためエラーとなるSQLの例

```
SQL> SELECT * FROM emp8;
SELECT * FROM emp8
              *
行1でエラーが発生しました。:
ORA-00942: 表またはビューが存在しません。
```

実行計画の作成

SQLの検証をパスし、実行可能であると判断された有効なSQLに対して、SQLの実行に先立ち「**実行計画**」を作成します。実行計画とは、Oracle内部で実行される**オペレーション**(**ステップ**)の組み合わせです。SQLには具体的な実行手順を指定できないため、Oracleが実行計画を作成して、具体的な実行手順を決定する必要があります。

オペレーションとは、データを取得するために行う処理のことで、具体的にはテーブルから行を取得する方法である**アクセスパス**や、複数のテーブルから取得した行同士を結合する方法(**結合方法**)などがあります。

実行計画は、実世界の仕事における「段取り」のようなものです。SQLの処理パフォーマンスに問題が生じた場合は、SQLのチューニングが必要となる場合があります。このとき、実行計画を取得してOracle内部で実行されている処理を理解し、問題を特定する必要があります。

表13-01 代表的なアクセスパス

アクセスパス	説明
テーブルスキャン （TABLE ACCESS FULL）	テーブル内のすべての行を読み取る
ROWIDスキャン （TABLE ACCESS BY … ROWID）	ROWIDを用いて、テーブルから対応する行を読み取る
索引一意スキャン （INDEX UNIQUE SCAN）	一意索引から、等価条件に合致した1つの行に対応する1つのROWIDを読み取る
索引レンジスキャン （INDEX RANGE SCAN）	索引から、範囲条件に合致した1つ以上の行に対応する1つ以上のROWIDを読み取る

表13-02 Oracleの結合方法

結合方法	説明
ネステッドループ結合 （NESTED LOOPS）	結合対象のテーブル内のそれぞれの行を総当たりで調べて結合する
ハッシュ結合 （HASH JOIN）	結合対象の列のハッシュ値※を利用して結合する
ソート／マージ結合 （MERGE JOIN）	行をソートしてから結合する

※ 与えられたデータを代表する一定長の数値のこと。データそのものを比較するのではなく、データから得たハッシュ値を比較することで比較処理を効率的に実行できる。

●CBOとオプティマイザ統計

実行計画を作成するのは、サーバープロセスに組み込まれた「**CBO**」(Cost-Based Optimizer：コスト・ベース・オプティマイザ）と呼ばれる処理モジュールです。CBOは、解析対象のSQL文と、SQLがアクセスするオブジェクトのオプティマイザ統計をもとに実行計画を作成します。

CBOによる実行計画の作成は、CPUリソースを必要とする重い処理です。CBOは実行計画の候補を複数個作成します。オプティマイザ統計をもとに、それぞれの実行計画にしたがって処理を実行した場合の予想処理コストを算出します。**コスト**とは、処理に必要なマシンリソース（Oracle 9iまでは基本的にディスクI/O。Oracle 10g以降はディスクI/OとCPU）を見積もった評価値です。CBOは、コストが最も小さい実行計画を選択します。

オプティマイザ統計（統計情報）とは、テーブルの行数や、行の平均サイズ、索引の有無、Bツリー索引の高さ、列値のばらつき具合など、実際に格納されているデータの状態を集約したさまざまな統計情報のことです。オプティマイザ統計はデータディクショナリに保存されます。

Oracleには、オプティマイザ統計の取得方法として以下の3つの方法が用意されています。

表13-03 オプティマイザ統計の取得方法

取得方法	内容
手動取得	PL/SQLパッケージのDBMS_STATSにオプティマイザ統計取得のためのプロシージャが用意されている。これを手動で実行することでオプティマイザ統計を取得する
自動取得 (Oracle 10g以降)	自動オプティマイザ統計収集機能による自動収集を行う。デフォルトでは、平日の午後10時から翌日午前6時と、土日の終日(Oracle 10g)、平日の午後10時から翌日午前2時と、土日の午前6時から翌日午前2時まで(Oracle 11g以降)の期間内で自動収集される
一時的な取得	動的サンプリング機能による一時的な取得を行う。SQLの実行時点で、動的にオプティマイザ統計を収集する。上記の2つとは異なり、収集したオプティマイザ統計は保存されない

大量のデータが追加・更新された場合など、オブジェクトの状態が大きく変化した場合は、自動もしくは手動でオプティマイザ統計を更新する必要があります。

図13-04 CBOによる実行計画の作成

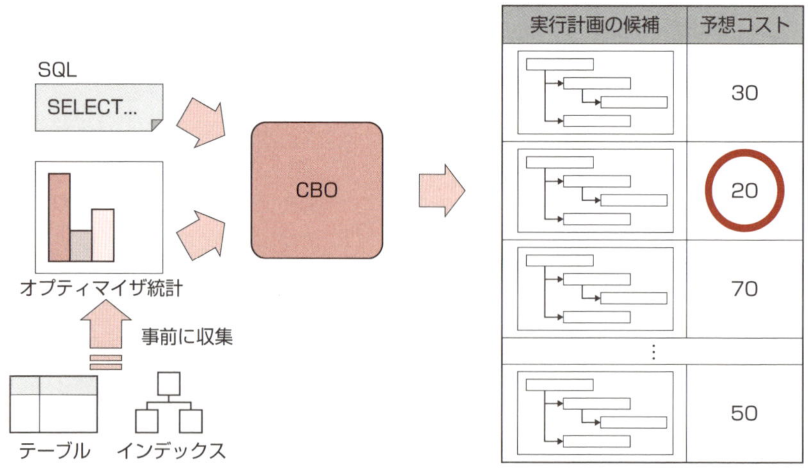

RBO（Rule-Based Optimizer） COLUMN

Oracleには先に説明したCBO以外に、**RBO**（Rule-Based Optimizer）と呼ばれるオプティマイザがあります。RBOは、あらかじめ定められた十数個のルールにしたがって実行計画を決定します。与えられたSQL文と、SQLがアクセスするオブジェクトの定義をもとにルールに合致しているかをチェックし、アクセスパスや結合順序を決定します。CBOと異なり、テーブルの行数や、行の平均サイズ、Bツリー索引の高さなどは考慮されません。また、複数の実行計画の候補を作成して、それぞれをコスト値で比較するような手順も踏みません。

RBOは機能としては存在しますが、Oracle 10g以降ではサポートされていないので、RBOを使用するべきではありません。

解析済みSQL情報の格納

これまでのステップで作成された「実行可能なSQL」や「実行計画」を含む**解析済みSQL情報**を、SGAの共有プールのライブラリキャッシュに格納します。この処理の目的は、作成済みの実行計画を再利用して、SQLの解析時間を短縮することです。同じSQLを複数回実行する場合、共有プールに存在する解析済みSQL情報が共有されるため、SQLの解析処理でハードパースの代わりにソフトパースが実行されます。

図13-05 ハードパースの発生と解析済みSQL情報の格納

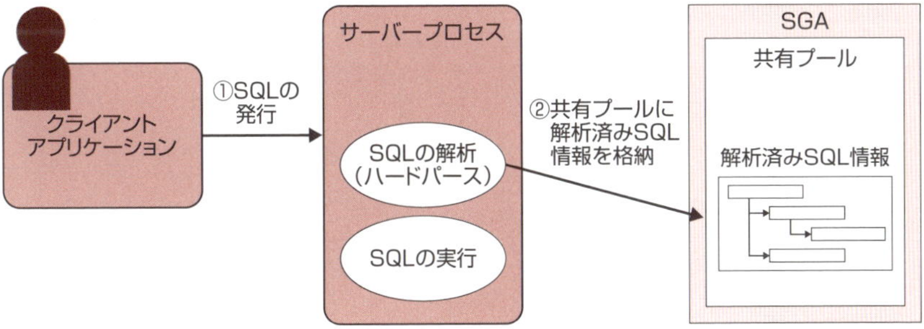

ただし、Oracleは、**文字列として完全に同一**であるSQLを同じと判断するので、SQLの記述方法が統一されていないと、解析済みSQL情報が共有されない場合があります。例えば、空白の数や大文字／小文字、コメントの内容が違うSQLは異なるSQLとみなされます。適切に解析済みSQL情報を共有して、ハードパースの回数を削減するためには、クライアントアプリケーショ

ンにおける**SQLの記述方法を統一**する必要があります。

実行例 13-03 Oracleが異なるSQLと判断する例

```
SELECT * from EMP;
SELECT * from  EMP;
Select * from EMP;
SELECT * from EMP /* comment */;
```

なお、解析済みSQL情報はSGA内の共有プールに格納されるので、インスタンスを停止すると解放されます。また、共有プールはLRUで管理されているので、長い間使用されていない解析済みSQL情報は、共有プールから消去される場合があります。

SQLの実行

SQLの解析で得られた実行計画にしたがい、SQL文を実行します。

まず、処理対象の行を含むブロックがデータファイルからデータベースバッファキャッシュに読み込まれ、SQLがINSERT／UPDATE／DELETEの場合は、データベースバッファキャッシュ上のブロックが実際に更新されます。SELECT文の場合は、取得対象の行にマークを付ける処理のみを行います。実際の行の取得は、次のステップ「行の取得」で行います。

図13-06 SQLの実行

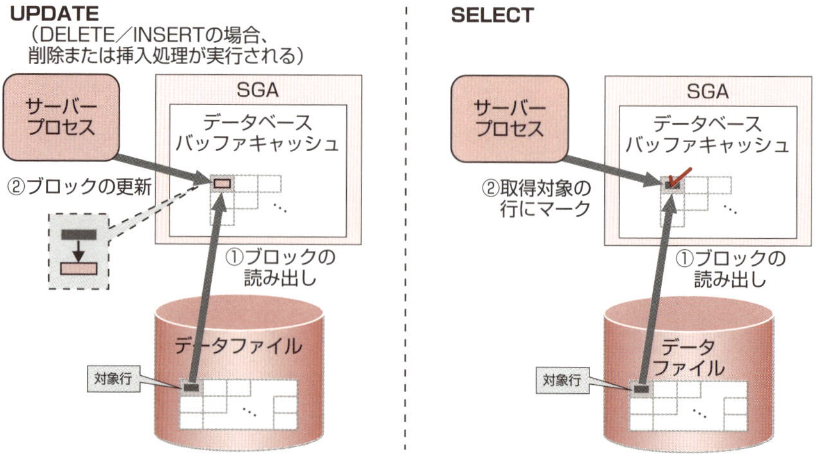

行の取得

前のステップでマークを付けた行のデータを取得します。この処理はSELECT文の場合のみ実行されます。Oracleは、可能であればすべての行を一括して取得するのではなく、ある一定の行ごとに分割して取得します。

図13-07 行の取得

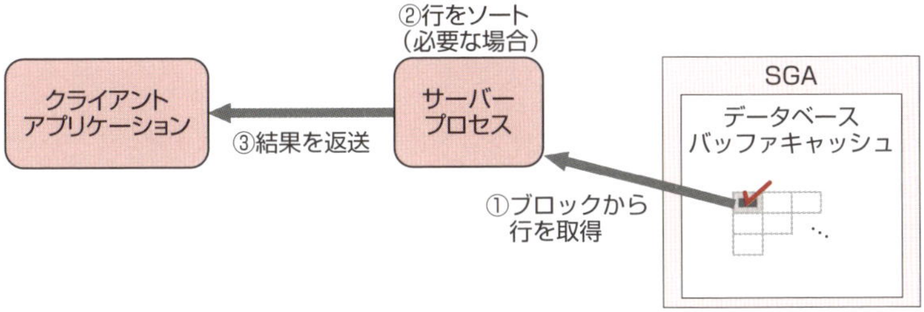

また、SELECT文にORDER BY句がある場合は、必要に応じてソート処理を実行します。取得した結果はセッションを介してクライアントアプリケーションに返送されます。

実行計画の確認

SQLの処理方法は実行計画によって決定されるため、実行計画を確認することは重要です。SQL*PlusのAUTOTRACE機能を使って、実際に実行計画を確認してみましょう。なお、以下の確認手順はSCOTTユーザーで実行することを想定しています。

実行前の準備作業

SQL*PlusのAUTOTRACE機能を使って実行計画を確認するには、事前に準備作業が必要です。これらの作業は一度行うだけでよいので、二度目以降は省略してください。

●PLUSTRACEロールの作成と、ロールの付与

SYSDBA権限を持ったSYSユーザーでOracleに接続し、plustrce.sqlを実行し

て、「PLUSTRACE」と呼ばれるロールを作成します。作成したPLUSTRACEロールとDBAロールをSCOTTユーザーに付与します。PLUSTRACEロールには実行計画を確認できる権限が含まれ、DBAロールには各種の管理作業が可能な権限が含まれます。

実行例 13-04 PLUSTRACEロールの作成と、ロールの付与

```
C:¥> sqlplus /nolog
SQL> CONNECT / as sysdba
SQL> @?¥sqlplus¥admin¥plustrce.sql
SQL> GRANT PLUSTRACE TO SCOTT;
SQL> GRANT DBA TO SCOTT;
  (省略)
```

●テスト用のテーブルを作成する

ここでは、SCOTTユーザーが所有しているEMPテーブルをもとに、テスト用のテーブルEMP0、EMP1を作成します。また、EMP1テーブル自身のデータをEMP1テーブルに挿入して行数を増やしてから、EMPNO列に連番を付与します。ここでは、行番号を示すROWNUM疑似列を使用しています。

実行例 13-06 テスト用テーブルの作成

```
SQL> CONNECT scott/tiger
SQL> DROP TABLE emp0;
SQL> CREATE TABLE emp0 as SELECT * FROM emp;
SQL> DROP TABLE emp1;
SQL> CREATE TABLE emp1 as SELECT * FROM emp;
SQL> INSERT INTO emp1 SELECT * FROM emp1;
SQL> INSERT INTO emp1 SELECT * FROM emp1;
SQL> INSERT INTO emp1 SELECT * FROM emp1;
SQL> INSERT INTO emp1 SELECT * FROM emp1;
SQL> UPDATE emp1 SET empno = rownum;
SQL> COMMIT;
  (省略)
```

確認作業の実施

それでは実際にSQLの実行計画を確認してみましょう。確認作業は以下の手順で行います。

1. 手動でオプティマイザ統計を収集する
2. SQLを実行し、実行計画を表示する

●手動でオプティマイザ統計を収集する

まず、SCOTTユーザーでOracleに接続して、オプティマイザ統計を収集します。DBMS_STATSパッケージに含まれるGATHER_SCHEMA_STATSプロシージャを実行し、SCOTTユーザーの所有するオブジェクトについてオプティマイザ統計を手動で収集します。

実行例 13-07 オプティマイザ統計の収集

```
C:¥> sqlplus /nolog
SQL> connect scott/tiger
SQL> EXECUTE DBMS_STATS.GATHER_SCHEMA_STATS('SCOTT');

PL/SQLプロシージャが正常に完了しました。
```

●SQLを実行し、実行計画を表示する

次に、AUTOTRACEコマンドを実行し、実行計画が表示されるように設定してから、「SELECT * FROM emp0;」を実行します。なお、AUTOTRACEコマンドの実行後は常に実行計画が表示されるので、表示が不要な場合は「set autotrace off」を実行して、表示を中止してください。

実行結果の下部に「実行計画」欄が表示されています。これが、「SELECT * FROM emp0;」の実行計画です。この実行計画を見るとSQL文がどのように実行され、結果セットを取得しているかわかります。各表示項目の詳細は以降で説明します。

実行例 13-08 SELECT文の実行と実行計画の表示

```
SQL> SET AUTOTRACE ON EXPLAIN
SQL> SELECT * FROM emp0;
(問合せ結果は省略)

14行が選択されました。


実行計画
----------------------------------------------------------
Plan hash value: 467731237

--------------------------------------------------------------------------
| Id  | Operation         | Name | Rows  | Bytes | Cost (%CPU)| Time     |
--------------------------------------------------------------------------
|   0 | SELECT STATEMENT  |      |    14 |   518 |     3   (0)| 00:00:01 |
|   1 |  TABLE ACCESS FULL| EMP0 |    14 |   518 |     3   (0)| 00:00:01 |
```

表示された実行計画の理解

実行計画はいくつかのオペレーションから構成されます。実行計画は、「実行計画」欄の「Operation」欄でインデントが深く表示されたオペレーションから実行されます。実行例13-08の実行計画にある「Id=0」のオペレーション「SELECT STATEMENT」はSELECT文そのものに対応した、いわば疑似的なオペレーションで、実質的なオペレーションは「TABLE ACCESS FULL」のみです。

「**TABLE ACCESS FULL**」はテーブルスキャンと呼ばれるアクセスパスの1つで、テーブル内の全行にアクセスしてデータを取得する処理です。Name欄に「EMP0」の記載があることから、EMP0テーブルの全行にアクセスして対象行を取得していることがわかります。

解析済みSQL情報の保管と共有

SQLの解析処理において、実行計画が作成され、解析済みSQL情報が共有プールに格納されると説明しました。ここでは、次の手順で実際にSQLを発行し、共有プールへ解析済みSQL情報が保管されることを確認します。

1. 共有プールをクリアし、解析済みSQL情報を削除する
2. SQL文を実行し、ハードパースを発生させる
3. 解析済みSQL情報が共有プールに存在することを確認する

共有プールをクリアし、解析済みSQL情報を削除する

SCOTTユーザーでログインして、共有プールをクリアし、解析済みSQL情報が削除されることを確認します。まず、「ALTER SYSTEM FLUSH SHARED_POOL;」を実行し、共有プールから解析済みSQL情報をクリアします。共有プールをクリアした後、**V$SQLビュー**を使用して「SELECT * FROM emp0;」に対応した解析済みSQL情報がないことを確認します。V$SQLビューは、共有プール内の解析済みSQL情報を確認できる動的パフォーマンスビューです。

書式 共有プール内の解析済みSQL情報の確認

```
SELECT sql_text FROM V$SQL WHERE sql_text = '<SQL文>';
```

表13-04 V$SQLビューの列値

列名	内容
sql_text	解析済みSQL情報のSQL文字列が格納される

実行例 13-09 準備作業の実行

```
C:¥> sqlplus /nolog
SQL> connect scott/tiger
SQL> ALTER SYSTEM FLUSH SHARED_POOL;
システムが変更されました。

SQL> SELECT sql_text FROM V$SQL WHERE sql_text = 'SELECT * FROM emp0';
レコードが選択されませんでした。
```

SQL文を実行し、ハードパースを発生させる

次に、共有プールに解析済みSQL情報がないことを確認したうえで、「SELECT * FROM emp0;」を実行し、**ハードパース**を発生させます。

次の実行結果から、共有プールには「SELECT * FROM emp0;」に対応した解析済みSQL情報はないので、ハードパースが実行され、解析済みSQL

情報が新規に作成され、共有プールに保管されているはずです。

実行例 13-10 SELECT文の実行と実行計画の表示

```
SQL> SET AUTOTRACE ON EXPLAIN
SQL> SELECT * FROM emp0;
(問合せ結果は省略)
14行が選択されました。

実行計画
---------------------------
Plan hash value: 467731237

----------------------------------------------------------------------
| Id  | Operation           | Name| Rows  |Bytes |Cost (%CPU)| Time
----------------------------------------------------------------------
|   0 | SELECT STATEMENT    |     |    14 |  518 |     3   (0)| 00:00:01
|   1 |  TABLE ACCESS FULL| EMP0|    14 |  518 |     3   (0)| 00:00:01
----------------------------------------------------------------------
```

解析済みSQL情報が共有プールに存在することを確認する

最後に、新規に作成された解析済みSQL情報をV$SQLビューから確認してみましょう。以下のSELECT文は、実行例13-09のSELECT文と同じものです。以前は解析済みSQL情報がありませんでしたが、以下の実行例では、上記で実行したSQLに該当する解析済みSQL情報が、共有プールに存在することを確認できます。

実行例 13-11 解析済みSQL情報の確認

```
SQL> SET AUTOTRACE OFF
SQL> SELECT sql_text FROM V$SQL WHERE sql_text = 'SELECT * FROM emp0';

SQL_TEXT
-------------------
SELECT * FROM emp0
```

再度同じSQLを実行した場合は、この解析済みSQL情報が再利用されます。同一のセッションで同じSQLを実行した場合も、別のセッションから同じSQLを実行した場合も同じ解析済みSQL情報を共有します。

図13-08 解析済みSQL情報の共有

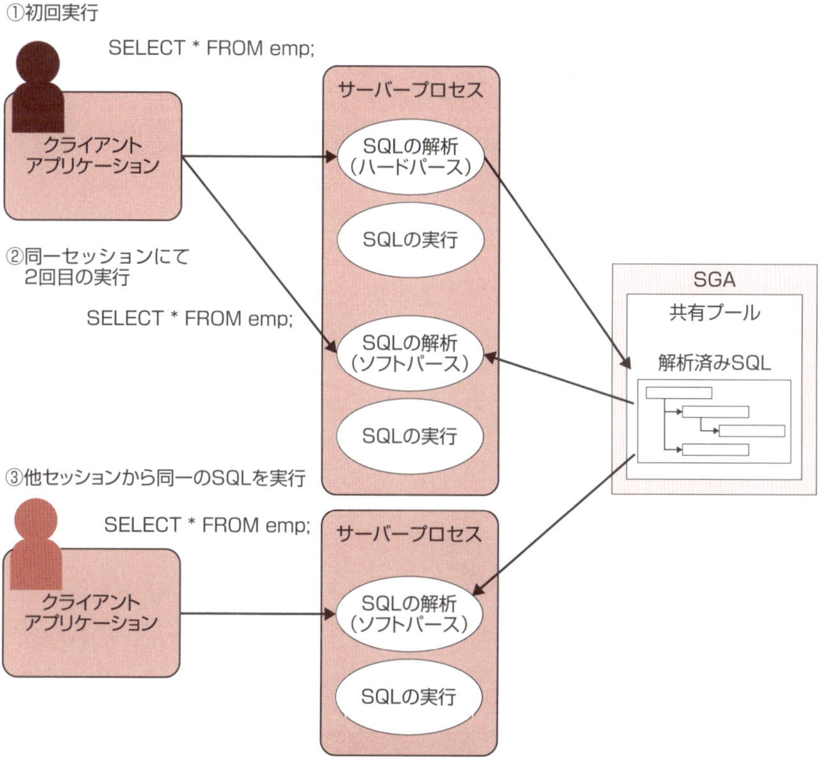

データベースバッファキャッシュの役割と効果

これまで、実行計画の作成と共有について説明してきましたが、実行計画を実行して行を読み出すためには、データファイルからブロックを取得する必要があります。このブロック取得を効率化するために存在するSGA内の領域が、データベースバッファキャッシュです。

データベースバッファキャッシュの役割について説明し、その効果について実際に確認してみます。

ブロック読み出しとデータベースバッファキャッシュ

データベースバッファキャッシュは、データファイルからのブロックの読み出しや書き込みを効率化するためのSGA内の領域です。読み出しのパフォーマンスを効率化するための**キャッシュ機能**と、書き込みのパフォーマンスを効率化するための**バッファ機能**を持ちます。

図13-09 データベースバッファキャッシュの働き

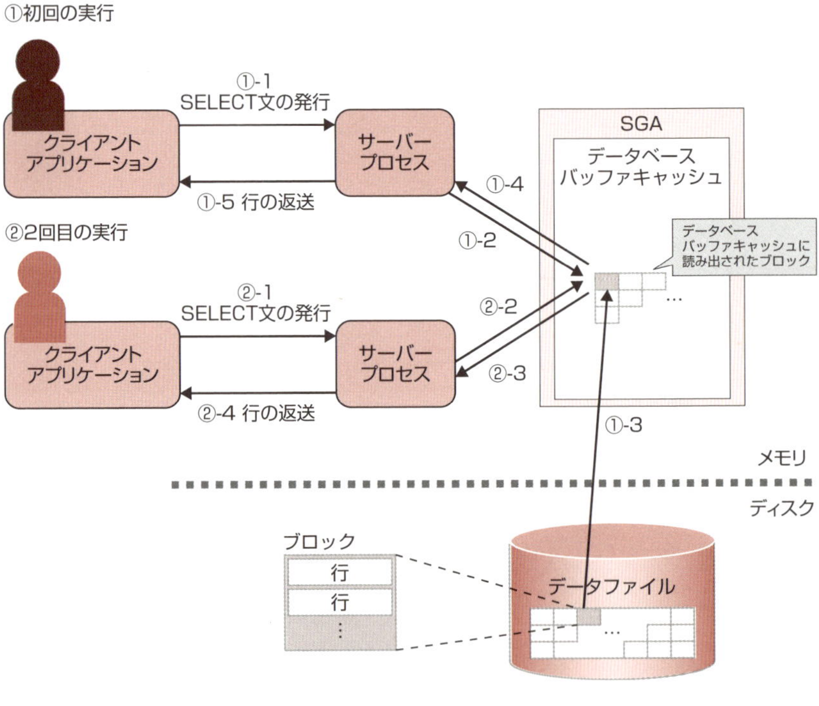

上図の例をもとに、問合せ処理実行時のブロック取得処理と、データベースバッファキャッシュの動作、キャッシュ機能について説明します。

①初回の実行

クライアントアプリケーションからSELECT文が発行された際に、対象の行を含むブロックがデータベースバッファキャッシュに存在しない場合、サーバープロセスは対応するブロックをデータファイルから取得します。ブロックを取得する手順は以下の通りです。

①-1：発行されたSELECT文を実行する
①-2：データベースバッファキャッシュ内に読み出し対象のブロックが存在しないことを確認する
①-3：データファイルから該当するブロックを取得し、読み込んだブロックをデータベースバッファキャッシュに保管する
①-4：データベースバッファキャッシュから該当ブロックを読み出す
①-5：ブロックから行を組み立ててクライアントアプリケーションに送信する

●②2回目以降

対象ブロックがデータベースバッファキャッシュに存在する状況で、クライアントアプリケーションから再度同じSELECT文が発行された場合、以下の手順でブロックを取得します。

②-1：①-1と同じSELECT文を実行する※
②-2：データベースバッファキャッシュ内に読み出し対象のブロックが存在することを確認する
②-3：データベースバッファキャッシュから該当ブロックを読み出す
②-4：ブロックが該当の行を読み出し、クライアントアプリケーションに送信する

※ここでデータの状態には変化がなかったものとします。

上記の通り、サーバープロセスがブロックを読み出すとき、対象ブロックがSGA内のデータベースバッファキャッシュに存在する場合はここからブロックを読み出します。データファイルにはアクセスしません。ディスクからのファイル読み出しと比べて、メモリ上の領域の読み出しのほうが高速なので、データベースバッファキャッシュを利用することで大幅な処理速度の向上が見込めます。

データベースサーバーのメモリに空きがある場合は、SGAまたはデータベースバッファキャッシュに割り当てる領域の拡張を検討してください※。メモリ上により多くのブロックをキャッシュできるため、読み出しパフォーマンスを向上できる可能性があります。

ただし、データベースバッファキャッシュのサイズを拡張すれば必ず読み出しパフォーマンスを向上できるというわけではないので注意してください。データベースバッファキャッシュのキャッシュ機能が有効に機能するのは、原理上、同一のブロックを何度も読み出す場合に限られます。

なお、データベースバッファキャッシュに空きがない場合、Oracleは使われなくなったブロックをデータベースバッファキャッシュから消去して、読み込む領域を自動的に確保します。

※ Oracleのメモリ管理については、**CHAPTER 06「Oracleのメモリ管理」**で説明します。

データベースバッファキャッシュのキャッシュ効果 COLUMN

先ほど「ディスクからのファイル読み出しと比べて、メモリ上の領域の読み出しのほうが速い」と書きました。この速度の違いはどの程度なのでしょうか。Oracleでの一般的なブロックサイズに相当する、8KBのデータを読み出すときの理論値で検討してみましょう。

ハードディスクからの読み出し時間は「データ転送時間＋回転待ち時間＋シーク時間」で算出されます。3.5インチディスク（Ultra SATA/1500）の平均的なスペックは、以下の通りです。

表13-05 3.5インチディスク(Ultra SATA/1500)の平均的なスペック

項目	スペック
データ転送速度	1.5Gb/s（≒約190MB/s）
回転数	毎分7200回転
平均シーク時間	約9ms

よって、8KBのデータの読み出し時間は以下のようになります。

8KBのデータの読み出し時間

データ転送時間(8KB ÷ 190MB/s =42μs)＋回転待ち時間(60秒÷7200回転÷2=4ms)＋平均シーク時間

この計算の結果はおおよそ13ms程度となります。ディスク制御のための時間が読み出し時間の大部分を占めることがわかります。

一方、一般的なメモリモジュール（PC2-5300: DDR2-667）のデータ転送速度は約5.333GB/sですので、8KB分の転送時間は以下のようになります。

一般的なメモリモジュールにおける8KBの転送時間

```
8KB ÷ 5.333GB/s = 約1.5μs(=0.0015ms)
```

両者を比較すると、9000倍近くの差があることがわかります。同期処理のオーバヘッドがあるため、Oracleにおいてこの理論値がそのままあてはまるわけではありませんが、メモリがディスクに比べて大幅に速いことに変わりはありません。

キャッシュ機能の確認

実際にデータベースバッファキャッシュのキャッシュ機能を確認してみましょう。実行する手順は以下の3ステップです。

1. 準備作業の実施
2. 問合せ処理の実行
3. 同一問合せ処理の実行

準備作業の実施

問合せ処理の前に準備作業を行います。まず「SET AUTOTRACE TRACEONLY」と「SET TIMING ON」を実行し、実行計画と実行統計のみを表示し、あわせて経過時間を表示するようにしています（❶）。

次に「SELECT * FROM emp1;」を1回実行しています（❷）。これは、実行に必要なテーブル定義を共有プールに読み込んでおき、データベースバッファキャッシュの効果がはっきりとわかるようにするためです。

最後に「ALTER SYSTEM FLUSH BUFFER_CACHE;」を実行して、データベースバッファキャッシュに保管されたブロックをクリアしています（❸）。

実行例 13-12 データベースバッファキャッシュの確認の準備

```
SQL> SET AUTOTRACE TRACEONLY ――――――――――――――――――――――――――――― ❶
SQL> SET TIMING ON
SQL> SELECT * FROM emp1; ―――――――――――――――――――――――――――――――― ❷
(結果省略)
SQL> ALTER SYSTEM FLUSH BUFFER_CACHE; ―――――――――――――――――――― ❸
```

問合せ処理の実行

準備作業が完了したら、「SELECT * FROM emp1;」を実行します。SQL実行時の統計情報を示す「統計」欄が表示されています。各欄に表示される各項目の意味については下表を参照してください。

表13-06 AUTOTRACEの統計の出力値

AUTOTRACEの統計名称	説明
recursive calls	再帰的コールの実行回数。Oracleの内部処理のためのSQLが生成され、これのコールが必要となる場合がある。このようなコールを再帰的コールと呼ぶ
db block gets	更新目的のブロック要求回数
consistent gets	読み取り目的のブロック要求回数
physical reads	ディスクからのブロック読み取りの合計数
redo size	生成されたREDOの合計(バイト単位)
bytes sent via SQL*Net to client	Oracleからクライアントアプリケーションへ送信された合計バイト数
bytes received via SQL*Net from client	Oracleがクライアントアプリケーションから受信した合計バイト数
SQL*Net round-trips to/from client	Oracleとクライアントとの間で送受信されたメッセージの合計数
sorts (memory)	完全にメモリ内で実行され、ディスク書き込みを必要としなかったソート操作の数
sorts (disk)	1回以上のディスク書き込みを必要としたソート操作の数
rows processed	操作中に処理された行の数

「統計」欄で着目すべきは「physical reads」です(❶)。physical readsは、ディスク上のデータファイルから読み取ったブロックの合計数を示します。実行例13-13ではphysical readsの値は「14」となっており、これより、ディスク上のデータファイルから14個のブロックを読み取ったことがわかります。

実行例 13-13 初回のSQL実行(物理読み込みが発生する例)

```
SQL> SELECT * FROM emp1;
1792行が選択されました。

経過: 00:00:00.92
(省略)
統計
----------------------------------------------------------
          0  recursive calls
          0  db block gets
        136  consistent gets
         14  physical reads                              ❶
          0  redo size
      84691  bytes sent via SQL*Net to client
       1709  bytes received via SQL*Net from client
        121  SQL*Net roundtrips to/from client
          0  sorts (memory)
          0  sorts (disk)
       1792  rows processed
```

同一問合せ処理の実行

再度同じSELECT文を実行します。統計はどのように変化するでしょうか。以下の実行例で着目すべきは、経過時間(❶)、physical readsとconsistent getsの3つです(❷)。

実行例 13-14 2回目のSQL実行(物理読み込みが発生しない例)

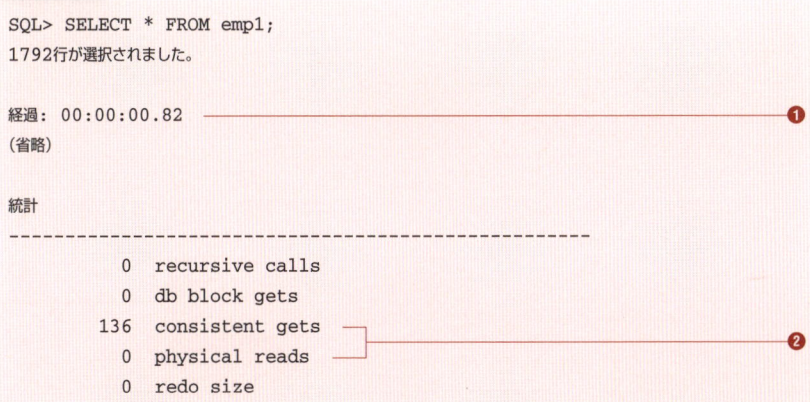

```
SQL> SELECT * FROM emp1;
1792行が選択されました。

経過: 00:00:00.82                                    ❶
(省略)

統計
----------------------------------------------------
          0  recursive calls
          0  db block gets
        136  consistent gets  ┐
          0  physical reads   ┘                      ❷
          0  redo size
```

```
     84691  bytes sent via SQL*Net to client
      1709  bytes received via SQL*Net from client
       121  SQL*Net roundtrips to/from client
         0  sorts (memory)
         0  sorts (disk)
      1792  rows processed
```

表13-07 1回目と2回目の統計・処理時間の比較

項目	1回目	2回目
consistent gets	136	136
physical reads	14	0
経過時間	0.92秒	0.82秒

「consistent gets」は、データベースバッファキャッシュ上の読み取り済みブロックから参照目的で読み取ったブロックの合計数を示しています。1回目と2回目でconsistent getsの回数に変化はありません。これは、同じSELECT文を実行しているため、参照するブロックの数に変化がないためです。「physical reads」は2回目のSQL実行では「0」になっています。これは、1回目のSQL実行の結果、データベースバッファキャッシュに読み取り済みのブロックが存在し、データファイルからブロックを読み取る必要がなかったためです。

図13-10 consistent getsとphysical readsの処理イメージ

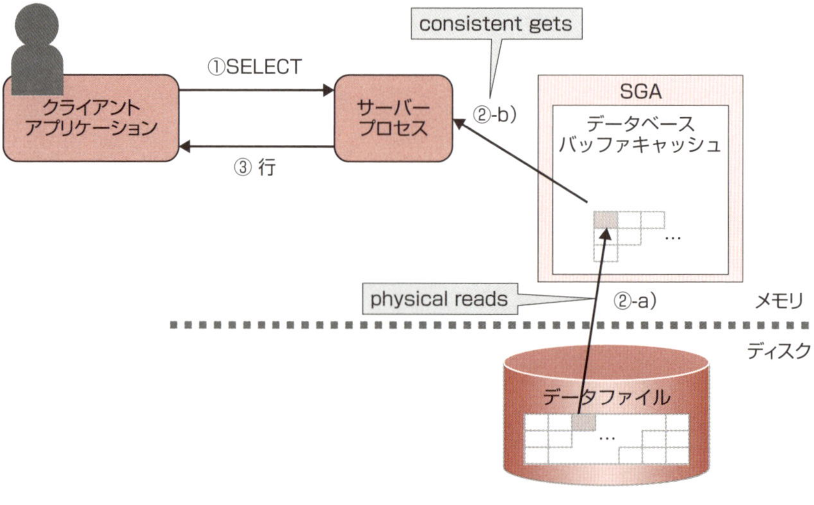

2回目のSQL実行は、1回目のSQL実行に比べて、処理時間を約0.1秒短縮できています。これが、データベースバッファキャッシュの効果です。今回は、読み出しているデータブロックの数が少ないため、効果は少ないですが、データブロックの数が多くなると処理時間の差は大きくなります。

索引の効果

読み出しパフォーマンスを向上させる方法はキャッシュだけではありません。索引でも読み出すブロック数自体を削減することができます。

ここでは、索引がある場合と、ない場合でどのような実行計画が作成されるかを確認したうえで、索引を介したアクセスによって、読み出しブロック数が削減できることを説明します。

絞り込み検索の実行と実行計画

まず、索引の必要性を知るために、絞り込み条件を加えたSELECT文の実行結果を例に、効率的なアクセスについて検討してみます。「データベースバッファキャッシュの役割と効果」(P.227)では、EMP1テーブル内の全行を取得するSELECT文を実行し、実行計画と実行統計を確認しましたが、ここでは、WHERE句を用いて絞り込み条件を加え、EMPテーブルのEMPNO列の値が「3」の行だけを取得するSELECT文を実行し、実行計画と実行統計を確認してみましょう。「SET AUTOTRACE ON」を実行したうえで、「SELECT * FROM emp1 WHERE empno=3;」を実行します。

実行例 13-15 絞り込み検索時の実行計画(索引なし)

```
SQL> SET AUTOTRACE ON
SQL> SELECT * FROM emp1 WHERE empno=3;

 EMPNO ENAME JOB         MGR HIREDATE  SAL COMM DEPTNO
------ ----- --------- ---- -------- ---- ---- ------
     3 WARD  SALESMAN  7698 81-02-22 1250  500     30

経過: 00:00:00.01
```

```
実行計画 ―――――――――――――――――――――――――――― ❶
----------------------------------------------------------
Plan hash value: 2226897347

--------------------------------------------------------------------------
| Id | Operation          | Name | Rows | Bytes | Cost (%CPU)| Time     |
--------------------------------------------------------------------------
|   0 | SELECT STATEMENT  |      |    1 |    37 |     5   (0)| 00:00:01 |
|*  1 |  TABLE ACCESS FULL| EMP1 |    1 |    37 |     5   (0)| 00:00:01 |―❷
--------------------------------------------------------------------------

Predicate Information (identified by operation id): ―――――― ❸
---------------------------------------------------

   1 - filter("EMPNO"=3)

統計
----------------------------------------------------------
          1  recursive calls
          0  db block gets
         17  consistent gets
          0  physical reads
          0  redo size
        837  bytes sent via SQL*Net to client
        400  bytes received via SQL*Net from client
          2  SQL*Net roundtrips to/from client
          0  sorts (memory)
          0  sorts (disk)
          1  rows processed
```

実行計画のオペレーションの構成は、絞り込み条件がない全件検索時（実行例13-14）と変わりありません（❶）。しかし、「*」（アスタリスク）が付いており（❷）、「Predicate Information」という欄が追加されています（❸）。これは「Id=1」の「TABLE ACCESS FULL」において、絞り込み処理（フィルタ処理）が実行されたことを示します。SELECT文に指定した絞り込み条件（`WHERE empno=3`）にしたがった絞り込み処理がOracleの内部で行われているわけです。

前節で説明した全件検索を行うSELECT文でフルテーブルスキャンが実行

されるのは適切な処理といえますが、今回の絞り込み条件を追加したSELECT文では、最終的に取得したいのはEMPNO列の値が「3」の行のみなので、フルテーブルスキャンをする必要がないようにも思えます。「empno=3」の行が配置されているブロックがわかっているのであれば、そのブロックだけを読み出せば良いはずです。このような効率的なアクセスを行うには、索引を作成する必要があります。

索引を作成し、実行計画を確認する

索引を作成することで、索引列の値から対応する行のROWIDがわかるため、行に効率的にアクセスすることができるようになります。

今回実行する「SELECT * FROM emp1 WHERE empno=3;」のWHERE句には一意性を持つEMPNO列が指定されています。したがって、今回作成する索引はBツリー索引（一意索引）が適切です。

実際にBツリー索引を作成し、索引がない状態の実行計画と、索引がある状態での実行計画を比較してみましょう。ここでは、EMP1テーブルのEMPNO列に対して「EMP1_IDX」という一意索引を作成し、「SELECT * FROM emp1 WHERE empno=3;」を実行します。

実行例 13-16 Bツリー索引作成後の実行計画の取得

```
SQL> SET AUTOTRACE ON
SQL> CREATE UNIQUE INDEX emp1_idx ON emp1(empno);

索引が作成されました。

経過: 00:00:00.01
SQL> SELECT * FROM emp1 WHERE empno=3;

 EMPNO ENAME JOB         MGR HIREDATE   SAL  COMM  DEPTNO
------ ----- --------- ----- -------- ----- ----- -------
     3 WARD  SALESMAN   7698 81-02-22  1250   500      30

経過: 00:00:00.01

実行計画
----------------------------------------------------------
Plan hash value: 893772629
```

```
-----------------------------------------------------------------------------------------
| Id  | Operation                   | Name    | Rows  | Bytes | Cost (%CPU)| Time     |
-----------------------------------------------------------------------------------------
|   0 | SELECT STATEMENT            |         |     1 |    37 |     2   (0)| 00:00:01 |
|   1 |  TABLE ACCESS BY INDEX ROWID| EMP1    |     1 |    37 |     2   (0)| 00:00:01 |
|*  2 |   INDEX UNIQUE SCAN         | EMP1_IDX |    1 |       |     1   (0)| 00:00:01 |
-----------------------------------------------------------------------------------------
Predicate Information (identified by operation id):
---------------------------------------------------

   2 - access("EMPNO"=3)

統計
----------------------------------------------------------
          1  recursive calls
          0  db block gets
          4  consistent gets
          4  physical reads
          0  redo size
        837  bytes sent via SQL*Net to client
        400  bytes received via SQL*Net from client
          2  SQL*Net roundtrips to/from client
          0  sorts (memory)
          0  sorts (disk)
          1  rows processed
```

取得した実行計画は、索引がない状態での実行計画（実行例13-15）と異なるものになっています。「Id=2」の**INDEX UNIQUE SCANオペレーション**はEMP1_IDX索引に対して一意検索を行うものです。このオペレーションでは、Bツリー索引のルートブロックからリーフブロックの方向に、「empno=3」の条件について二分探索を実行し、「empno=3」である行のROWIDを取得します（下図のA）。

次に、**TABLE ACCESS BY INDEX ROWIDオペレーション**※を実行し、取得したROWIDに該当するEMP1テーブルの行を取得します（下図のB）。

なお、Bツリー索引が存在しなかった場合の実行計画は**TABLE ACCESS FULLオペレーション**となります（下図のC）※※。

※ Oracle 12cでは性能が改善されたTABLE ACCESS BY INDEX ROWID BATCHEDオペレーションが使用されます。

※※ 次ページの図は、内部実行のイメージを示したものであり、実際の内部構成とは異なる場合があります。

図13-11 索引アクセスとテーブルスキャンアクセスの比較

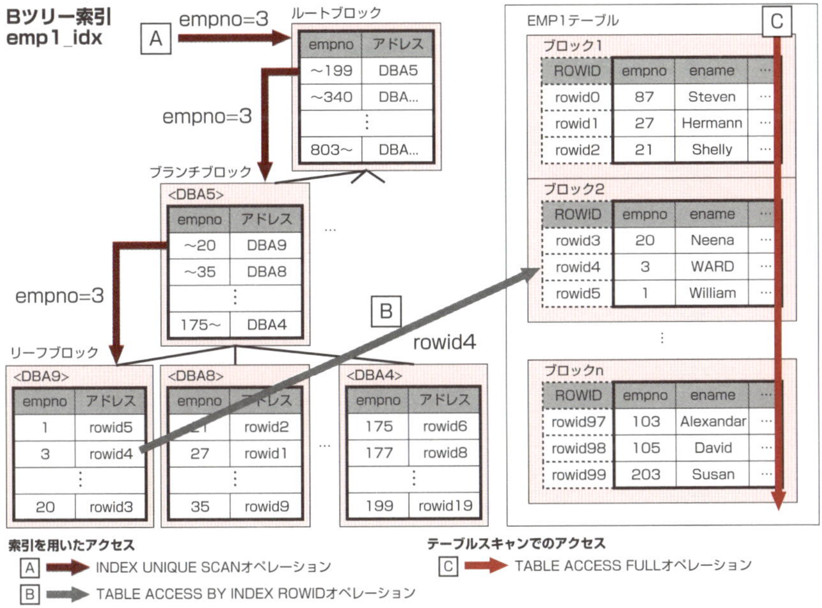

次に、「統計」欄を確認してみましょう。ここで確認してほしいのは、「**consistent gets**」の値です。この値はデータベースバッファキャッシュから読み出したブロックの数を表します。consistent getsの値が1回目のSQL実行では「17」であったのと比べ、2回目は「4」となっており、ブロック読み込み数が減少していることがわかります。

このように、索引を作成すると、索引を使用したほうが効率的なアクセスができるとOracleが判断した場合に、索引を使うような実行計画が作成されます。その結果として、読み出しブロック数を削減し、SQL実行のパフォーマンスを改善することができます。

ソートの実行とPGA、一時表領域

これまで実行計画の作成、SQL処理におけるブロックの読み出しについて説明してきました。最終的には、読み出したブロックから行のデータを取得してクライアントアプリケーションに返送しますが、ORDER BY句が指定されている場合など、返送前に行のソートが必要な場合があります。

ここでは、ソート処理の実行に利用される領域として、PGAと呼ばれるメモリ領域と一時表領域について説明します。また、PGA利用時と一時表領域利用時の性能の差異について確認します。

PGAと一時表領域

ORDER BY句が指定されたSELECT文など、実行するSQLによっては、ソート処理の実行が必要になる場合があります。ソート処理を実行する場合、サーバープロセスは、SQL作業領域または一時表領域内の一時セグメントを利用します。**SQL作業領域**はその名の通り、SQL作業に用いられるメモリ領域で、PGAにあるプライベートSQL領域内にあります。**一時表領域**は一時セグメント※と呼ばれる作業用のディスク領域を格納するためのデータファイルから構成される表領域です。

SQL作業領域が、SQL作業の実行に必要なサイズと比べて小さかった場合、SQL作業領域の代わりに**一時表領域**が利用されるのですが、ディスクはデータの入出力がメモリに比べて非常に遅いので、SQL処理のパフォーマンスを大幅に低下させます。

※ 一時セグメントは、問合せの処理中に必要となった一時的な作業領域がメモリ上に確保できなかった場合に割り当てられる作業用のディスク領域です(P.40)。

SQL作業領域と一時表領域の違い

実際にいくつかのSQLを実行して、SQL作業領域と一時表領域の使用状況を確認し、それぞれの性能を比較してみましょう。

●ソート処理が発生しない問合せ(ORDER BY句なし)

ORDER BY句を使用しないSELECT文を実行します。この場合、返される行は特定の順序で並べられていません※。当然ですが、SQL実行の過程でソート処理は発生しません。なお、SQLの実行前に、「SET AUTOTRACE TRACEONLY」と「SET TIMING ON」を実行し、実行計画と経過時間を表示するように設定してください。

※ 仮に実行した結果が、特定の順序で並べられていたとしても、それはたまたま内部的にそのように格納されていたからです。データが更新されると順序は変わります。

実行例 13-17 並び順を指定しない問合せ

```
SQL> SET AUTOTRACE TRACEONLY
SQL> SET TIMING ON
SQL> SELECT * FROM emp1;

1792行が選択されました。

経過: 00:00:00.75

実行計画
----------------------------------------------------------
Plan hash value: 2226897347

--------------------------------------------------------------------------
| Id  | Operation         | Name | Rows  | Bytes | Cost (%CPU)| Time     |
--------------------------------------------------------------------------
|   0 | SELECT STATEMENT  |      |  1792 | 66304 |     5   (0)| 00:00:01 |
|   1 |  TABLE ACCESS FULL| EMP1 |  1792 | 66304 |     5   (0)| 00:00:01 |
--------------------------------------------------------------------------


統計
----------------------------------------------------------
          0  recursive calls
          0  db block gets
        136  consistent gets
          0  physical reads
          0  redo size
      84691  bytes sent via SQL*Net to client
       1709  bytes received via SQL*Net from client
        121  SQL*Net roundtrips to/from client
          0  sorts (memory)  ─┐
          0  sorts (disk)    ─┘──────────────────── ❶
       1792  rows processed
```

統計欄の「**sorts (memory)**」と「**sorts (disk)**」が、ともに「0」であることからソート処理が発生していないことが確認できます（❶）。

●ソート処理が発生する問合せ（メモリ上のソート）

次に、索引が設定されていない列でソートする問合せを実行してみます。

この場合、SQL実行時にソート処理が発生します。

実行例 13-18 ソートがある問合せ(メモリ上のソート)

```
SQL> SET AUTOTRACE TRACEONLY
SQL> SET TIMING ON
SQL> SELECT * FROM emp1 ORDER BY ename;

1792行が選択されました。

経過: 00:00:00.65

実行計画
----------------------------------------------------------
Plan hash value: 572775158

-----------------------------------------------------------------------
| Id  | Operation          | Name | Rows  | Bytes | Cost (%CPU)| Time
|
-----------------------------------------------------------------------
|   0 | SELECT STATEMENT   |      |  1792 | 66304 |     6  (17)| 00:00:01 |
|   1 |  SORT ORDER BY     |      |  1792 | 66304 |     6  (17)| 00:00:01 |―❶
|   2 |   TABLE ACCESS FULL| EMP1 |  1792 | 66304 |     5   (0)| 00:00:01 |
-----------------------------------------------------------------------

統計
----------------------------------------------------------
          1  recursive calls
          0  db block gets
         16  consistent gets
          0  physical reads
          0  redo size
      32370  bytes sent via SQL*Net to client
       1709  bytes received via SQL*Net from client
        121  SQL*Net roundtrips to/from client
          1  sorts (memory)  ―――――――――――――――――――❷
          0  sorts (disk)
       1792  rows processed
```

「実行計画」を確認します。まず、EMP1テーブルに対してテーブルスキャン(TABLE ACCESS FULL)が実行され、次にソート処理(**SORT ORDER**

BY）が実行されていることがわかります（❶）。また、統計欄の「sorts (memory)」が「1」であることから、メモリ（PGA）上でソート処理が実行されていることがわかります（❷）。

●ソート処理が発生する問合せ（ディスクソート）

ディスクでソートさせて、統計の変化を確認してみます。Oracleは、サーバープロセスに割り当てられたPGAのサイズを超えるデータをソートするとき、ディスクを使用します。

ただし、サーバープロセスに割り当てられるPGAのサイズは、デフォルトではOracleによって自動的に調整されます（自動PGAメモリ管理）。このため、まず一時的にPGAの管理を手動で行うように設定変更します（❶）。その後、ソート領域のサイズを設定する初期化パラメータSORT_AREA_SIZEを意図的に小さい値（50Kバイト）に設定します（❷）。

これらの変更後、EMP1テーブルをENAME列でソートするSQL文「SELECT * FROM emp1 ORDER BY ename;」を実行し、処理内容を確認します。

実行例 13-19 ソートがある問合せ（ディスク上でのソート）

```
SQL> ALTER SESSION SET workarea_size_policy = MANUAL;   ――❶

セッションが変更されました。

SQL> ALTER SESSION SET sort_area_size = 51200;   ――❷

セッションが変更されました。

SQL> SET AUTOTORACE TRACEONLY
SQL> SET TIMING ON
SQL> SELECT * FROM emp1 ORDER BY ename;

1792行が選択されました。

経過: 00:00:00.68   ――❸

実行計画
----------------------------------------------------------
Plan hash value: 572775158
```

```
-------------------------------------------------------------------------------------
| Id  | Operation          | Name | Rows  | Bytes |TempSpc| Cost (%CPU)| Time     |
-------------------------------------------------------------------------------------
|   0 | SELECT STATEMENT   |      |  1792 | 66304 |       |    30   (4)| 00:00:01 |
|   1 |  SORT ORDER BY     |      |  1792 | 66304 |   232K|    30   (4)| 00:00:01 |—❹
|   2 |   TABLE ACCESS FULL| EMP1 |  1792 | 66304 |       |     5   (0)| 00:00:01 |
-------------------------------------------------------------------------------------


統計
----------------------------------------------------------
          1  recursive calls
          7  db block gets
         16  consistent gets
         17  physical reads
          0  redo size
      32370  bytes sent via SQL*Net to client
       1709  bytes received via SQL*Net from client
        121  SQL*Net roundtrips to/from client
          0  sorts (memory)
          1  sorts (disk)  ———————————————————————❺
       1792  rows processed
```

実行計画欄からソート処理（SORT ORDER BY）が実行されていることがわかります（❹）。また、統計欄の「sorts (disk)」が「1」であることから、一時表領域を用いたディスクソートが発生していることがわかります（❺）。

「経過時間」をメモリソート時の「経過時間」と比較してみましょう。今回の例では、データ量が少量なので有意な差はありませんが、データ量が大量の場合はメモリソート時のほうが、処理が速いことを確認できるはずです（❸）。大量のデータのソートを伴う処理を効率的に実行するためには、PGAのサイズを大きくしてディスクソートを回避することが非常に重要です。自動PGA管理でディスクソートが発生する場合は、手動PGA管理を使用して明示的に大きなサイズのソート領域を割り当てることを検討してください。

本章のまとめ

●OracleでのSQL処理の流れ

・SQL処理は、「SQL文の解析」、「実行」、「行の取得」の3つのステップで実行される

●実行計画の確認

・発行されたSQLはOracleが作成した実行計画にしたがって実行される

・SQL*PlusのAUTOTRACE機能により、実行計画を確認することができる

●解析済みSQL情報の保管と共有

・SQL処理において作成された解析済みSQL情報は、共有プールに保管され、共有される。これにより、繰り返し実行されるSQL文の解析時間を短縮する

●データベースバッファキャッシュの役割と効果

・データベースバッファキャッシュのキャッシュ機能により、同一ブロックの読み出し処理パフォーマンスを向上することができる

●索引の効果

・索引を作成することで、テーブル内の行読み出しのパフォーマンスを向上できる場合がある

●ソートの実行とPGA、一時表領域

・ソート処理は、PGAのSQL作業領域または、一時表領域の一時セグメントを用いて実行される

・PGAのSQL作業領域でソート処理を実行すると、一時表領域の一時セグメントで実行する場合と比べて、効率的に処理を実行することができる

CHAPTER

14 更新処理の仕組み

本章では、INSERT文、UPDATE文、DELETE文などの更新処理を実行するSQLが、Oracle内部でどのような仕組みで処理されるかを説明し、更新処理に関連するOracleのアーキテクチャについて説明します。

これらの説明を理解することで、データベースバッファキャッシュのバッファ機能やREDOデータの生成とREDOログファイルへの書き込み、UNDOデータのUNDOセグメントへの格納、チェックポイントについて理解できます。

下図の色の付いた網かけ部分が、Oracleアーキテクチャ全体から見たSQLの更新処理に関連する構成要素です。

図14-01 更新処理に関連するアーキテクチャの構成要素

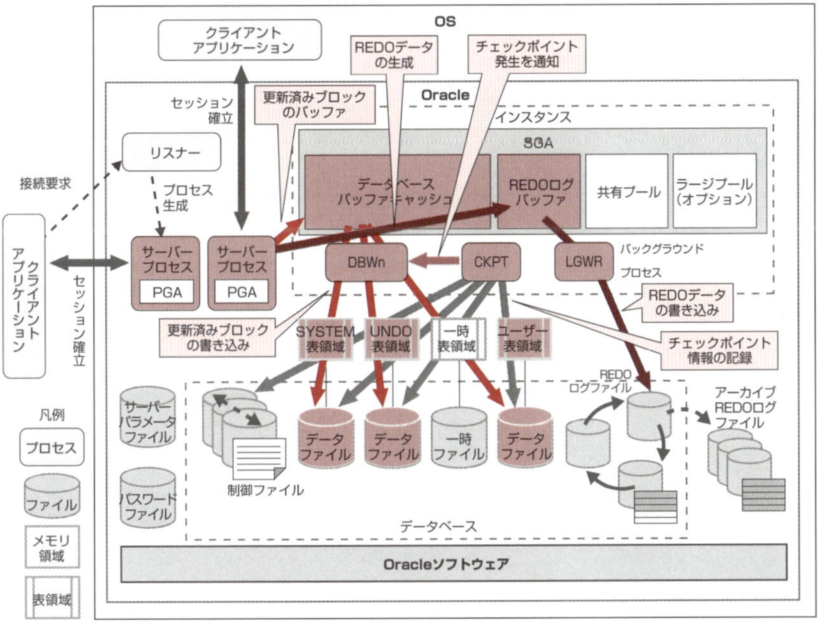

Oracleの更新処理

データベースに格納されたデータは、ブロック単位に分割されてデータファイルに格納されていますが、Oracleは更新処理を行うたびにデータファイル上のブロックを更新するわけではありません。更新済みブロックは「チェックポイント」(P.251)と呼ばれるタイミングなどでデータファイルに遅延書き込みされます。

更新処理の内容がすぐにデータファイルに反映されないのは、更新パフォーマンスの向上とトランザクションの持続性を両立させるためです。データファイルへの書き込み処理をできる限り遅らせ、後でまとめて書き込むことで、ディスクアクセスの回数を減らし、更新パフォーマンスを向上させています。また、コミットのタイミングでREDOデータをREDOログファイルに書き込むことでトランザクションの処理内容が失われることを防いでいます。なお、更新処理では更新前のデータ（UNDOデータ）をUNDOセグメントに格納する処理も実行されますが、この処理については後述します。

図14-02　更新処理とコミット時にOracleで実行される処理

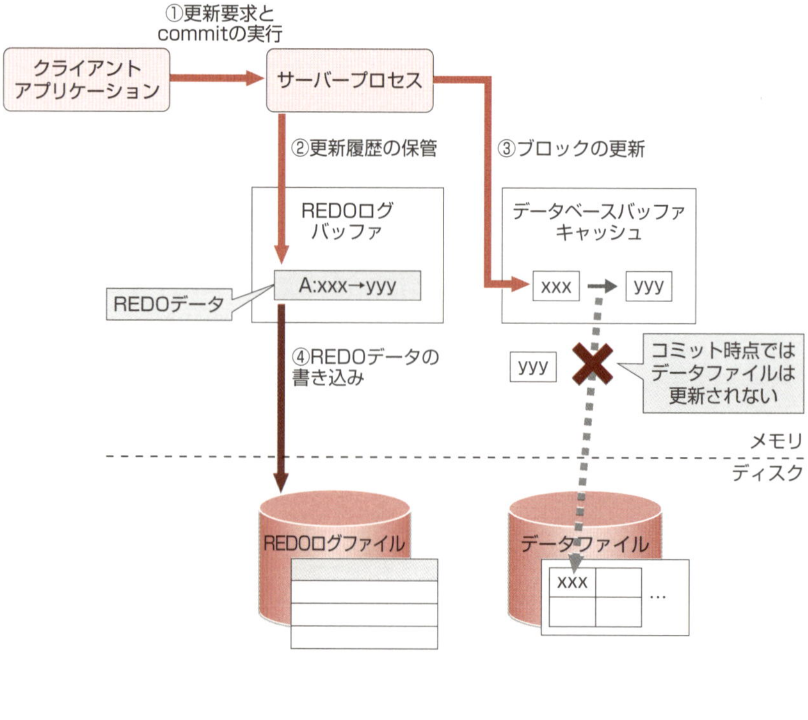

トランザクション実行時の動作

更新処理における実行のタイミングや処理の内容についてより詳細に説明します。また、Oracleの更新処理は**トランザクション**として実行されるので、あわせてトランザクションの簡単な概念についても説明します。

トランザクションの概念

トランザクションとは、複数のSQLをまとめた作業単位です。トランザクション実行中にコミットを行うことで処理を確定でき、また、ロールバックを行うことで処理を取り消すことができます。

Oracleのトランザクションは更新処理を行うDML（UPDATE文、INSERT文、DELETE文など）を実行したときに開始され、COMMIT文を発行した時点でSQLの処理を確定します。ROLLBACK文を発行するとロールバック実行前に発行されたSQLの処理はキャンセルされます。

なお、厳密なトランザクションの開始や確定のルール、セーブポイントの定義、セーブポイントを指定したロールバックについては、CHAPTER 15「トランザクション処理の概要とACID特性」、CHAPTER 16「Oracleのトランザクションと隔離性」で説明します。

トランザクション実行時のOracle内部処理

トランザクション実行時、Oracleの内部ではどのような処理が実行されるのでしょうか。以下の2つのSQLを例に、それぞれの文が実行された際にOracle内部でどのような処理が実行されているか説明します。

- UPDATE tbl_test SET a = yyy WHERE pk = 1;
- COMMIT;

まず、UPDATE文を発行すると、以下の処理が実行されます。

①クライアントアプリケーションからUPDATE文が発行され、サーバープロセスがトランザクションを開始する
②トランザクションの更新前のデータを格納するためのUNDOセグメントをトランザクションに割り当てる

③更新対象の行が含まれるブロックがデータバッファキャッシュに存在しない場合、そのブロックがデータベースバッファキャッシュに読み込まれる
④発行されたUPDATE文の更新内容に関する変更履歴がREDOログバッファに生成される
⑤更新前のデータ（UNDOデータ）がUNDOセグメントに格納される。ただし、ディスクへの書き出しは後述するチェックポイントで実施される
⑥データベースバッファキャッシュ上のブロックの内容が更新される

図14-03 UPDATE文実行時点で実行される処理

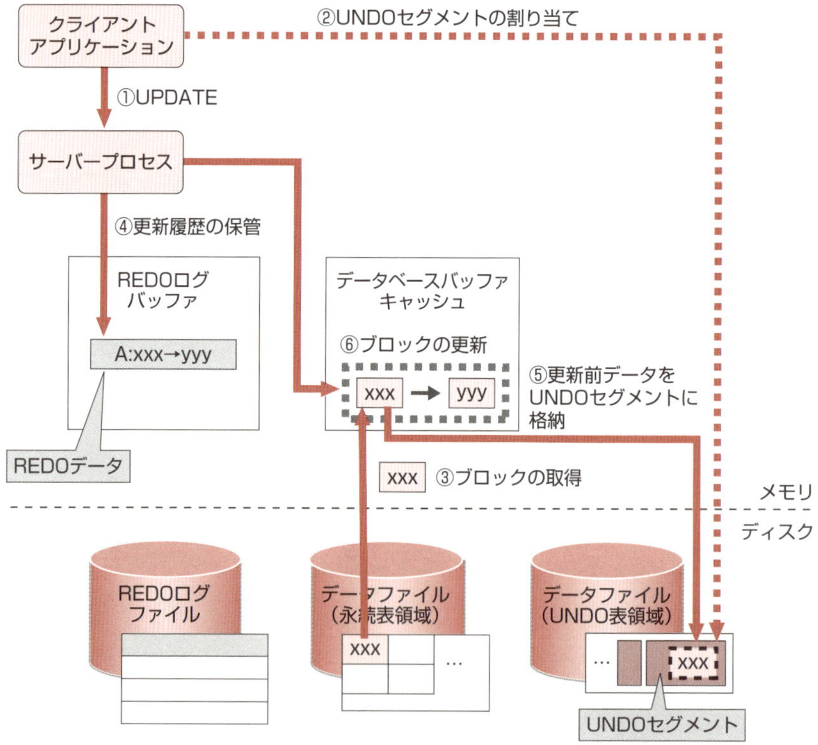

次に、COMMIT文を発行すると次の処理が実行されます。なお、コミット処理時点では、データベースバッファキャッシュ上のブロックは、データファイルに書き出されないことに注意してください。

⑦クライアントアプリケーションからCOMMIT文が発行され、サーバープロセスがコミット処理を開始する
⑧トランザクションとUNDOセグメントの割り当てが解除される
⑨REDOログバッファに存在する更新履歴（REDOデータ）が「LGWR（ログライター）」によってディスク上のREDOログファイルに書き込まれる
⑩サーバープロセスからクライアントアプリケーションに対してコミット処理の完了が通知される

図14-04 COMMIT文実行時点で実行される処理

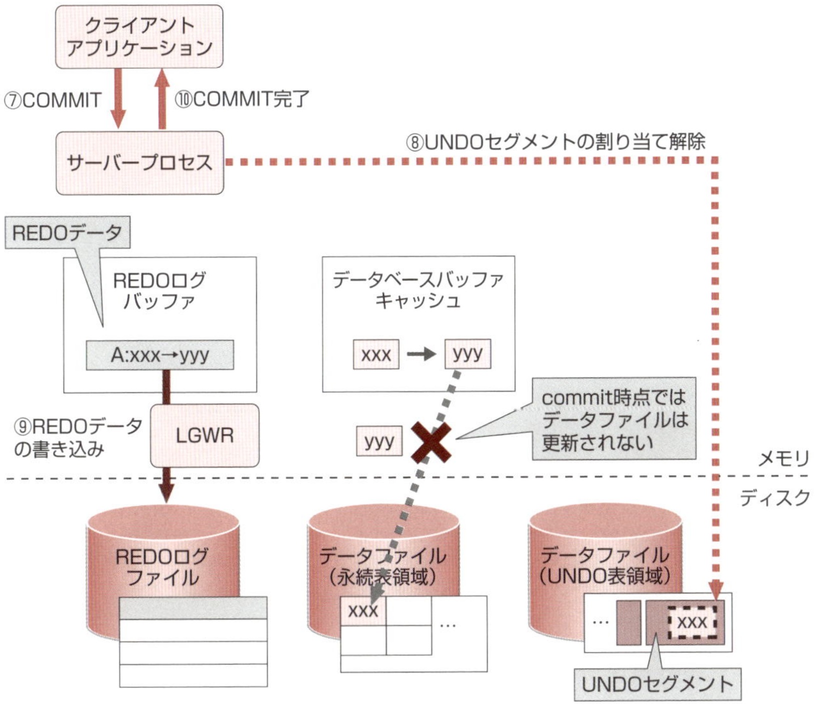

チェックポイント

データベースバッファキャッシュ上の更新済みブロックは、コミット実行後、「チェックポイント」が発生した時点でデータファイルに書き込まれます。チェックポイントが発生するタイミングはOracleが管理しています。

チェックポイント時に更新済みブロックをまとめて書き出すことで、データファイルの更新回数を可能な限り少なくして、ディスクへのアクセスがパフォーマンスに与える影響を軽減しています。

チェックポイントが発生すると「**CKPT**」(チェックポイントプロセス)から、「**DBWn**」(データベースライタープロセス)に対してチェックポイントの発生が通知され、この通知を受けたDBWnはデータベースバッファキャッシュ上の更新済みブロックをデータファイルに書き出します。

チェックポイント発生により実行された更新済みブロックの書き出しが完了したタイミングで、CKPTはチェックポイントの情報を制御ファイルとデータファイルのヘッダに書き込みます。

図14-05 チェックポイント発生時の処理

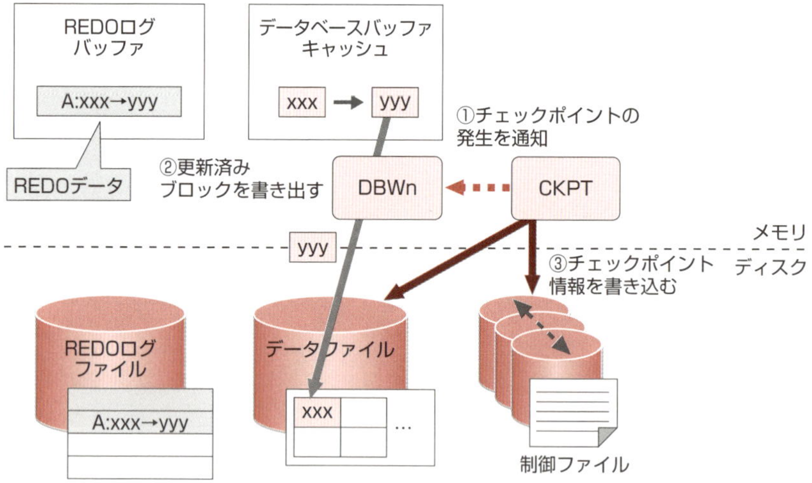

チェックポイントとデータベースバッファキャッシュ

以下で、2つのクライアントアプリケーションが別々のデータブロックを更新する例を用いて、チェックポイントとデータベースバッファキャッシュのバッファ機能の関係を説明します。

実行例 14-01 クライアントアプリケーションAが実行するSQL

```
SQL> UPDATE tbl1 SET a='yyy' WHERE pk = 1;
SQL> COMMIT;
```

実行例 14-02 クライアントアプリケーションBが実行するSQL

```
SQL> UPDATE tbl1 SET a='aaa' WHERE pk = 2;
SQL> COMMIT;
```

クライアントアプリケーションAは「pk=1」の行を更新してコミットし、クライアントアプリケーションBは「pk=2」の行を更新してコミットしています。ここで、「pk=1」の行と「pk=2」の行は別々のブロックに格納されているとします。

図14-06 同一のデータブロックが複数回更新される場合

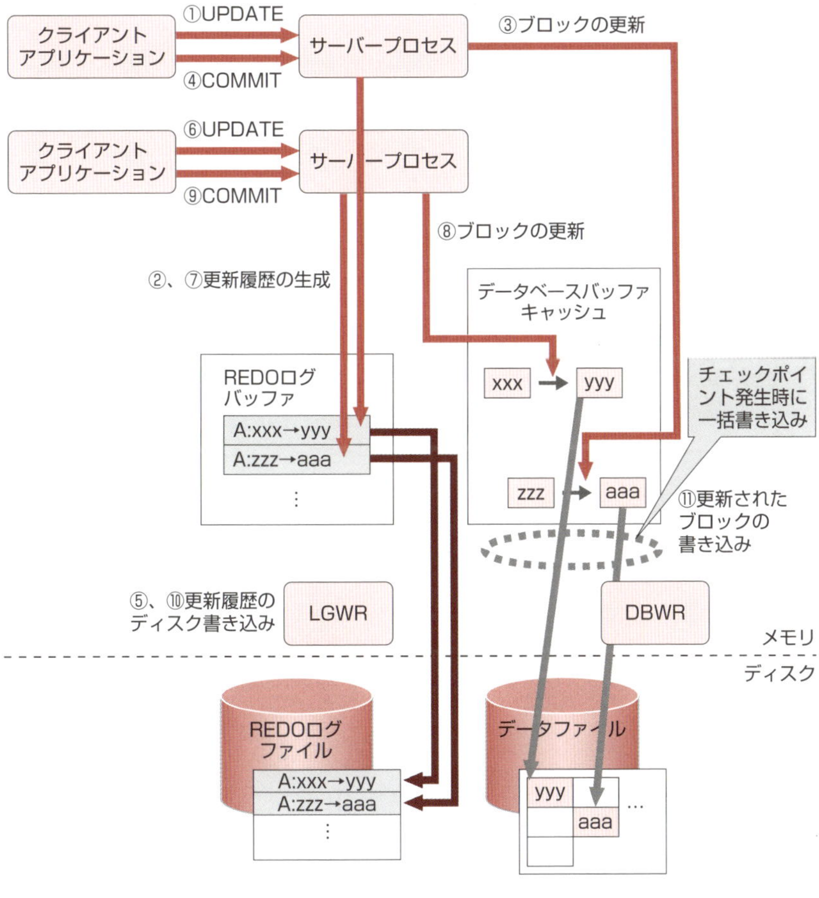

仮にコミットするたびにデータファイルを更新すると、データファイルの書き込み回数は2回となります。一方、チェックポイントのタイミングで一括してデータファイルの書き込みを行えば、データファイルの書き込み回数を1回に減らすことができます。今回の例は、更新対象ブロックが2つだけでしたが、更新対象ブロックの数が多くなればなるほど、チェックポイントの効果は大きくなります。

Oracleはさまざまな処理でディスクにアクセスするので、ディスクのアクセス回数を削減することは、Oracle全体のパフォーマンス向上に寄与します。

なお、チェックポイントが発生していなくても、データベースバッファキャッシュの空き領域が不足した場合は、空き領域を確保するため、更新済みブロックがデータファイルに書き出される場合があります。

コミットとデータの保全

「後でまとめて」データファイルを更新するため、心配なのは**更新内容の保護**です。チェックポイント実施前、つまりデータファイル内のブロックがまだ更新されていないタイミングで、インスタンスが異常終了するなどの障害が発生したらどうなるでしょうか。更新内容が失われることはないのでしょうか。

図14-07 チェックポイント実施前に障害が発生した場合

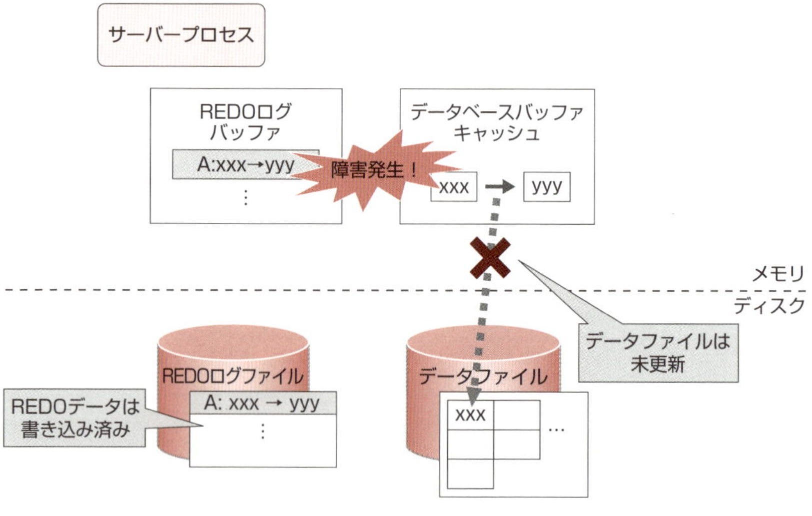

結論からいうと、REDOログファイルがすべて失われるような障害のケースを除き、更新内容が失われることはありません。データファイルはまだ更新されていませんが、コミット時点でREDOログファイルに書き込まれているREDOデータを使用してデータを復旧できます※。

※ この復旧処理を「**クラッシュリカバリ**」と呼びます。また、このように、コミットしたトランザクションが容易に失われることがない特性を「**トランザクションの持続性**」と呼びます。クラッシュリカバリについては、**CHAPTER 19「リカバリ処理の仕組み」**で詳しく説明します。

REDOデータがREDOログファイルに書き出されるタイミング COLUMN

REDOログバッファ内のREDOデータは、コミットを実行されたとき以外にも、REDOログバッファの容量が不足した場合など、いくつかの条件が満たされた場合に書き出しが実行されます。

この他の条件については、P54を参照してください。

トランザクション実行時の動作確認

実際にSQLを実行して、トランザクション実行時の動作を確認してみましょう。ただし、REDOデータやデータベースバッファキャッシュ、データファイル上のブロックを直接確認するのは難しいので、ここでは、REDOデータの生成量と割り当てられたUNDOセグメントに着目して更新実行時の動作を確認します。今回実行する手順の概要は以下の通りです。

1. 「UPDATE emp1 SET ename = 'test' WHERE empno=1;」を実行し、1つの行を更新する
2. REDOデータが生成されることを確認する
3. UNDOセグメントが割り当てられたことを確認する
4. トランザクションをコミットする

以下の実行例ではSCOTTユーザーでログインし、「SET AUTOTRACE ON STATISTICS」を実行したうえでUPDATE文を実行します。なお、EMP1テーブルはCHAPTER 13「問合せ処理の仕組み」で作成したテスト用のテーブルです。

統計欄の「redo size」は、生成されたREDOデータの合計サイズ（単位：バイト）を示しています（❶）。また、V$TRANSACTIONビューでトランザクションに関する情報を確認しています（❷）。

書式 トランザクションに関する情報の確認

```
SELECT xid, xidusn, status, start_time FROM V$TRANSACTION;
```

表14-01 V$TRANSACTIONビューの列値

列名	内容
xid	トランザクションID
xidusn	トランザクションに割り当てられたUNDOセグメントの番号
status	トランザクションの状態。実行中トランザクションの場合"ACTIVE"
start_time	トランザクションを開始した時間

実行例 14-03 UPDATE文の実行と生成されるREDOデータ

```
SQL> connect scott/tiger
SQL> SET AUTOTRACE ON STATISTICS
SQL> UPDATE emp1 SET ename = 'test' WHERE empno = 1;
1行が更新されました。

統計
----------------------------------------------------
          1  recursive calls
          1  db block gets
          2  consistent gets
          0  physical reads
        348  redo size ――――――――――――――――――――――― ❶
        679  bytes sent via SQL*Net to client
        579  bytes received via SQL*Net from client
          3  SQL*Net roundtrips to/from client
          1  sorts (memory)
          0  sorts (disk)
          1  rows processed
```

```
SQL> SET AUTOTRACE OFF
SQL> SELECT xid, xidusn, status, start_time FROM V$TRANSACTION; ――❷

XID                  XIDUSN STATUS     START_TIME
---------------- ---------- ---------- --------------------
03000000F60B0000          3 ACTIVE     06/29/08 17:54:12

1行が選択されました。
```

REDOデータは更新されたブロックに応じて生成されます。このため、複数行を更新するUPDATE文を実行した場合は生成されるREDOデータが増加します。以下の実行例を見ると、複数行を更新した場合にredo sizeの値が大きくなっていることがわかります（❸）。

実行例 14-04 UPDATE文の実行と生成されるREDOデータ（複数行の場合）

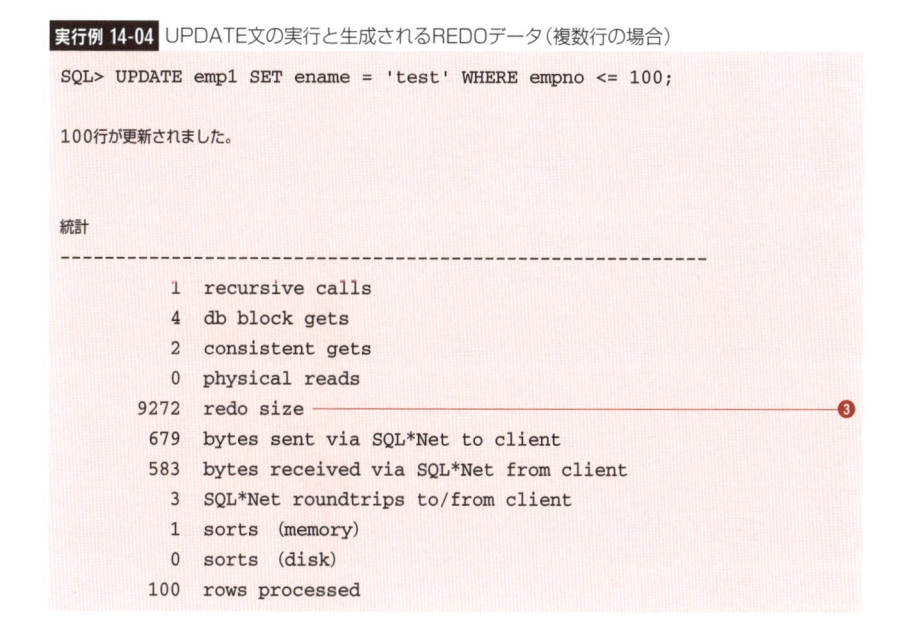

```
SQL> UPDATE emp1 SET ename = 'test' WHERE empno <= 100;

100行が更新されました。


統計
----------------------------------------------------------
          1  recursive calls
          4  db block gets
          2  consistent gets
          0  physical reads
       9272  redo size ――――――――――――――――――――――――――――――――❸
        679  bytes sent via SQL*Net to client
        583  bytes received via SQL*Net from client
          3  SQL*Net roundtrips to/from client
          1  sorts (memory)
          0  sorts (disk)
        100  rows processed
```

UPDATE文との比較のため、SELECT文の場合も確認してみましょう。データの更新が行われていないため、REDOデータは生成されていません。SELECT文では、トランザクションは開始されません（❹）。

14 更新処理の仕組み

実行例 14-05 SELECT文の実行と生成REDOデータ

```
SQL> SET AUTOTRACE TRACEONLY STATISTICS
SQL> SELECT * FROM test;

256行が選択されました。

統計
----------------------------------------------------------
          0  recursive calls
          0  db block gets
         24  consistent gets
          0  physical reads
          0  redo size                                  ❹
       4825  bytes sent via SQL*Net to client
        587  bytes received via SQL*Net from client
         19  SQL*Net roundtrips to/from client
          0  sorts (memory)
          0  sorts (disk)
        256  rows processed

SQL> SELECT xid, xidusn, status, start_time FROM V$TRANSACTION;

レコードが選択されませんでした。
```

ダイレクトパスインサート COLUMN

通常の更新処理では、ブロックの更新はデータベースバッファキャッシュを介して実行されます。この仕組みは、複数回の更新がある場合にディスクへの書き込み回数を減らす点で有用です。

一方、「ダイレクトパスインサート」と呼ばれる特殊なINSERT処理では、処理の一層の高速化のため、データベースバッファキャッシュを介さずに直接データファイルに対してデータの書き込みを行います。この処理は、一時的に大量のデータを投入する場合など、投入処理自体をより高速に実行したい場合に有用です。処理環境にも依存しますが、通常のINSERT処理と比べて、数倍程度の大幅な高速化を実現することができます。

ただし、ダイレクトパスインサートが実行可能なのは以下の2種類に限定されます。

●ダイレクトパスINSERT文

・「INSERT /*+ append */ INTO emp2 SELECT * FROM emp1;」のように、/*+ append */ヒントを付与した問合せ結果を挿入するINSERT文
・パラレルDMLモードで実行されたINSERT文

●SQL*Loaderのダイレクトパスロード

・CSVファイルや固定長ファイルなどのテキストファイルをデータベースにロードするユーティリティであるSQL*Loadderを利用し、オプションに「DIRECT=true」を指定したSQL*Loaderによるデータのロード

ダイレクトパスインサートでは、テーブルに対する排他ロックが取得される点に注意が必要です。また、データはテーブルのHWMを超えた未フォーマット（未使用）な連続した領域に格納されます。

本章のまとめ

●Oracleの更新処理

・更新処理を行うSQLを実行した場合、REDOログバッファにREDOデータが生成され、データベースバッファキャッシュ上のブロックが更新される

●トランザクションのコミット時の動作

・コミット実行時、REDOログバッファのREDOデータがREDOログファイルに書き込まれる。この動作により、トランザクションの持続性を保証している

・コミットの実行時、更新済みブロックはデータファイルに書き込まれない

●チェックポイント

・チェックポイントが発生した場合、データベースバッファキャッシュ上の更新済みブロックがデータファイルに書き込まれる

・データベースバッファキャッシュのバッファ機能により、更新済みブロックのデータファイルに対する書き込み回数を減らし、パフォーマンスを改善することができる

●更新実行時の動作確認

・SQL*PlusのAUTOTRACE機能を用いて、REDOデータが生成されることを確認できる

・V$TRANSACTIONビューを用いて、トランザクションに関する情報を確認できる

・SELECT文を実行してもREDOデータは生成されない

・SELECT文を実行してもトランザクションは開始されない

SECTION Ⅳ

トランザクション処理

データ処理を中心とする企業向けITシステムにおいて、RDBMSのトランザクション機能は必須の要素です。現在利用されているRDBMSの多くはトランザクション機能を提供していますが、製品ごとに細かい動作が異なるため使用するRDBMSのトランザクション機能について確かな理解が必要です。本SECTIONの内容を理解することで、Oracleのトランザクション機能を利用するアプリケーションの設計ができるようになります。

CHAPTER

15 トランザクションの概要とACID特性

本章では、トランザクションの概要とトランザクションが持つ重要な特性である**ACID特性**について説明します。トランザクションとACID特性の概念は、Oracleに限らずRDBMS一般において有用な概念であるため、本章の記載内容をしっかりと理解してください。また、COMMIT文、ROLLBACK文、SAVEPOINT文などのOracleでのトランザクション機能の使用方法についても説明します。

トランザクションと原子性

トランザクションとは、クライアントアプリケーションから発行される複数のSQL文をまとめた作業単位です。実行中のトランザクションは、コミットを行うことで処理が確定します。処理を確定すると、取り消すことはできません。実行中のトランザクションは、ロールバックを行うことで処理を取り消すこともできます。

トランザクションは相互に関連するいくつかの特性を持ちますが、最も重要な特性は「**原子性(Atomicity)**」です。

原子性の概念

原子性とは、「トランザクションとしてまとめられた一連の処理は、**すべてが正常に実行されるか、または、まったく実行されないかのいずれか**である」という特性です。

具体例として図15-01のような売上を計上するアプリケーション処理を考えます。この処理は、売上記録テーブルに売上記録を挿入するINSERT文と、商品売上実績テーブルの売上総額に売上分の金額を加算するUPDATE文の2つのSQL文から構成されます。

図15-01 原子性の概念

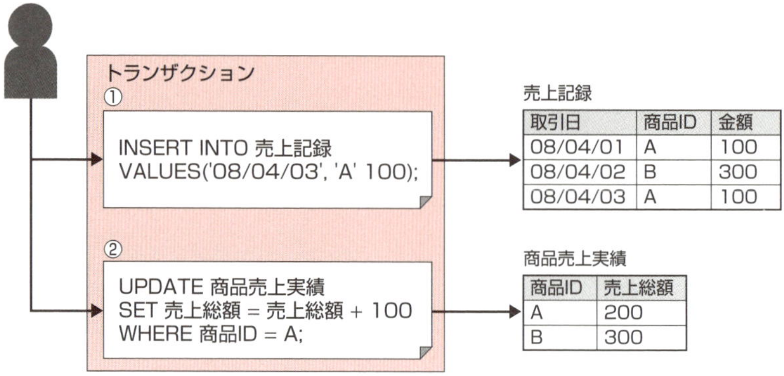

この2つの処理において、売上記録テーブルに売上記録が挿入**され**、商品売上実績テーブルに売上総額が加算**されない**場合、データに不整合が発生してしまいます。2つのSQL文は、「両方とも正常に実行されるか、または、両方ともまったく実行されないかのいずれか」でなくてはなりません。すなわち、「この処理には原子性が求められている」といえます。

Oracleで、この2つのSQL文を1つのトランザクションとして実行すると原子性が保証されます。上図でいえば、①のINSERT文を実行した後にアプリケーションがロールバックを発行した場合や、処理の実行中になんらかの障害が発生した場合は、その時点でOracleによって実行済みの処理が**すべて**取り消されます。①のINSERT文のみ取り消され、②のUPDATE文は取り消されないような中途半端な状態には決してなりません。

原子性の実現方法

トランザクションの原子性を実現するには、処理途中のトランザクションによるデータ更新を取り消す仕組みが必要です。Oracleでは、トランザクションの取り消しを、「**トランザクションリカバリ**」と呼ばれる**UNDOデータ**を用いたデータ復元処理で実現します。Oracleは、データが更新されるとUNDO表領域内に更新前のデータ（UNDOデータ）を保存し、トランザクションがロールバックされると、このUNDOデータを適用してデータをトランザクション実行前の状態に戻します。

図15-02 原子性の実現

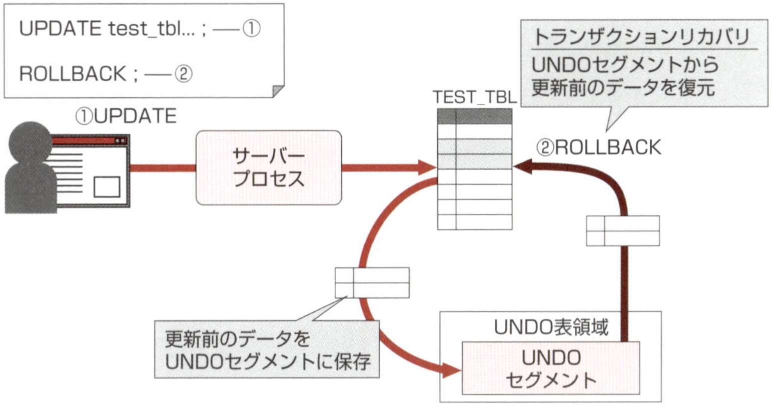

なお、トランザクション処理により作成されたUNDOデータは、トランザクションがコミットされるか、ロールバックされるまでUNDO表領域に保存されることが保証されています。

トランザクションの原子性とアプリケーションのエラー処理

Oracleではトランザクションの原子性が保証されるので、アプリケーションのエラー対処ロジックを、以下のように大幅に簡単化できます。

- **トランザクションが成功した場合は、すべての処理が正常に終了したものと判断する**
- **トランザクションが失敗した場合は、すべての処理が実行されていないため再実行する**

もし原子性が保障されない場合は、アプリケーションに以下のような、非常に複雑なエラー対処ロジックを実装する必要があります。

- **エラーの発生タイミングを検出する処理**
- **エラーの発生タイミングに応じた、各処理の取り消し処理**

例えば、原子性が保障されていない状況で図15-02の①の実行後に何らかの障害が発生すると、このエラーに対処するために「図15-02の①の処理が完了しているが図15-02の②の処理が完了していないときに障害が発生した」ことを検出するロジックや、図15-02の①の処理を取り消すロジックを実装しておく必要があります。

この例の処理は2つのSQLから構成される単純なものですが、SQLの数が多く、処理の内容が複雑なアプリケーションで、このようなエラー対処ロジックが必要になると、実装するだけでも非常に大変な作業となります。

トランザクションのACID特性

トランザクションに求められる特性は、原子性だけではありません。トランザクションには、一般的に以下の4つの特性が求められます。

- **原子性（Atomicity）**
- **一貫性（Consistency）**
- **隔離性（Isolation）**
- **持続性（Durability）**

上記の4つの特性は英単語の頭文字をとって「**ACID特性**」と総称されます。ここでは、原子性以外の個々のACID特性の概要とOracleが提供するトランザクション機能やアーキテクチャとの関係について説明します。

一貫性（Consistency）

一貫性とは「トランザクション実行前の時点で、データベースが**データの整合性**を保持している状態であれば、トランザクションの実行後もデータの整合性を維持しつづける」という特性です。

データの整合性とは、各データの値やデータの値同士の関係が、システム要件から見て整合性を保っている状態です。例えば、月別商品別売上額テーブルと月別売上総額テーブルを持つ売上計上システムでは、そのシステム要件から、特定の月の月別商品別売上額テーブルの売上額の合計と、月別売上総額テーブルの売上額が等しい必要があります。

また、この売上計上システムに返品機能が存在しない場合、売上額は常に正の値となります。トランザクションに一貫性がある場合、トランザクション実行前にデータが整合性を持っていれば、トランザクション実行後もデータの整合性が維持されます。

図15-03 一貫性とトランザクションの実行

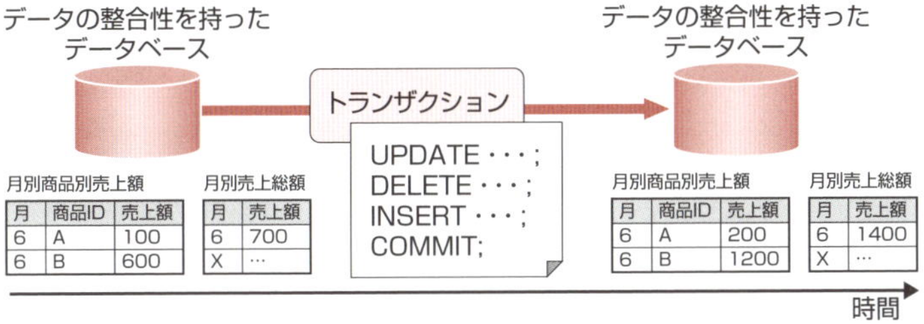

もし適切なトランザクション機能を持たないRDBMSや、適切に設計されていないアプリケーションを使った場合、トランザクションの実行後にデータの整合性を失ってしまうことがあります。例えば、売上額が負の値になったり、特定の月の月別商品別売上額テーブルの売上額の合計と、月別売上総額テーブルの売上額が異なる値になるようなケースです。

図15-04 トランザクションの実行によりデータの整合性を失った例

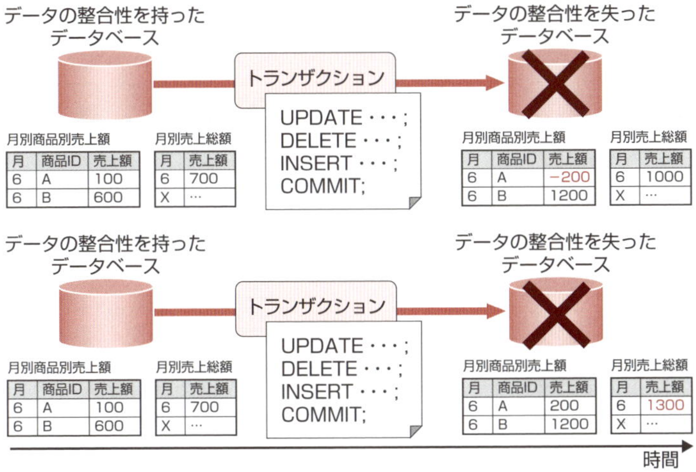

トランザクションの一貫性を実現するにはRDBMSとアプリケーションの両方の知識が必要です。トランザクションの一貫性を実現するために、RDBMSは原子性や隔離性、持続性などのトランザクション機能と、制約やデータ型などの不正なデータの入力を防ぐ機能を提供しています。しかし、アプリケーション側で正しくRDBMSのトランザクション機能を使い、不正なデータの入力や、誤った更新処理の実行を防ぐことができなければ、トランザクションの一貫性は実現できません。

具体的には、「ひとまとめ」として扱うべき処理を、アプリケーションが1つのトランザクションとして実行しなかったり、RDBMSの制約やデータ型などでチェックできないようなチェック処理がアプリケーションに適切に実装されていなかった場合です。

隔離性(Isolation)

隔離性(または分離性)とは「同時※に実行されたトランザクション同士が、相互に干渉しない、隔離された状態である」という特性です。

※ 本章では、「同時」という単語を、厳密な意味でまったく同じ時刻に実行されたという意味ではなく、「ほぼ同時に、並行して実行された」という意味で使用します。

図15-05 トランザクションの隔離性の概念

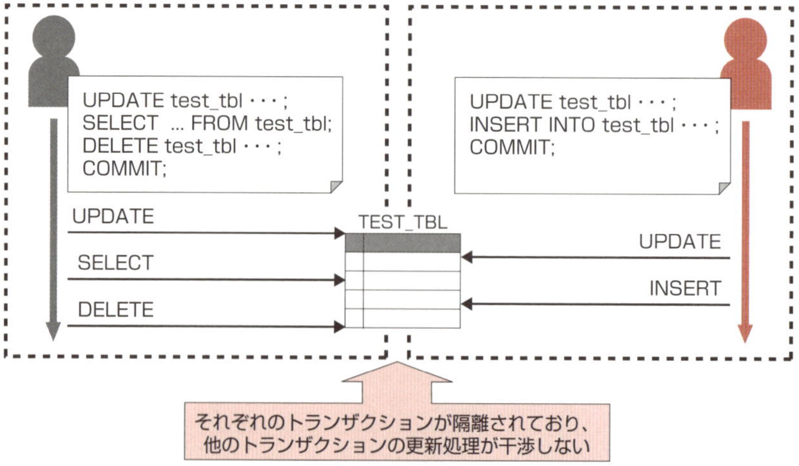

なお、隔離性を高めれば高めるほど、ロックなどによってトランザクションの処理対象となっているデータを保護する必要が生じ、同時実行時のパフォーマンスは低下するため、隔離性の高さと同時実行時のパフォーマンスはトレードオフの関係にあります。

Oracleは、隔離性のレベル（**隔離レベル**）として「READ COMMITED（コミット読み取り）」、「SERIALIZABLE（シリアライズ可能）」の2つを提供しています。アプリケーションの特性に応じて、隔離性のレベルとパフォーマンスの関係を調整することができます。

表15-01 Oracleのトランザクションの隔離レベル

隔離性	隔離レベル	説明
低い ↑	READ COMMITED （コミット読み取り）	他のトランザクションによってコミットされた変更のみが読み出し可能。コミットされてない変更は読み出さない
↓ 高い	SERIALIZABLE （シリアライズ可能）	読み出し結果は常に同じ。コミットされてない変更は読み出さない

Oracleは「**行レベルロック機能**」(P.279) や「**マルチバージョン同時実行性制御機能**」(P.280) によって、トランザクションの隔離性を実現しています。トランザクションの隔離性が十分でないと、トランザクション同士が相互に干渉し、意図しない更新処理が実行され、トランザクションの一貫性が損なわれる可能性があります。

持続性（Durability）

持続性（または永続性、耐久性）とは「コミットされたトランザクションが適切に保存され、簡単に失われることがない」という特性です。仮にデータベースに障害が発生した場合でも、コミットされたトランザクションにより実行された更新は障害復旧後も適切に維持されます。また、障害発生時点で未コミットの更新は取り消されます。原子性に反するため、更新途中のデータが中途半端に残ることはありません。

Oracleでは、コミット済みの更新履歴が**REDOログファイル**に保存され、障害が発生した場合でも、REDOログファイルに保存された更新履歴を元にデータを復元できることで持続性を実現しています※。

※ CHAPTER 14「**更新処理の仕組み**」で詳しく説明しています。また、障害発生時にREDOログファイルを用いて、クラッシュリカバリが実行される動作については、CHAPTER 19「**リカバリ処理の仕組み**」で詳しく説明します。

図15-06 持続性の概念

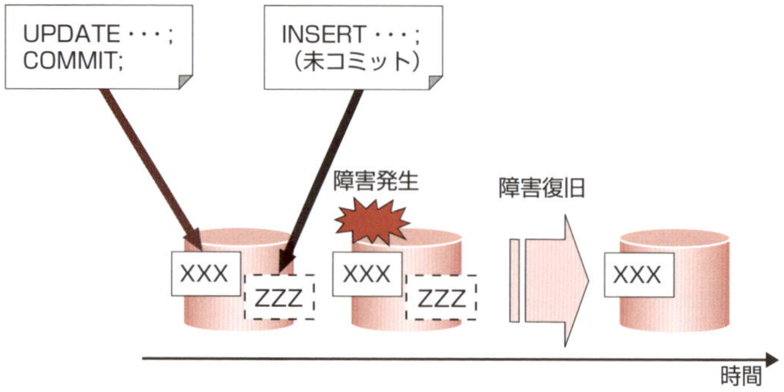

トランザクションの開始と終了

Oracleでは、SELECT以外の更新処理を行うDML（UPDATE文、INSERT文、DELETE文など）を実行したときや、SET TRANSACTIONコマンドでトランザクションの設定を行ったときに自動的にトランザクションが開始されます。また、以下の時点でトランザクションは終了します。

- **COMMIT文またはROLLBACK文※が発行された時点**
- **CREATE文、DROP文、RENAME文またはALTER文などのDDLが実行された時点。このとき、実行中のトランザクションはコミットされる**
- **クライアントアプリケーションが明示的にセッションを切断した時点。このとき、実行中のトランザクションはコミットされる**
- **クライアントアプリケーションが異常終了した時点。このとき、実行中のトランザクションはロールバックされる**
- **サーバープロセスやインスタンスが異常終了した時点。このとき、実行中のトランザクションはロールバックされる**

※ SAVEPOINT句がない場合。

コミットとロールバック

コミットとは、トランザクションに含まれるすべてのSQL文の処理を確定することです。上記の説明の通り、明示的にクライアントアプリケーションからCOMMIT文を発行してコミット処理を実行することもできますし、DDLを発行した場合や、セッションを切断した場合など、Oracleにより自動的にコミット処理が実行される場合もあります。

ロールバックとは、トランザクションに含まれるすべてのSQL文の処理を取り消すことです。上記の説明の通り、明示的にクライアントアプリケーションからROLLBACK文を発行してコミット処理を実行することもできますし、クライアントアプリケーションが異常終了した場合など、Oracleにより自動的にロールバック処理が実行される場合もあります。

トランザクションがコミットされていない状況であれば、トランザクションをロールバックすることができます。しかし、いったんコミットしたトランザクションは取り消すことはできません。

セーブポイント

トランザクションを構成する一連のSQL文の処理を「セーブポイント」と呼ばれる中間ポイントを用いて複数のかたまりに分割することができます。

セーブポイントは、トランザクション内の一連のSQL文の処理の一部だけを取り消したい場合に有用です。セーブポイントを定義していない場合にROLLBACK文を実行すると、トランザクション内のすべてのSQL文の処理が取り消されますが、セーブポイントを定義した場合は、セーブポイント名を指定してROLLBACK文を実行すると、そのセーブポイント以降の処理のみが取り消されます。

書式 セーブポイントの定義

```
SAVEPOINT <セーブポイント名>;
```

書式 セーブポイントまでのロールバック

```
ROLLBACK TO <セーブポイント名>;
```

図15-07に、2つのセーブポイント（A、B）を設定した場合の、ROLLBACK文の動作を示します。図中の「現在」において、ROLLBACK文を実行した場合、トランザクションの開始時点までロールバックされます。しかし、セー

ブポイント名を指定してROLLBACK文を実行すると、セーブポイント以降で実行された処理のみが取り消されます。トランザクションは実行中のままなので、継続して追加の処理を実行することができます。

図15-07 セーブポイントとロールバック

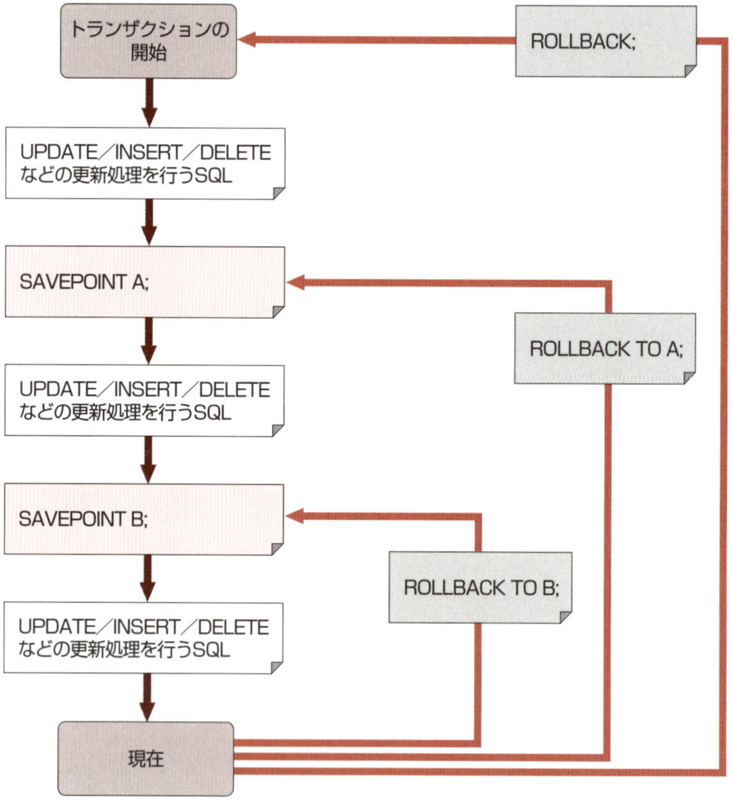

実行例 15-01 トランザクションの実行例

```
SQL> CREATE TABLE tbl_tran (id number(8) , str varchar2(8));
表が作成されました。
SQL> INSERT INTO tbl_tran VALUES(1,'aaa'); ――❶

1行が作成されました。
SQL> SELECT * FROM tbl_tran;
```

```
        ID STR
---------- --------
         1 aaa

1行が選択されました。

SQL> SAVEPOINT a; ――――――――――――――――――――――――――――――――――――――――❷
セーブ・ポイントが作成されました。
SQL> INSERT INTO tbl_tran VALUES (2,'bbb');
1行が作成されました。
SQL> SELECT * FROM tbl_tran;

        ID STR
---------- --------
         1 aaa
         2 bbb

2行が選択されました。
SQL> ROLLBACK TO a; ――――――――――――――――――――――――――――――――――――――❸
ロールバックが完了しました。
SQL> SELECT * FROM tbl_tran;

        ID STR
---------- --------
         1 aaa

1行が選択されました。
SQL> INSERT INTO tbl_tran VALUES(3,'ccc');

1行が作成されました。
SQL> COMMIT; ―――――――――――――――――――――――――――――――――――――――――――❹

コミットが完了しました。
SQL> SELECT * FROM tbl_tran;

        ID STR
---------- --------
         1 aaa
         3 ccc
```

❶ INSERT文の実行によりトランザクションが開始します
❷「a」という名前を持つセーブポイントを定義しました
❸ INSERT文の実行後、セーブポイント「a」までロールバックします
❹ コミットを実行して、トランザクションを確定します

本章のまとめ

●トランザクションと原子性

- トランザクションとは、クライアントアプリケーションから発行される複数のSQL文をまとめた作業単位
- 実行中のトランザクションは、コミットを行うことで処理が確定する
- 実行中のトランザクションは、ロールバックを行うことで処理を取り消すこともできる
- 原子性とは、「トランザクションとしてまとめられた一連の処理は、すべてが正常に実行されるか、または、まったく実行されないかのいずれかである」という特性

●トランザクションのACID特性

- トランザクションには、一般的に「原子性(Atomicity)」、「一貫性(Consistency)」、「隔離性(Isolation)」、「持続性(Durability)」の4つの特性が求められる
- 一貫性とは「トランザクション実行前の時点で、データベースがデータの整合性を保持している状態であれば、トランザクションの実行後もデータの整合性を維持しつづける」という特性
- 隔離性(または分離性)とは、同時に実行されたトランザクション同士が、相互に干渉しない、隔離された状態であるという特性
- 持続性(または永続性、耐久性)とは「コミットされたトランザクションが適切に保存され、簡単に失われることがない」という特性

●トランザクションの開始と終了

- Oracleでは、SELECT以外の更新処理を行うDML文(UPDATE文、INSERT文、DELETE文など)を実行したときや、SET TRANSACTIONコマンドでトランザクションの設定を行ったときに自動的にトランザクションが開始される
- トランザクションを構成する一連のSQL文の処理を「セーブポイント」と呼ばれる中間ポイントを用いて複数のかたまりに分割することができる

CHAPTER 16

Oracleのトランザクションと隔離性

本章では、トランザクションのACID特性のうち、隔離性（Isolation）に焦点を絞り、標準SQLの隔離レベルと比較する形でOracleのトランザクション隔離レベルを説明します。同時に実行された処理の相互作用について説明しますので、一読しただけでは理解が難しいかもしれませんが、あきらめず、各シーケンス図に記載してある処理結果を時系列順に確認しながら、理解を深めていってください。

また、トランザクション隔離レベルを実現する仕組みである「自動ロック」と「マルチバージョン同時実行性制御」についても説明します。隔離レベルに応じてマルチバージョン同時実行性制御の動作が異なる点を理解してください。

標準SQLの隔離レベルとOracleの隔離レベル

「トランザクションのACID特性」（P.266）で説明した通り、トランザクションには**隔離性**が求められます。つまり、複数のトランザクションが同時に実行された場合でも、各トランザクションが他のトランザクションに影響されないことが求められます。しかし、厳密な隔離性の実現は処理パフォーマンスの低下をもたらすため、すべてのトランザクションに厳密な隔離性を適用することは難しいと考えられています。また、同時に実行するトランザクションが別々のデータを更新することがあらかじめわかっている場合など、そもそも隔離性が必要ない場合もあります。

このため、標準SQLでは、４つの**隔離レベル**（分離レベル）を定義し、処理の内容や要件に応じて適切な隔離レベルを使い分けられるようにしています。厳密な隔離性が必要である特定の処理については、処理パフォーマンスを犠牲にして高い隔離レベルでトランザクションを実行し、厳密な隔離性が必要ない処理には、低い隔離レベルでトランザクションを実行できるようになっています。

表16-01 標準SQLに定義されているトランザクションの隔離レベル

隔離性	隔離レベル	説明
低い ↑	READ UNCOMMITED (未コミット読み取り)	他のトランザクションによるコミットされてない変更を読み出し可能。コミットが正常に終了した場合、実施した変更は正常に反映されていることが保障される
	READ COMMITED (コミット読み取り)	他のトランザクションによるコミットされた変更のみが読み出し可能。コミットされてない変更は読み出されない
	REPEATABLE READ (反復読み出し可能)	特定のデータについて、何度読み出しても同じ結果が得られる。コミットされてない変更は読み出されない
↓ 高い	SERIALIZABLE (シリアライズ可能)	読み出し結果は常に同じになる。コミットされてない変更は読み出されない

Oracleは、標準SQLに定義されている4つの隔離レベルのうち、「**READ COMMITED(コミット読み取り)**」、「**SERIALIZABLE(シリアライズ可能)**」の2つと、標準SQLで定義されていない「**読み取り専用トランザクション**」の計3つの隔離レベルを提供しています。

READ UNCOMMITED(未コミット読み取り)

READ UNCOMMITED(未コミット読み取り)は、他のトランザクションがコミットしていない更新内容を読むことができる隔離レベルです。標準SQLで定義されたトランザクションの隔離レベルのなかで、最も低い隔離レベルであり、実用性が低いためあまり利用されることはありません。Oracleでは、この隔離レベルは提供されていません。

なお、READ UNCOMMITED隔離レベルで発生する「別のトランザクションにより更新されたが、まだコミットされていないデータを読む」現象を「**ダーティリード**」と呼びます。

図16-01 READ UNCOMMITED隔離レベルとダーティリード

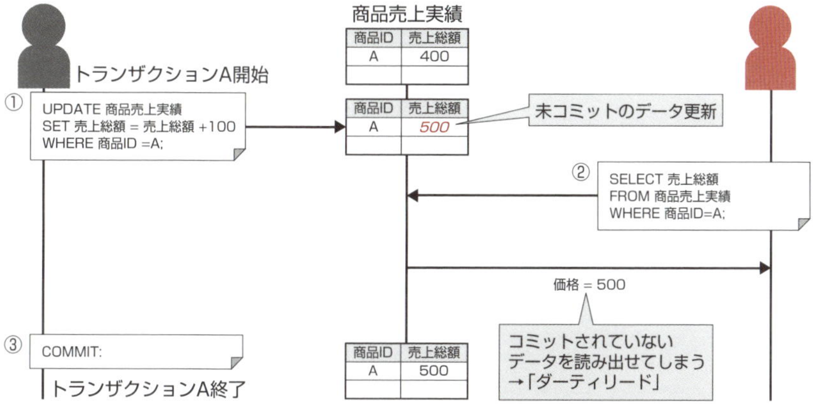
商品売上実績
商品ID 売上総額
A 400
トランザクションA開始
①
UPDATE 商品売上実績
SET 売上総額 = 売上総額 +100
WHERE 商品ID =A;
商品ID 売上総額
A 500
未コミットのデータ更新
②
SELECT 売上総額
FROM 商品売上実績
WHERE 商品ID=A;
価格 = 500
③
COMMIT;
トランザクションA終了
商品ID 売上総額
A 500
コミットされていない
データを読み出せてしまう
→「ダーティリード」

READ COMMITED(コミット読み取り)

READ COMMITED(コミット読み取り)は、コミットしたデータが読める隔離レベルです(コミットしていないデータは読めません)。ダーティリードは発生しませんが、「**反復不能読み取り**」と呼ばれる現象が発生します。「反復不能読み取り」とは、同一のデータに対して読み取り処理を複数回実施したときに結果が変わる現象です。

Oracleでは、デフォルトでREAD COMMITED隔離レベルでトランザクションが実行されます。明示的にREAD COMMITED隔離レベルのトランザクションを開始するには、トランザクションが実行されていない状態で以下のコマンドを実行します。

書式 READ COMMITED隔離レベルのトランザクションの開始

```
SET TRANSACTION ISOLATION LEVEL READ COMMITED
```

Oracleは、READ COMMITED隔離レベルを、「行レベルロック」や「マルチバージョン同時実行性制御」と呼ばれるメカニズムで実現しています。

図16-02は、READ COMMITED隔離レベルで実行した場合の実行結果を示します。

図16-02 READ COMMITED隔離レベルと反復不能読み取り

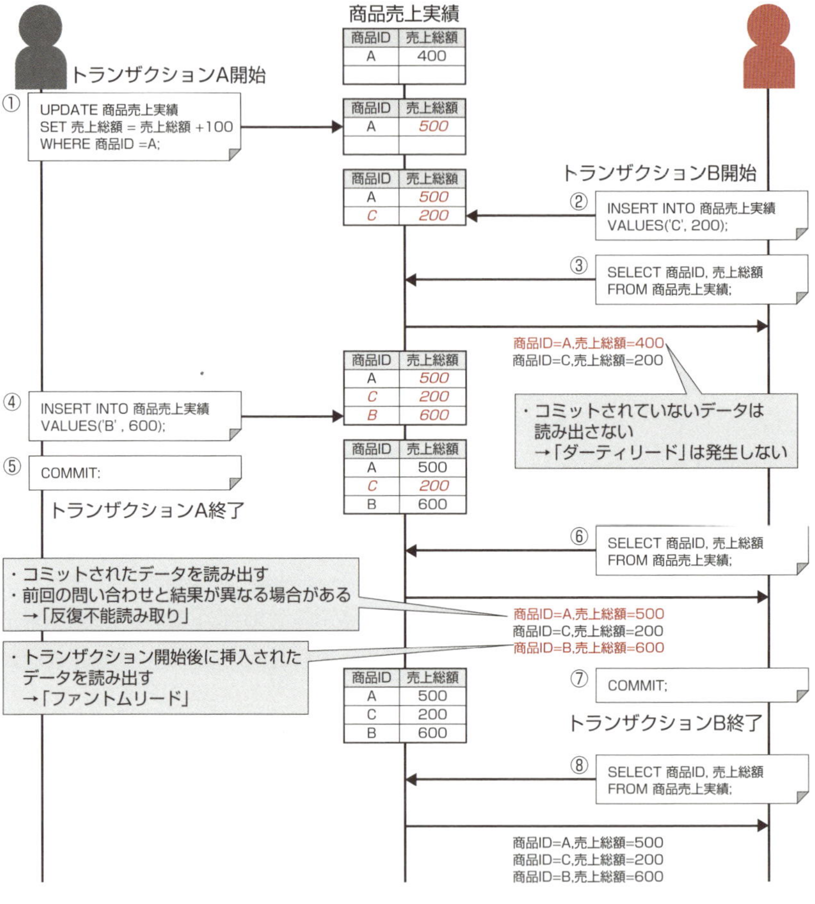

商品売上実績
商品ID 売上総額
A 400
トランザクションA開始
①
UPDATE 商品売上実績
SET 売上総額 = 売上総額 +100
WHERE 商品ID =A;
商品ID 売上総額
A 500
トランザクションB開始
②
INSERT INTO 商品売上実績
VALUES('C', 200);
商品ID 売上総額
A 500
C 200
③
SELECT 商品ID, 売上総額
FROM 商品売上実績;
商品ID=A,売上総額=400
商品ID=C,売上総額=200
・コミットされていないデータは
読み出さない
→「ダーティリード」は発生しない
④
INSERT INTO 商品売上実績
VALUES('B' , 600);
商品ID 売上総額
A 500
C 200
B 600
⑤
COMMIT:
トランザクションA終了
商品ID 売上総額
A 500
C 200
B 600
⑥
SELECT 商品ID, 売上総額
FROM 商品売上実績;
・コミットされたデータを読み出す
・前回の問い合わせと結果が異なる場合がある
→「反復不能読み取り」
商品ID=A,売上総額=500
商品ID=C,売上総額=200
商品ID=B,売上総額=600
・トランザクション開始後に挿入された
データを読み出す
→「ファントムリード」
⑦
COMMIT;
トランザクションB終了
商品ID 売上総額
A 500
C 200
B 600
⑧
SELECT 商品ID, 売上総額
FROM 商品売上実績;
商品ID=A,売上総額=500
商品ID=C,売上総額=200
商品ID=B,売上総額=600

上図の②では、トランザクションの隔離レベルを指定せずにINSERT文を実行し、トランザクションを開始しているため、デフォルトのREAD COMMITED隔離レベルとなっています。③では、①で更新されたテーブルを検索し、更新前の値（商品ID = A、売上総額 = 400）を得ています。コミットされていないデータは読み出されないため、ダーティリードは発生しません。

一方、⑤でのトランザクションAのコミット完了後に、③と同じSELECT文を実行し、異なる問合せ結果を得ています（⑥）。READ COMMITED隔離レベルでは、SQL発行時点でコミットされたデータを読み出すため、

「反復不能読み取り」と「ファントムリード※」と呼ばれる現象が発生しています。

※ ファントムリードについてはP.285で説明します。

行レベルロック

行レベルロックとは、テーブルの行に対して設定するロックのことです。以後は、行レベルロックを単に「ロック」と記載します。

Oracleは、UPDATE、INSERT、DELETEの対象となる行に対して自動的にロックを設定し、トランザクション終了時にロックを解放します(自動ロック)。ロックが設定された行に対して他のトランザクションが変更を試みた場合、そのトランザクションはロックが解放されるまで待機させられます※。ロックの目的は、変更中のデータへのアクセスを防いでトランザクションの隔離性を高めることと、意図しない変更の干渉を回避することです。

下図では、OracleがUPDATEの対象行に対して自動的にロックを設定することで、トランザクションAの終了時に、UPDATEによる更新処理が正常に適用され、トランザクションAのコミット時に「商品ID = A」の行の価格が「500」となっている動作例を示しています。

※ 行レベルロックの詳しい動作内容についてはCHAPTER 17「Oracleのロック機能」で詳しく説明します。

図16-03 行レベルロックによる更新の消失(ロストアップデート)の回避

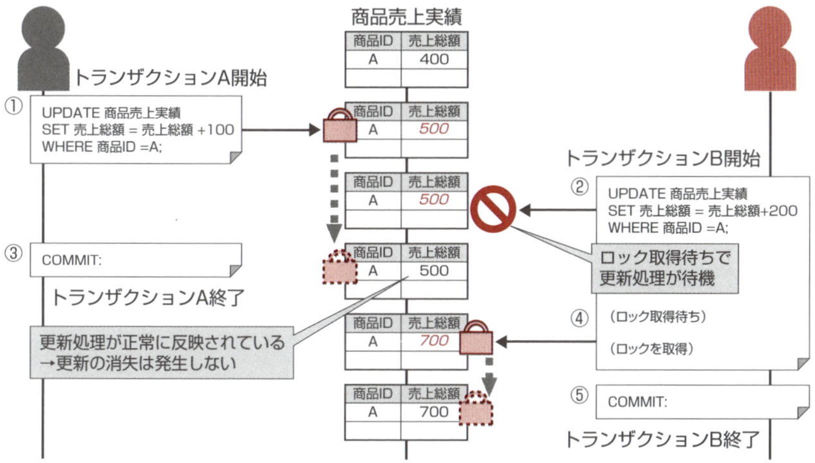

ロストアップデート

ロックがない場合に発生する可能性がある、意図しない更新処理の干渉に「**ロストアップデート**」と呼ばれる現象があります。ロストアップデートとは、トランザクションが正常に終了したにもかかわらず、トランザクション終了時点で更新が正常に反映されない現象です。先に実行した更新処理を、後から実行した更新処理が上書きしてしまうように見えることから「**後勝ち更新**」と呼ぶこともあります。

このような現象を防ぐためにロックは必要不可欠ですが、多数のトランザクションが同時に実行された場合、ロックの競合が発生することがある点に注意が必要です。ロックの競合は、トランザクションの待機につながり、結果、同時実行時のパフォーマンスの低下をもたらします。SQL処理においてOracleがどのようなロックを自動的に設定するかを理解したうえで、トランザクションの実行時間を短くし、ロックを保持する時間を最小限にする必要があります。

図16-04 更新の消失（ロストアップデート）

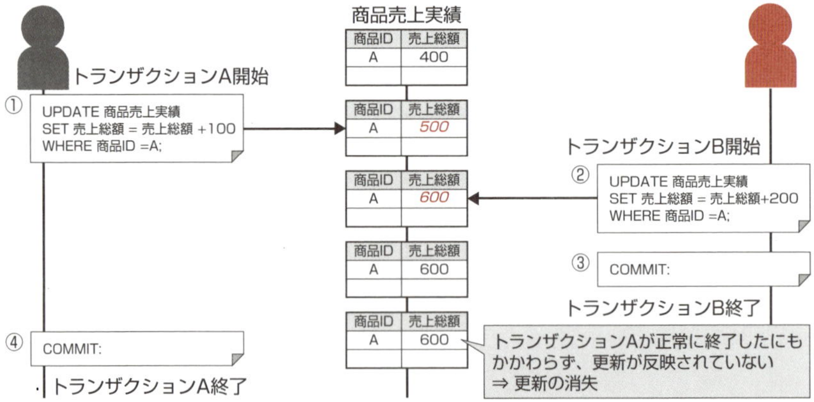
商品売上実績
商品ID 売上総額
A 400
トランザクションA開始
①
UPDATE 商品売上実績
SET 売上総額 = 売上総額 +100
WHERE 商品ID =A;
商品ID 売上総額
A 500
トランザクションB開始
②
UPDATE 商品売上実績
SET 売上総額 = 売上総額+200
WHERE 商品ID =A;
商品ID 売上総額
A 600
③
COMMIT:
商品ID 売上総額
A 600
トランザクションB終了
④
COMMIT:
商品ID 売上総額
A 600
トランザクションAが正常に終了したにもかかわらず、更新が反映されていない
⇒ 更新の消失
トランザクションA終了

マルチバージョン同時実行性制御

マルチバージョン同時実行性制御とは、トランザクションが同時に実行された場合に、それぞれのトランザクションに適切なバージョンの一貫性を持った

データを返す仕組みです。問合せ処理に対してどの時点のデータが返されるかは、トランザクションの隔離レベルにより異なります。READ COMMITED隔離レベルでは、SQL発行時点のバージョンのデータが返されます。

このマルチバージョン同時実行性制御の動作によって得られる読み取り特性を「**文レベルの読み取り一貫性**」と呼びます。また、SERIALIZABLE隔離レベルや読み取り専用トランザクションでは、トランザクション開始時点のバージョンのデータが返されます（**トランザクションレベルの読み取り一貫性**）。

表16-02 隔離レベルと読み取り特性

隔離レベル	読み取り特性
READ COMMITED	文レベルの読み取り一貫性：SQL発行時点のバージョンのデータが返される
SERIALIZABLE	トランザクションレベルの読み取り一貫性：トランザクション開始時点のバージョンのデータが返される
読み取り専用トランザクション	

READ COMMITED隔離レベルと文レベルの読み取り一貫性

READ COMMITED隔離レベルのトランザクションを実行したときの文レベルの読み取り一貫性を持つデータ読み取りの例を示します。

図16-05 文レベルの読み取り一貫性の例

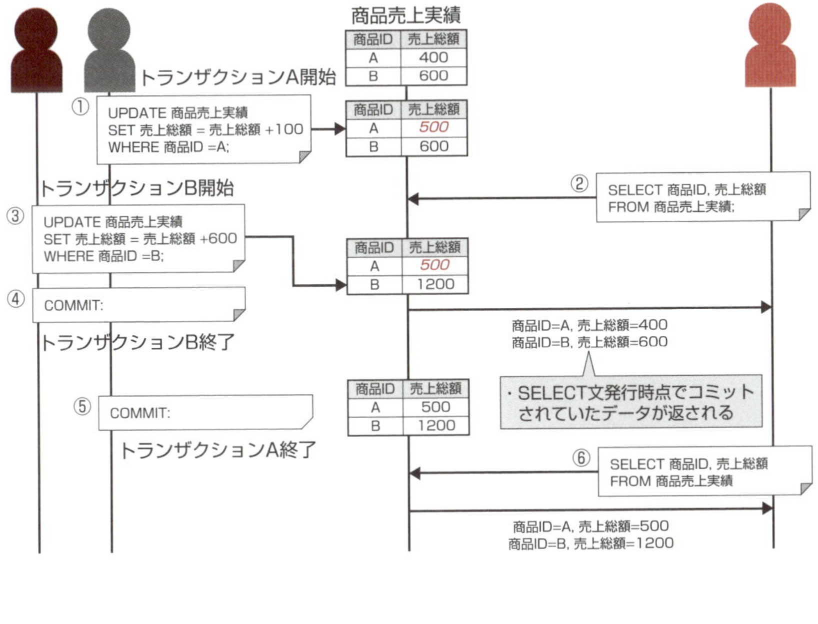
商品売上実績
商品ID 売上総額
A 400
B 600
トランザクションA開始
①
UPDATE 商品売上実績
SET 売上総額 = 売上総額 +100
WHERE 商品ID =A;
A 500
B 600
トランザクションB開始
②
SELECT 商品ID, 売上総額
FROM 商品売上実績;
③
UPDATE 商品売上実績
SET 売上総額 = 売上総額 +600
WHERE 商品ID =B;
A 500
B 1200
④
COMMIT;
トランザクションB終了
商品ID=A, 売上総額=400
商品ID=B, 売上総額=600
・SELECT文発行時点でコミットされていたデータが返される
⑤
COMMIT;
トランザクションA終了
A 500
B 1200
⑥
SELECT 商品ID, 売上総額
FROM 商品売上実績
商品ID=A, 売上総額=500
商品ID=B, 売上総額=1200

上図の②と⑥のSELECT文について、SELECT文発行時点でコミットされていたデータが返されていることを確認してください。なお、②のSELECT文の実行中にトランザクションBが実行されていますが（③）、②のSELECT文の結果にトランザクションBによる変更は含まれません。これはトランザクションBのコミットが、②のSELECT文の発行時点よりも後であるためです。

文レベルの読み取り一貫性を持つデータ読み取りでは、SQL文の発行後に変更がコミットされたデータや他のトランザクションで変更中のデータは含まれることはなく、SQL文を発行した時点での一貫したデータが返されます。

マルチバージョン同時実行性制御の仕組み

このような読み取り一貫性を提供するマルチバージョン同時実行性制御は、**SCN（System Change Number）**と、**ビフォアイメージ**により実現されます。

SCNはトランザクションがコミットされるたびに増分するデータベースのバージョン番号です。ブロックには、そのブロックに対して最新の変更が行われた時点のSCNが含まれています。

ビフォアイメージはUNDO表領域のUNDOセグメントに格納されたUNDOデータから作成される変更前のブロックです。トランザクションの実行時、読み出し対象のSCNに応じてOracleは適切なバージョンのブロックを返します。

次の図では、「SCN = 100」の時点で発行されたSELECT文に対して文レベルの読み取り一貫性を持つ読み取り結果を返す動作を図示しています。「SCN = 100」の時点で発行されたSELECT文は、テーブルを構成する最新のブロックのうち、SCNが100よりも小さいブロックを読み出します。SCNが100よりも大きいブロックは、SELECT文の発行後に更新されたブロックであるため、読み出しません。その代わりに、UNDOセグメントに格納されたUNDOデータから作成したビフォアイメージを読み出します。

図16-06 文レベルの読み取り一貫性の実現

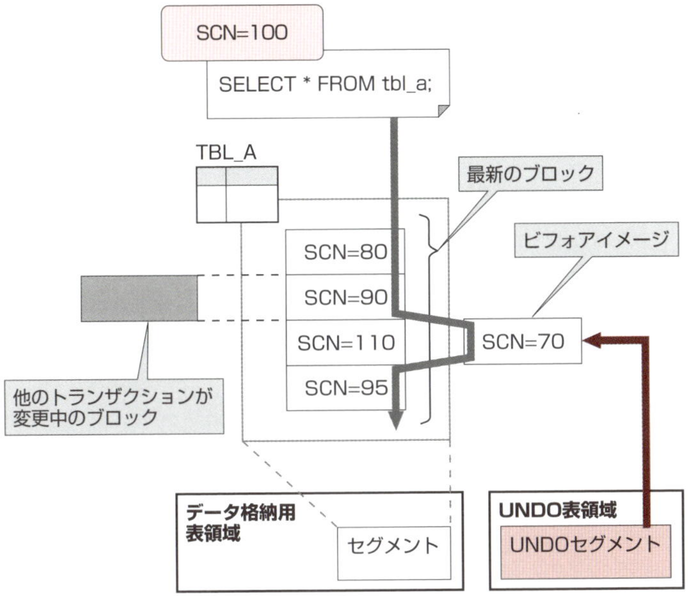

マルチバージョン同時実行性制御とORA-1555エラー

ビフォアイメージの作成に必要なUNDOデータはトランザクションによってデータが更新された場合にOracleによって自動的にUNDO表領域に格納されます。しかし、UNDO表領域はデータファイルから構成される表領域であり、格納できるデータの量に限界があるので、格納されたUNDOデータが別のUNDOデータによって上書きされる場合があります。

この上書きにより、マルチバージョン同時実行性制御に必要なUNDOデータがUNDO表領域に存在しなかった場合は、「ORA-1555：スナップショットが古すぎます」というエラーが発生します。発行してから結果を得るまでに長時間かかる問合せを実行するような状況では、ORA-1555が発生する可能性が高くなります。

ORA-1555の発生を抑止するためには、UNDO表領域のサイズを大きくして保持できるUNDOデータの量を増やすことや、初期化パラメータ**UNDO_RETENTION**にUNDOデータの保持期間を指定して保持期間内のUNDOデータが上書きされないようにすることが有効です。

反復不能読み取り

READ COMMITED隔離レベルでは、SQL文を発行した時点のバージョンのデータを返す**文レベルの読み取り一貫性**が提供されるため、特定のSQL文に対する読み取り結果は一貫性を持ちますが、複数回SQL文を発行した場合、それぞれのSQLの結果が異なる「**反復不能読み取り**」と呼ばれる現象が発生する場合があります。

READ COMMITED隔離レベルで反復不能読み取りが発生したときのOracle内部の動作を下図に示します。同一のトランザクションから、「SCN = 100」と「SCN = 120」の時点で2つのSQLが発行されていますが、文レベルの読み取り一貫性のルールにより、「SCN = 100」の時点で発行されたSQL (①) に返されるデータと「SCN = 120」の時点で発行されたSQL (②) に返されるデータは異なります。

図16-07 反復不能読み取りと文レベルの読み取り一貫性

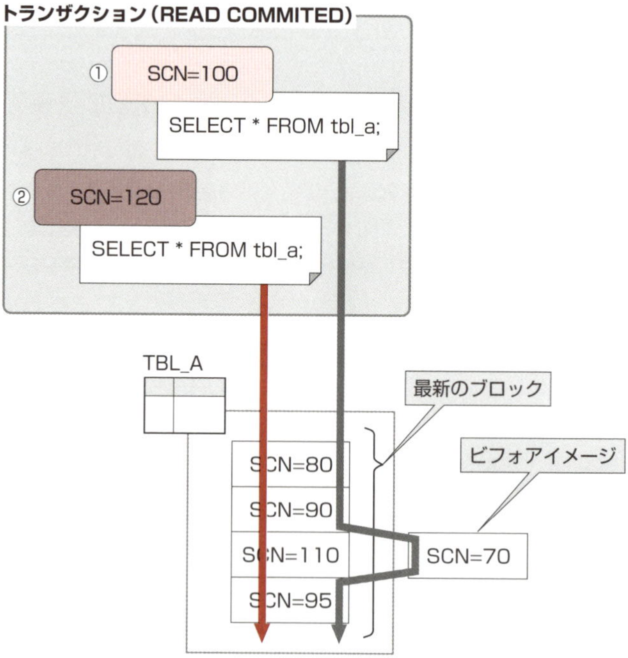

トランザクション内のすべてのSQLに対して一貫したバージョンのデータを返すには、**トランザクションレベルの読み取り一貫性**が必要となります。トランザクションレベルの読み取り一貫性を得るには、トランザクションの隔離レベルを「SERIALIZABLE」とするか、読み取り専用トランザクションを実行する必要があります。

REPEATABLE READ（反復読み取り可能）

REPEATABLE READ（反復読み取り可能）とは、コミットしたデータが読め、かつ、同一の問合せで得られるデータの内容が同じである隔離レベルです。「反復不能読み取り」は発生しませんが、「**ファントムリード**」と呼ばれる現象が発生します。

図16-08 反復可能読み取りとファントムリード

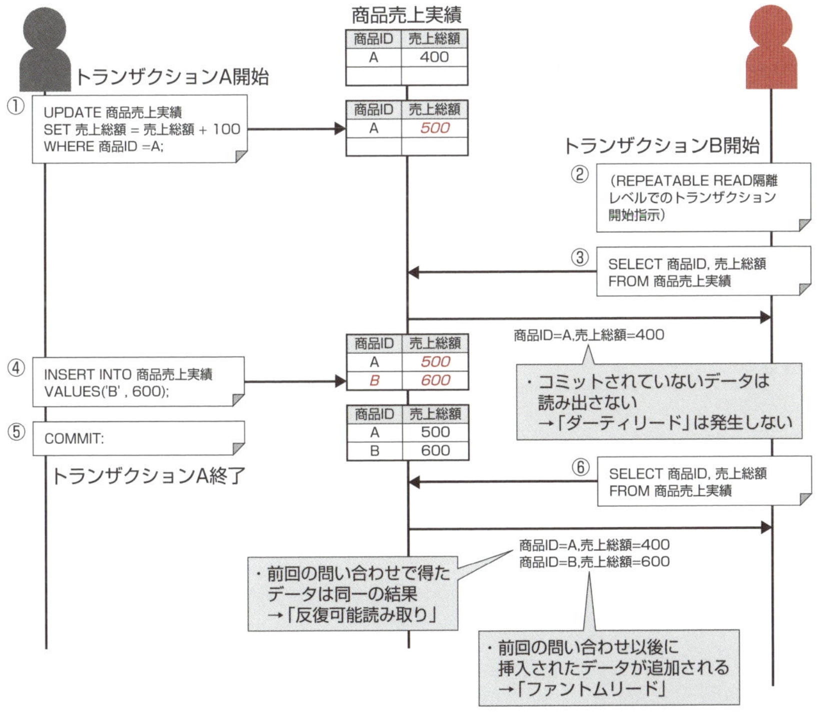
商品売上実績
商品ID 売上総額
A 400
トランザクションA開始
①
UPDATE 商品売上実績
SET 売上総額 = 売上総額 + 100
WHERE 商品ID =A;
商品ID 売上総額
A 500
トランザクションB開始
②
（REPEATABLE READ隔離レベルでのトランザクション開始指示）
③
SELECT 商品ID, 売上総額
FROM 商品売上実績
商品ID=A,売上総額=400
・コミットされていないデータは読み出さない
→「ダーティリード」は発生しない
④
INSERT INTO 商品売上実績
VALUES('B' , 600);
商品ID 売上総額
A 500
B 600
⑤
COMMIT:
商品ID 売上総額
A 500
B 600
トランザクションA終了
⑥
SELECT 商品ID, 売上総額
FROM 商品売上実績
商品ID=A,売上総額=400
商品ID=B,売上総額=600
・前回の問い合わせで得たデータは同一の結果
→「反復可能読み取り」
・前回の問い合わせ以後に挿入されたデータが追加される
→「ファントムリード」

ファントムリードとは、同一の条件の問合せを再実行したとき、他のトランザクションが行を挿入したために、再実行前には存在しなかった行が問合せ結果に含まれるようになり、問合せ結果が異なってしまう現象です。前ページの図において、⑥で実行したSELECT文の問合せ結果に「商品ID = B」のデータが含まれる現象がファントムリードに相当します。

また、⑥の問合せ結果で「商品ID = A」の売上総額が「400」であり、③の問合せ結果と同じであることから、「反復不能読み取り」の現象が発生していないことがわかります。

なお、OracleではREPEATABLE READ隔離レベルでトランザクションを実行する方法は提供されていません。

SERIALIZABLE(シリアライズ可能)

SERIALIZABLE(シリアライズ可能)とは、読み出し可能なデータがトランザクション開始時点でコミット済みのデータに限られ、かつ、問合せの結果が常に同じである隔離レベルです。トランザクション開始時点のバージョンのデータが返される**トランザクションレベルの読み取り一貫性**が提供されます。「ロストアップデート」、「ダーティリード」、「反復不能読み取り」、「ファントムリード」は発生しません。

Oracleでは、SERIALIZABLE隔離レベルのトランザクションを開始するには、トランザクションが実行されていない状態で以下のコマンドを実行します。

書式 SERIALIZABLE隔離レベルを持つトランザクションの開始

```
SET TRANSACTION ISOLATION LEVEL SERIALIZABLE
```

次の図は、先に示したREAD COMMITED隔離レベルの実行例(図16-02)と同様の処理をSERIALIZABLE隔離レベルで実行した場合の実行結果を示します。

図16-09 SERIALIZABLE隔離レベルのトランザクション実行例

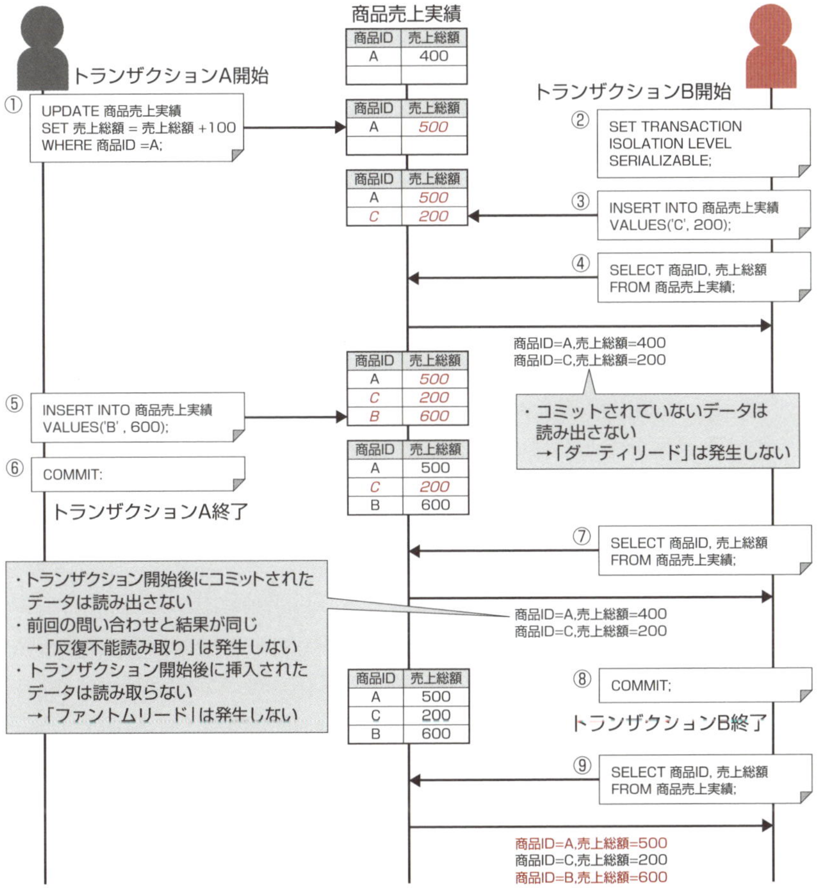
商品売上実績
商品ID 売上総額
A 400
トランザクションA開始
① UPDATE 商品売上実績
SET 売上総額 = 売上総額 +100
WHERE 商品ID =A;
商品ID 売上総額
A 500
トランザクションB開始
② SET TRANSACTION
ISOLATION LEVEL
SERIALIZABLE;
商品ID 売上総額
A 500
C 200
③ INSERT INTO 商品売上実績
VALUES('C', 200);
④ SELECT 商品ID, 売上総額
FROM 商品売上実績;
商品ID=A,売上総額=400
商品ID=C,売上総額=200
・コミットされていないデータは
読み出さない
→「ダーティリード」は発生しない
商品ID 売上総額
A 500
C 200
B 600
⑤ INSERT INTO 商品売上実績
VALUES('B' , 600);
⑥ COMMIT;
商品ID 売上総額
A 500
C 200
B 600
トランザクションA終了
⑦ SELECT 商品ID, 売上総額
FROM 商品売上実績;
・トランザクション開始後にコミットされた
データは読み出さない
・前回の問い合わせと結果が同じ
→「反復不能読み取り」は発生しない
・トランザクション開始後に挿入された
データは読み取らない
→「ファントムリード」は発生しない
商品ID=A,売上総額=400
商品ID=C,売上総額=200
⑧ COMMIT;
商品ID 売上総額
A 500
C 200
B 600
トランザクションB終了
⑨ SELECT 商品ID, 売上総額
FROM 商品売上実績;
商品ID=A,売上総額=500
商品ID=C,売上総額=200
商品ID=B,売上総額=600

上図の②では、トランザクションの隔離レベルに「SERIALIZABLE」を指定しています。④では、①で更新されたテーブルを検索し、更新前の値(商品ID = A、売上総額 = 400)を得ています。これは、図16-02の実行結果と同じです。一方、⑦では、⑥によるトランザクションAのコミット完了後に、④と同じSELECT文を実行し、同じ問合せ結果を得ています。図16-02の実行結果と異なり、「反復不能読み取り」は発生していません。また、「ファントムリード」も発生していません。

この動作の違いは、トランザクションの隔離レベルの違いに起因しています。Oracleでは、トランザクションの隔離レベルを「SERIALIZABLE」に指定した場合、トランザクションがアクセスするデータは、そのトランザクションが開始された時点のバージョンとなるためです。

ただし、例外的に、そのトランザクション自身が実行した変更は読み取ることができます。例えば、トランザクションAは、③の更新内容（商品ID = C、売上総額 = 200）を読み取ることができます。

“シリアライズ可能”の概念

“**シリアライズ可能**”とは、「並列に実行されたトランザクションの処理結果を、特定の順序でシリアル（直列）に実行した処理結果と等しくすることが可能」という概念です。いい換えると、SERIALIZABLE隔離レベルとは、トランザクションを１つずつ順々に実行した場合と同じ処理結果が、トランザクションを“同時に実行”しても得られるように、それぞれのトランザクションを隔離する隔離レベルであるといえます。

逆にいえば、「シリアライズ可能」な隔離性を持たない場合、トランザクションを同時に実行すると、トランザクション同士の更新処理が相互に影響しあうため、シリアル（直列）に実行した場合の処理結果と異なる場合があります。

この概念に照らし合わせて、図16-09の動作結果を図16-10で確認してみましょう。隔離性を実現する仕組みがない状態で、トランザクションB→トランザクションA→SELECTの順に実行した場合の結果（図16-10）と、図16-09の動作結果が同一であることがわかります。

SERIALIZABLE隔離レベルで並列に実行したトランザクション同士は、**トランザクションを１つずつ順々に実行したときと同等の高い隔離性を持っている**ことが理解できたでしょうか。

図16-10 トランザクションのシリアライズ可能性の確認

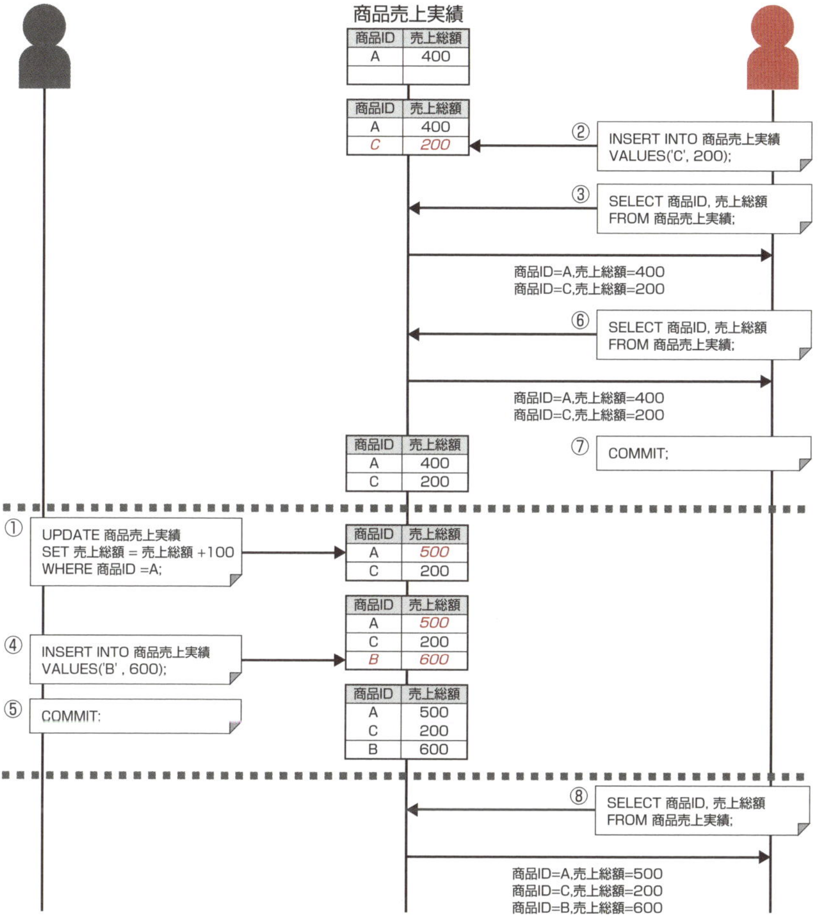
商品売上実績
商品ID 売上総額
A 400
商品ID 売上総額
A 400
C 200
② INSERT INTO 商品売上実績
VALUES('C', 200);
③ SELECT 商品ID, 売上総額
FROM 商品売上実績;
商品ID=A,売上総額=400
商品ID=C,売上総額=200
⑥ SELECT 商品ID, 売上総額
FROM 商品売上実績;
商品ID=A,売上総額=400
商品ID=C,売上総額=200
商品ID 売上総額
A 400
C 200
⑦ COMMIT;
① UPDATE 商品売上実績
SET 売上総額 = 売上総額 +100
WHERE 商品ID =A;
商品ID 売上総額
A 500
C 200
商品ID 売上総額
A 500
C 200
B 600
④ INSERT INTO 商品売上実績
VALUES('B' , 600);
⑤ COMMIT;
商品ID 売上総額
A 500
C 200
B 600
⑧ SELECT 商品ID, 売上総額
FROM 商品売上実績;
商品ID=A,売上総額=500
商品ID=C,売上総額=200
商品ID=B,売上総額=600

トランザクションレベルの読み取り一貫性の動作

図16-11では、「SCN ＝ 100」の時点で開始されたトランザクションにおいて、①と②のSELECT文を発行したときのブロック読み取り処理の内部動作を示します。SELECT文はそれぞれ「SCN ＝ 120」、「SCN ＝ 130」の時点で発行されていますが、「SCN ＝ 100」に対応するバージョンのデータが返されます。「文レベルの読み取り一貫性」（図16-07）の動作と比較してください。

図16-11 トランザクションレベルの読み取り一貫性

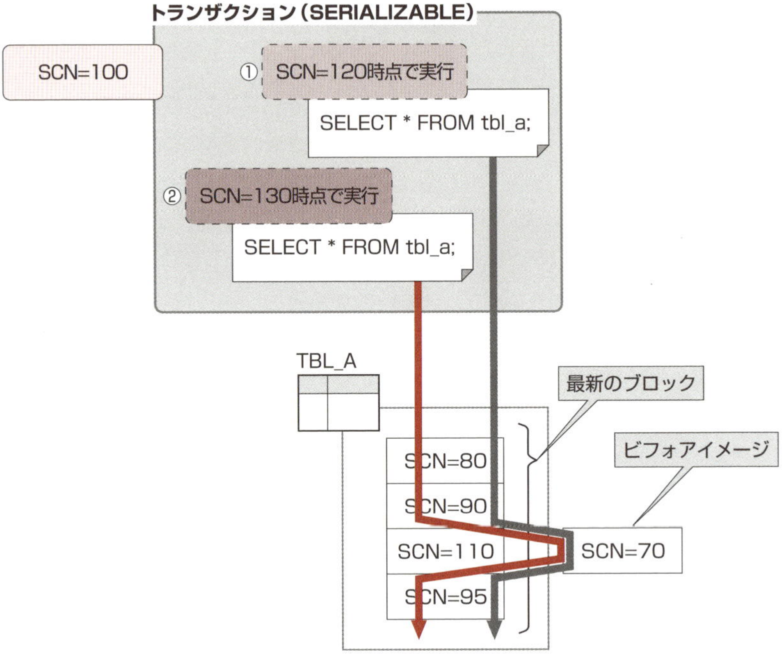

SERIALIZABLE隔離レベルの注意点

SERIALIZABLE隔離レベルは、高い隔離性を実現することができますが、以下のエラーが発生する可能性があります。

- 「**ORA-1555：スナップショットが古すぎます**」
- 「**ORA-8177：このトランザクションのアクセスをシリアル化できません**」

「ORA-1555：スナップショットが古すぎます」

先述した通り「ORA-01555：スナップショットが古すぎます」エラーは、参照処理の実行時に、ビフォアイメージの作成に必要なUNDOデータをUNDO表領域から取得できなかった場合に発生するエラーです。

SERIALIZABLE隔離レベルでトランザクションを実行した場合、問合せ実行時に必要となるのはトランザクション開始時のブロックです。したがって、長時間実行中のトランザクションで問合せを発行すると、古いバージョンのビフォアイメージが必要になる傾向があるため、ORA-1555が発生する確率が高くなります。SERIALIZABLE隔離レベルでORA-1555の発生を抑止するには、P.283に記載した抑止方法に加えて、トランザクションの実行時間を短くすることが有効です。

●「ORA-8177：このトランザクションのアクセスをシリアル化できません」

このエラーは、トランザクションの開始後に、別のトランザクションによって変更されたデータを更新しようとすると発生します。このエラーが発生したとき、エラーの原因となったSQL文（図16-12の④）だけがOracleによりロールバックされます。トランザクション内のすべてのSQL文がロールバックされるわけではありません（②のUPDATE文はロールバックされません）。

図16-12 ORA-8177の発生例

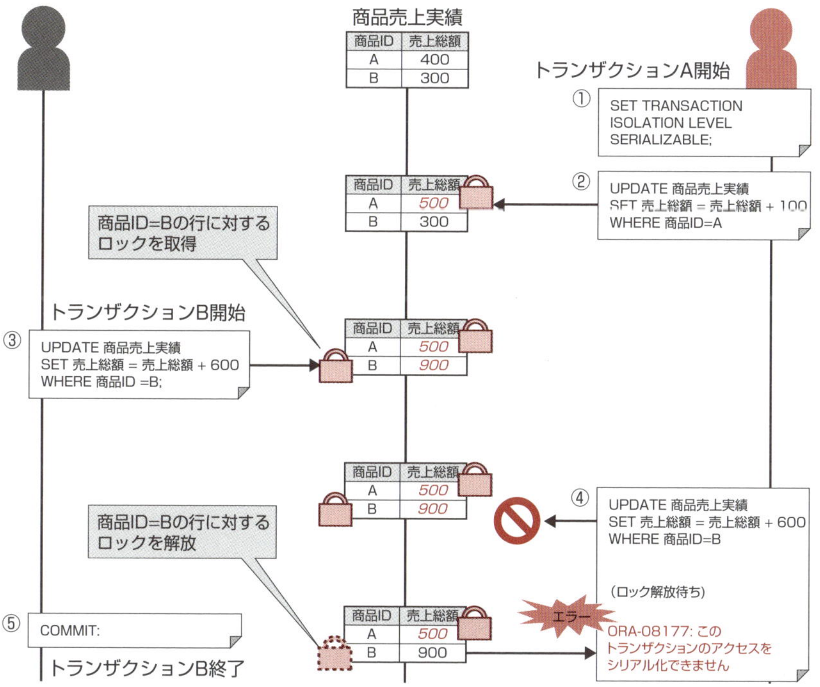
商品売上実績
商品ID 売上総額
A 400
B 300
トランザクションA開始
①
SET TRANSACTION
ISOLATION LEVEL
SERIALIZABLE;
②
UPDATE 商品売上実績
SET 売上総額 = 売上総額 + 100
WHERE 商品ID=A
商品ID 売上総額
A 500
B 300
商品ID=Bの行に対する
ロックを取得
トランザクションB開始
③
UPDATE 商品売上実績
SET 売上総額 = 売上総額 + 600
WHERE 商品ID =B;
商品ID 売上総額
A 500
B 900
④
UPDATE 商品売上実績
SET 売上総額 = 売上総額 + 600
WHERE 商品ID=B
(ロック解放待ち)
商品ID=Bの行に対する
ロックを解放
⑤
COMMIT;
トランザクションB終了
エラー
ORA-08177: この
トランザクションのアクセスを
シリアル化できません

ORA-8177エラーが発生した場合に、アプリケーション側で可能な対処策は以下の3点です。

- **トランザクション全体を取り消し、トランザクションを再実行する**
- **ORA-8177エラー発生前に実行していた処理を確定するため、コミットする**
- **アプリケーション要件の観点から可能な場合は別のSQL文を実行する**

SERIALIZABLE隔離レベルでトランザクションを実行する場合は、ORA-8177エラーの発生を検知するロジックと、上記に挙げた対処策のうちいずれかの処理を実行するロジックを組み込んでおくことをおすすめします。ただし、別のトランザクションにより変更されたデータを変更しようとしたときもORA-8177エラーは発生するので完全な抑止は困難です。

読み取り専用トランザクション

Oracleは標準SQLで規定されていないトランザクションの種類である「**読み取り専用トランザクション**」を提供しています。読み取り専用トランザクションとは、トランザクション内で更新処理を実行できない読み取り専用のトランザクションです。SERIALIZABLE隔離レベルと同様に、読み取り可能なデータはトランザクション開始時点でコミット済みのデータに限られ、かつ、問合せの結果が常に同じとなります。

読み取り専用トランザクションを開始するには、トランザクションがまだ実行されていない状態で以下のコマンドを実行します。

書式 読み取り専用トランザクションの開始

```
SET TRANSACTION READ ONLY
```

なお、読み取り専用トランザクションでDML(UPDATE文/INSERT文/DELETE文)を実行すると「ORA-01456:READ ONLYトランザクションでは挿入/削除/更新ができません。」エラーが発生します。

図16-13 読み取り専用トランザクション

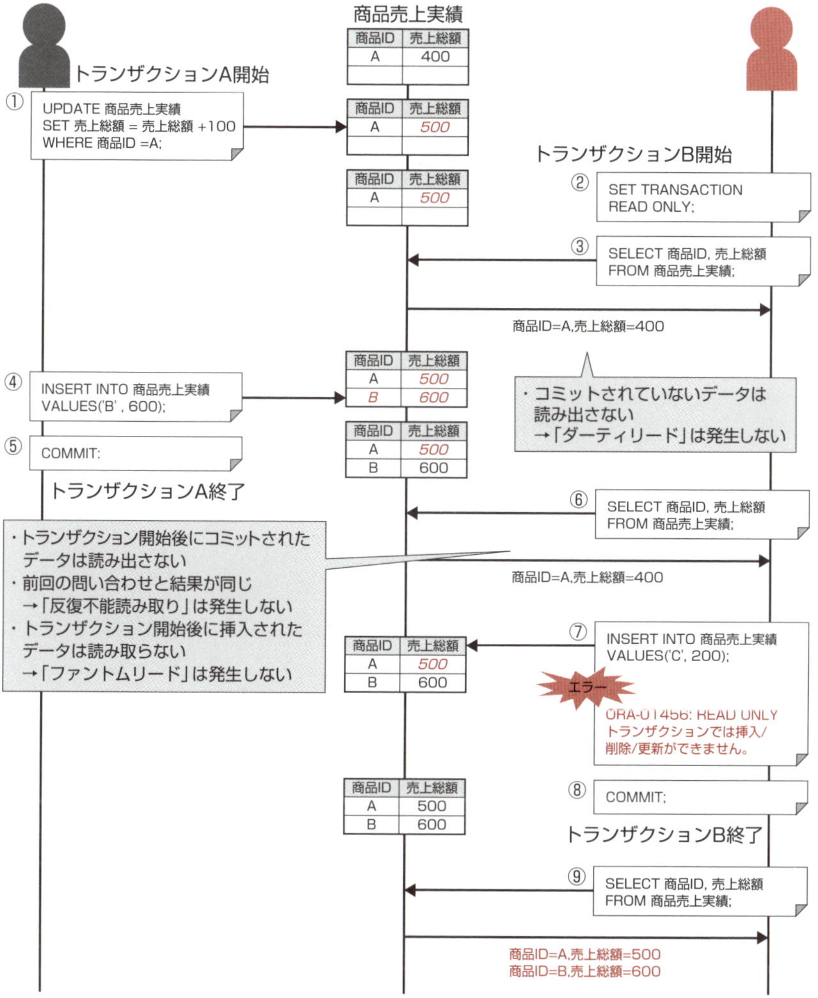

商品売上実績
商品ID 売上総額
A 400
トランザクションA開始
①
UPDATE 商品売上実績
SET 売上総額 = 売上総額 +100
WHERE 商品ID =A;
A 500
トランザクションB開始
②
SET TRANSACTION
READ ONLY;
③
SELECT 商品ID, 売上総額
FROM 商品売上実績;
商品ID=A,売上総額=400
・コミットされていないデータは
読み出さない
→「ダーティリード」は発生しない
④
INSERT INTO 商品売上実績
VALUES('B' , 600);
B 600
⑤
COMMIT;
トランザクションA終了
⑥
SELECT 商品ID, 売上総額
FROM 商品売上実績;
・トランザクション開始後にコミットされた
データは読み出さない
・前回の問い合わせと結果が同じ
→「反復不能読み取り」は発生しない
・トランザクション開始後に挿入された
データは読み取らない
→「ファントムリード」は発生しない
商品ID=A,売上総額=400
⑦
INSERT INTO 商品売上実績
VALUES('C', 200);
エラー
ORA-01456: READ ONLY
トランザクションでは挿入/
削除/更新ができません。
⑧
COMMIT;
トランザクションB終了
⑨
SELECT 商品ID, 売上総額
FROM 商品売上実績;
商品ID=A,売上総額=500
商品ID=B,売上総額=600

読み取り専用トランザクションで実行される問合せには、SERIALIZABLE隔離レベルと同様にトランザクションレベルの読み取り一貫性が提供されます。このため、SERIALIZABLE隔離レベルの場合と同様に、トランザクションの実行時間が長くなるとORA-1555エラーが発生する可能性が高くなる点には注意が必要です。

隔離レベルと発生する現象のまとめ

これまでに説明した通り、トランザクションの隔離レベルが低い場合、同時に実行したトランザクションが互いに干渉しあう現象が発生します。下表にトランザクションの種類(隔離レベル)と、発生する現象の対応関係を整理しています。なお、グレイの網かけがされている個所がOracleが提供するトランザクションの種類です。

表16-03 トランザクションの種類(隔離レベル)と発生する現象

トランザクションの種類/ 発生する現象	ロストアップデート	ダーティリード	反復不能読み取り	ファントムリード
READ UNCOMMITED(未コミット読み取り)	ー	発生する	発生する	発生する
READ COMMITED(コミット読み取り)	ー	ー	発生する	発生する
REPEATABLE READ(反復読み出し可能)	ー	ー	ー	発生する
SERIALIZABLE(シリアライズ可能)	ー	ー	ー	ー
読み取り専用トランザクション	ー	ー	ー	ー

どの隔離レベルを使用するかは、アプリケーションの特性や要件によって決まるものであり、一概に高い隔離レベルを使用すれば良いというものではありません。高い隔離レベルを使用すると、同時に実行したトランザクションが干渉する現象は発生しなくなりますが、処理パフォーマンスが低下し、場合によってはエラーが発生する可能性があります。

一方、低い隔離レベルを使用すると、同時実行時の処理パフォーマンスは向上しますが、「反復不能読み取り」、「ファントムリード」などの現象が発生します。

隔離レベルとパフォーマンスはトレードオフの関係にあります。これまでに説明した各隔離レベルの動作を適切に理解し、アプリケーションの要件に応じて使用する隔離レベルを決定してください。また、Oracleが提供する隔離レベルに加えて、手動でロックを行うことで、隔離性をカスタマイズすることもできます。

本章のまとめ

●標準SQLの隔離レベルとOracleの隔離レベル

・標準SQLには「READ UNCOMMITED」、「READ COMMITED」、「REPEATABLE READ」、「SERIALIZABLE」の4つの隔離レベルが定義されている
・Oracleは「READ COMMITED」、「SERIALIZABLE」および「読み取り専用トランザクション」の3種類を提供している

●READ UNCOMMITED（未コミット読み取り）

・READ UNCOMMITED隔離レベルのトランザクションでは、「ダーティリード」、「反復不能読み取り」、「ファントムリード」が発生する
・READ UNCOMMITED隔離レベルはOracleでは提供されない

●READ COMMITED（コミット読み取り）

・OracleのデフォルトはREAD COMMITED隔離レベル
・READ COMMITED隔離レベルのトランザクションでは、「反復不能読み取り」、「ファントムリード」が発生する
・「ロストアップデート」、「ダーティリード」は発生しない

●REPEATABLE READ（反復読み取り可能）

・REPEATABLE READ隔離レベルのトランザクションでは、「ファントムリード」が発生する。「ロストアップデート」、「ダーティリード」、「反復不能読み取り」は発生しない
・REPEATABLE READ隔離レベルはOracleでは提供されない

●SERIALIZABLE（シリアライズ可能）

・SERIALIZABLE隔離レベルのトランザクションでは、「ロストアップデート」、「ダーティリード」、「反復不能読み取り」、「ファントムリード」は発生しない

●読み取り専用トランザクション

・読み取り専用トランザクションでは、「ロストアップデート」、「ダーティリード」、「反復不能読み取り」、「ファントムリード」は発生しない
・トランザクション内で更新処理を実行することはできない

フラッシュバック機能 COLUMN

本章で、いったんコミットしたトランザクションは取り消すことはできないと説明しています。しかし、業務的な問題などから、どうしてもトランザクション実行前のデータが必要であったり、トランザクション処理を取り消さなくてはならない場合があります。

トランザクション実行前のデータがあればこのデータで上書きすれば良いのですが、ない場合はどのようにすれば良いでしょうか。この問題を解決するために、Oracleには「フラッシュバック機能」が導入されています。フラッシュバック機能とは、人為的なエラーを回復するために、導入された一連のデータの変更内容を確認したり、データを過去のある時点に戻す機能の総称です。

表16-04 フラッシュバック機能

名称	説明
フラッシュバッククエリ	過去の一時点のデータを問合せ結果として得られる
フラッシュバック バージョンクエリ	特定の行の一連の更新履歴を確認できる
フラッシュバック トランザクションクエリ	ある特定のトランザクションについて、そのトランザクションで実行されたSQLと、そのトランザクションの更新を元に戻すためのSQLを確認できる
フラッシュバックドロップ	削除したテーブルを戻すことができる
フラッシュバックテーブル	特定のテーブルの状態を任意の一時点に戻すことができる
フラッシュバック データベース	データベース全体を任意の一時点に戻すことができる

CHAPTER 17

Oracleの ロック機能

OracleはSQLの実行に伴い自動的にロックを設定する「**自動ロック機能**」と、明示的にロックを設定する「**手動ロック機能**」を持っています。本章では、これらの機能について説明します。また、ロック利用時に注意する動作である「**デッドロック**」についても説明します。

ロックの必要性

「行レベルロック」(P.279) で説明した通り、OracleはDML (UPDATE文／INSERT文／DELETE文) の対象となる行に対して自動的にロックを設定し、トランザクション終了時にロックを解放します。

ロックの目的は、変更中のデータへのアクセスを防いでトランザクションの隔離性を高め、意図しないトランザクションの干渉を回避することです。同時に複数のトランザクションが実行されないのであればロックは必要ありません。

図17-01 意図しないトランザクションの干渉によって整合性を失う

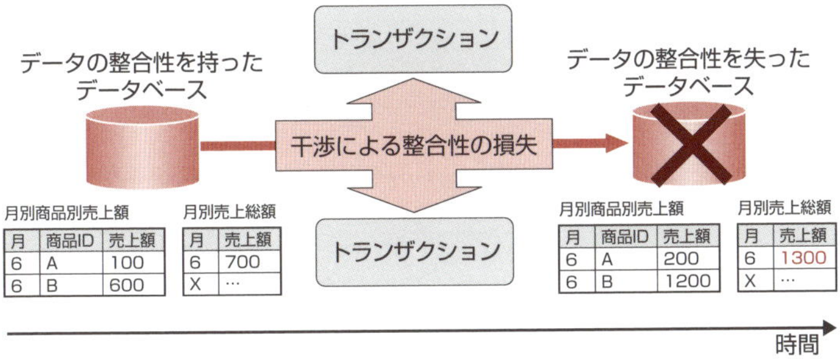

自動ロックの動作

UPDATE文、INSERT文、DELETE文およびFOR UPDATE句を含むSELECT文を実行した際の自動ロックの動作は以下の通りです。なお、FOR UPDATE句を含まない通常のSELECT文ではロックは設定されません。

- **対象の行に対して排他ロックモードで行レベルロックを設定する**
- **対象のテーブルに対して共有ロックモードでテーブルレベルロックを設定する**

排他ロックモードと共有ロックモードの関係は以下の通りです。

- **ある対象に共有ロックモードでロックが取得されている場合、他のセッションは共有ロックモードでロックを取得できるが、排他ロックモードでロックを取得できない**
- **ある対象に排他ロックモードでロックが取得されている場合、他のセッションは共有ロックモード、排他ロックモードのいずれでもロックを取得できない**

行レベルロックが設定された行に対して、他のセッションからUPDATE文やINSERT文、DELETE文を実行しようとすると、ロックが解放されるまで待機します※。なお、設定されたロックはトランザクションを終了すると自動的に解放されます。

※NOWAIT句を指定した場合、即座にエラーが返されます。NOWAIT句については、Oracle社のマニュアル「SQLリファレンス」を参照してください。

自動ロックの確認

自動ロックの動作をSQL*PlusからUPDATE文を実行することで実際に確認してみましょう。今回実行する手順は次の通りです。

1) SQL*Plusを2つ起動してSCOTTユーザーでログインし、片方のセッション(セッション1)でUPDATE文を実行し、ロックの取得状況を確認する
2) 別セッション(セッション2)でUPDATE文を実行し、セッション2で実行したUPDATE文がロック待ちとなることを確認する
3) セッション1でCOMMIT文を実行し、トランザクションを終了し、セッション2のUPDATE文のロック待ちが解除されることを確認する
4) セッション2でCOMMIT文を実行し、トランザクションを終了する

ロックの取得状況を確認する

まず、SQL*Plusを2つ起動して、SCOTTユーザーでログインします。実行しているSQL*Plusの片方のセッション(セッション1)でUPDATE文を実行したうえで、V$SESSIONビューとV$LOCKビューからロックの取得状況とセッションの状態を確認します。

書式 ロックの取得状況とセッションの状態の確認

```
SELECT s.username, s.sid, s.serial#, l.type TYPE,
       l.id1, l.id2, l.lmode HELD, l.request REQ
FROM V$LOCK l, V$SESSION s
WHERE l.sid = s.sid  AND s.username = '<ユーザー名>'
ORDER BY s.sid, l.type;
```

表17-01 V$SESSIONビューの列値

列名	内容
username	セッション接続しているユーザー
sid	セッション識別子
serial#	セッションシリアル番号。1つ1つのセッションはsidとserial#の値の組み合わせで識別される

表17-02 V$LOCKビューの列値

列名	内容
type	ロックの種別。"TM" はテーブルレベルロック、"TX" は行レベルロック
id1	ロックの種別により異なる。ロック種別がテーブルレベルロックの場合、ID1列からはロック対象の表のオブジェクトIDが確認できる
id2	ロックの種別により異なる
lmode	取得済みのロックモード。"3" は行排他モード、"6" は排他モードを示す
request	取得を要求しているロックモード。0は特に取得を要求していないことを示す

実行例 17-01 ロックの取得状況とセッションの状態の確認(セッション1)

```
SQL> UPDATE test_tab SET s = '777' WHERE n = 1;

1行が更新されました。

SQL> SELECT s.username, s.sid, s.serial#, l.type TYPE,
  2         l.id1, l.id2, l.lmode HELD, l.request REQ
  3  FROM V$LOCK l, V$SESSION s
  4  WHERE l.sid = s.sid  AND s.username = 'TEST'
  5  ORDER BY s.sid, l.type;

USERNAME    SID  SERIAL# TYPE     ID1   ID2   HELD   REQ
---------- ---- -------- ---- ------- ----- ------ -----
TEST        139    17531 TM     12312     0      3     0 ┐
TEST        139    17531 TX    524315   762      6     0 ┘── ❶
```

上記の実行例を見ると「ID1」が「12312」のオブジェクトに対して行排他モードでテーブルレベルロックを取得していることと排他モードで行レベルロックを取得していることがわかります(❶)。

ロック待ちとなることを確認する

次に、別セッション(セッション2)でUPDATE文を実行し、セッション2で実行したUPDATE文がロック待ちとなることを確認します。

実行例 17-02 UPDATE文実行(セッション2)

```
SQL> UPDATE test_tab SET s = '777' WHERE n = 1;
(プロンプトが戻らない)
```

UPDATE文の発行後、正常に終了した場合であれば表示される「1行が更新されました。」というメッセージも、SQL*Plusのプロンプト「SQL>」も表示されません。プロンプトが表示されないため、次のコマンドの入力もできません。これは、ロック待ちのためUPDATEの実行が中断されていることを示しています。

ここで再度セッション1側のSQL*Plusに戻り、先ほどと同じSQL文を実行します。

実行例 17-03 セッション2でUPDATE文実行中のロック（セッション1）

```
SQL> SELECT s.username, s.sid, s.serial#, l.type TYPE,
  2         l.id1, l.id2, l.lmode HELD, l.request REQ
  3  FROM V$LOCK l, V$SESSION s
  4  WHERE l.sid = s.sid  AND s.username = 'TEST'
  5  ORDER BY s.sid, l.type;

USERNAME     SID  SERIAL# LO     ID1    ID2  HELD   REQ
---------- ---- -------- -- ------- ------ ----- -----
TEST         135       19 TM   12312      0     3     0
TEST         135       19 TX  524315    762     0     6   ❶
TEST         139    17531 TM   12312      0     3     0
TEST         139    17531 TX  524315    762     6     0
```

上記の実行結果から、セッション2のUPDATE文を実行した結果、「TEST_TAB (OBJECT_ID = 12312)」に対して行排他モードでテーブルレベルロックを取得していることと排他モードで行レベルロックの取得を要求していることがわかります（❶）。

ロック待ちが解除されることを確認する

次に、セッション1のSQL*PlusでCOMMIT文を実行し、トランザクションを終了します。このとき、セッション2のSQL*Plusで実行中だったUPDATE文のロック待ちが解除され、UPDATE文の処理が実行されます。また、排他モードで行レベルロックを取得したことがわかります（❶）。

実行例 17-04 セッション2のロック待ち解除（セッション2）

```
SQL> UPDATE test_tab SET s = '777' WHERE n = 1;
1行が更新されました。

SQL> SELECT s.username, s.sid, s.serial#, l.type TYPE,
  2         l.id1, l.id2, l.lmode HELD,l.request REQ
  3  FROM V$LOCK l, V$SESSION s
  4  WHERE l.sid = s.sid  AND s.username = 'TEST'
  5  ORDER BY s.sid, l.type;

USERNAME       SID     SERIAL# LO       ID1    ID2    HELD     REQ
---------- ----- ---------- -- -------- ----- ------ ------
TEST           135          19 TM     12312      0       3       0
TEST           135          19 TX    131078    768       6       0   ❶
```

トランザクションを終了する

最後に、セクション2でCOMMIT文を実行して、トランザクションを終了します。この時点で行ロックは解放されます。

実行例 17-05 トランザクションの終了と、ロックの解放（セッション2）

```
SQL> COMMIT;

SQL> SELECT s.username, s.sid, s.serial#, l.type TYPE,
  2         l.id1, l.id2, l.lmode HELD,l.request REQ
  3  FROM V$LOCK l, V$SESSION s
  4  WHERE l.sid = s.sid  AND s.username = 'TEST'
  5  ORDER BY s.sid, l.type;

レコードが選択されませんでした。
```

手動ロックとSELECT FOR UPDATE文

Oracleは、自動でロックを設定することで指定された隔離レベルに相当する動作を実現するので、通常はアプリケーション開発者が手動でロックを設定する必要はありません。しかし、アプリケーションの処理ロジックによっては、手動でロックを設定する必要があります。

具体的な例として、売場別売上総額テーブルへの売上総額データの加算処理を考えましょう。このシステムが以下の処理で実現されているとします。処理自体に特に問題がないように思えます。

①売場別売上テーブルから売場（ID = 100）の売上総額データを取得する
②取得した売上総額データに、売上データ「10」を加算する
③売場別売上テーブルから売場（ID = 100）の売上総額データを「10」加算した値を書き込む

図17-02 処理の概要

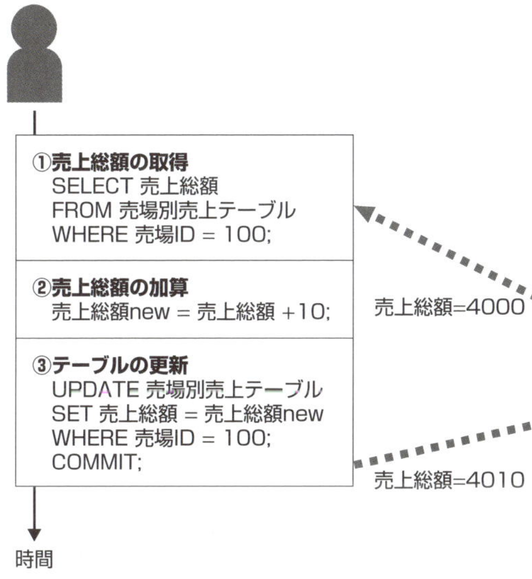

①売上総額の取得
SELECT 売上総額
FROM 売場別売上テーブル
WHERE 売場ID = 100;
②売上総額の加算
売上総額new = 売上総額 +10;
③テーブルの更新
UPDATE 売場別売上テーブル
SET 売上総額 = 売上総額new
WHERE 売場ID = 100;
COMMIT;
時間
売上総額=4000
売上総額=4010
売場別売上テーブル

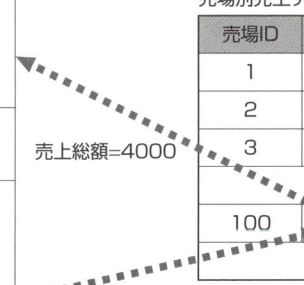

売場ID	売上総額
1	1000
2	2000
3	3000
	：
100	4000→4010
	：

図17-03は、上記の処理を、セッションAとセッションBでほぼ同時に実行した場合の処理の流れとデータの更新の流れを示したものです。

図17-03 複数セッションでの上書き問題

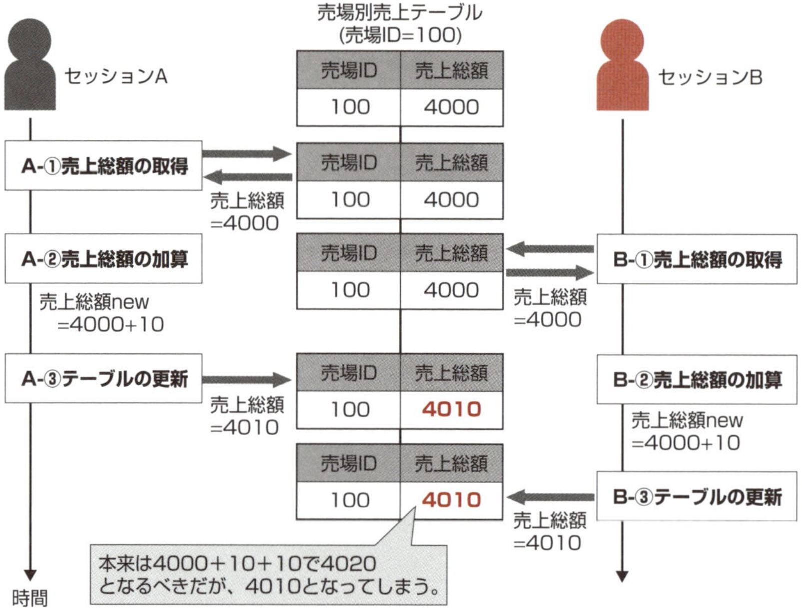

売上金額に「10」を加算する処理が2つ実行されているので、処理の実行後の売上金額は、本来、

4000＋10＋10 = 4020

となっているべきです。しかし、実際には「4010」となっています。この値となった理由は、「B-③テーブルの更新」で更新した値が「4010」であることにあります。「4010」という値はB-①で取得した値に「10」を加算したものです。本来はA-③で更新した値に対して「10」を加算するべきだったわけです。

このような問題への対処方法はいくつかありますが、売上総額取得の時点で該当行にロックをかける方法も有効な対処方法の1つです。Oracleでは、読み出し時に手動でロックをかける方法として、SELECT FOR UPDATE文を用意しています。

書式 ロックをかけるSELECT文

```
SELECT <列名> (,<列名>, ...) FROM <テーブル名>
WHERE <検索条件> FOR UPDATE;
```

売上総額の取得の際に実行するSQLを、SELECT FOR UPDATE文を用いるように修正してみます。

実行例 17-06 SELECT文の修正例

```
SELECT 売上総額 FROM 売場別売上テーブル
WHERE 売場ID = 100 FOR UPDATE;
```

下図が上記のように修正したSQLを2つのセッションでほぼ同時に実行した場合の処理とデータの更新の流れです。

図17-04 意図しないデータ上書きを防止した実行例

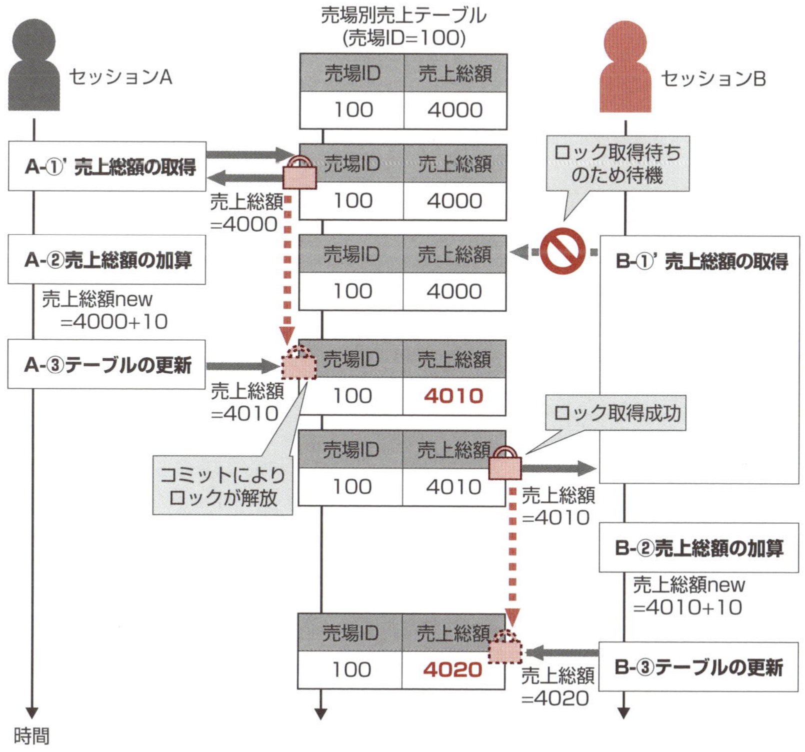

「A-①' 売上総額の取得」の時点で行に対してロックをかけています。このロックは「A-③テーブルの更新」においてコミット処理が実行されるまで保持されます。したがって、「B-①' 売上総額の取得」でセッションBは同じ行に対してロックを取得しようとしますが、「A-③テーブルの更新」が完了するまで待機させられます。「B-①' 売上総額の取得」の処理は、ロックを取得できてから、実行されます。このようなロックの働きにより、A-③で更新した値に対して「10」を加算する処理を実現できます。

厳密なトランザクションの隔離性が要求されるアプリケーションにおいては、Oracleが設定する自動ロックの動作を理解し、追加で手動ロックが必要かどうかを検討する必要があります。手動ロックが必要な場合、SELECT FOR UPDATE文を利用して、適切にロックを設定してください。

デッドロック

1つのトランザクションで複数の行のロックを取得するような場合、ロックを取得する順序によっては、2つのセッションがお互いのロックの解放を待つ状況が発生する場合があります。このような状況を「**デッドロック**」と呼びます。なお、Oracleはデッドロックを自動的に検出し、片方のトランザクションに含まれる文の1つを中断（ロールバック）して、ロックを解放することによってデッドロックを解決する機能を持っています。ただし、トランザクション全体をロールバックするわけではないことに注意してください。

図17-05 デッドロック

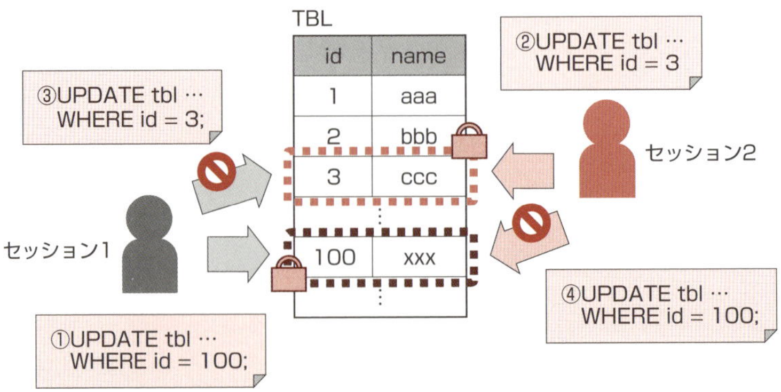

デッドロックについて、具体的な例をあげて説明します。2つのセッションから、トランザクション処理がほぼ同時に実行された場合を考えてみます。

実行例 17-07 セッション1の実行内容

```
UPDATE tbl SET name = yyy  WHERE id = 100;
UPDATE tbl SET name = yyy  WHERE id = 3;
```

実行例 17-08 セッション2の実行内容

```
UPDATE tbl SET name = yyy  WHERE id = 3;
UPDATE tbl SET name = yyy  WHERE id = 100;
```

これらの処理を同時に実行した場合、個々のSQL文が実行される順序は状況に応じて何パターンか考えられますが、図17-06の順序で実行した場合、デッドロックが発生します。

セッション1はセッション2が持っている「id = 3」の行の行ロックが解放されるのを待っており、セッション2はセッション1が持っている「id = 100」の行の行ロックが解放されるのを待っています。処理を継続実行するには、セッション自体がトランザクションを中断するか、外部から強制的にトランザクションを中断するしか方法はありません。

Oracleはデッドロックを自動的に検出します。そして片方のトランザクションに含まれる文の1つをロールバックします。図17-06では、セッション1のSQL文③がロールバックされています。

ロールバックされたセッションにはORA-60エラーが返されるので、ロールバックされた処理とは別の処理を実行してトランザクションをコミットするか、もしくはトランザクション全体をロールバックして、セッション1が取得しているロックを解放し、セッション2のロック解放待ち状態を解除することができます。

図17-06 デッドロックの発生例

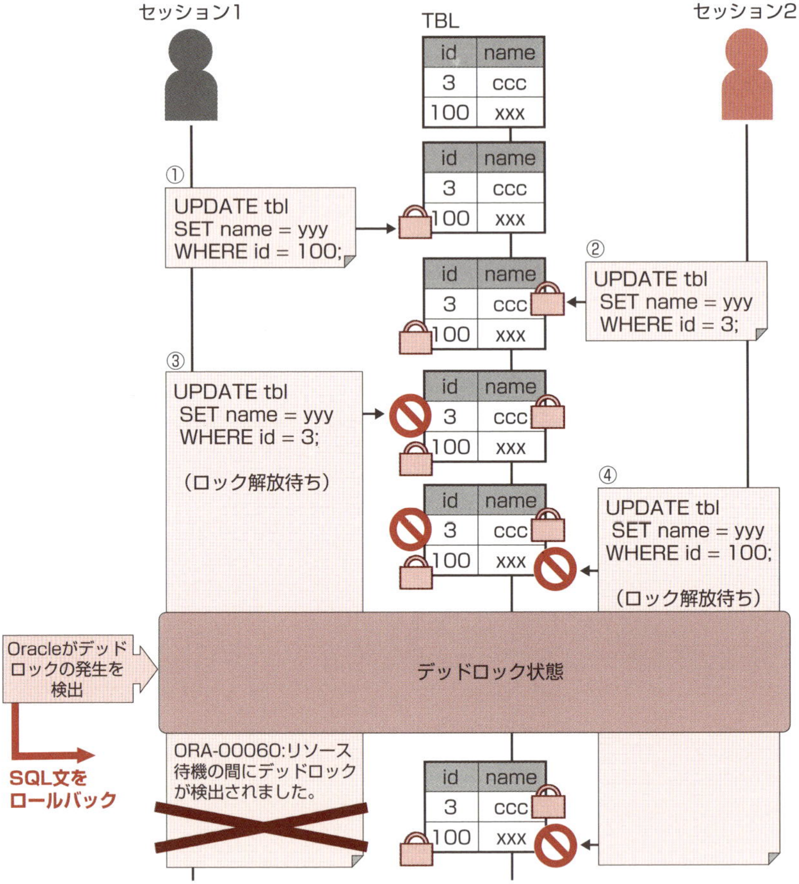

デッドロックの発生原因

デッドロックの発生原因は、アプリケーションから発行されるSQL文の順序が適切でないことです。同一のトランザクション内でロックを取得するSQLを複数回実行する場合、デッドロックが発生しないように注意する必要があります。デッドロックを回避する一般的な方法は、ロックを取得する順序をルール化しておくことです。例えば、上記のような処理を実行する場合は「idの値が小さい行から順にロックを取得する」と決めておけばデッドロックは発生しません。

RDBMS製品とロック COLUMN

SQL実行時のロックの動作はRDBMS製品ごとに異なるため注意が必要です。本章で説明した通り、OracleはSELECT文の実行時にはロックを取得しませんが、RDBMS製品によっては共有ロックを設定するものもあります。

表17-03 RDBMS製品とSELECT文実行時の共有ロック

RDBMS製品	SELECT文実行時の共有ロック
Oracle	設定しない
SQL Server	設定する
DB2	設定する
MySQL	設定しない
PostgreSQL	設定しない

データに共有ロックが設定されている場合、排他ロックは設定できないので、SELECT文の実行時に共有ロックを設定するRDBMS製品では、あるセッションが問合せ中のデータに対して、他のセッションが更新を試みるとロック取得待ちで待機させられます。このため、同時実行時のパフォーマンスが低下しがちである点に注意が必要です。また、デッドロックが発生する可能性も高くなるため、デッドロックが発生しないよう、ロック取得の順序を守ることがより一層重要になります。

本章のまとめ

●ロックの必要性

・同時に複数のトランザクションが実行される場合に、トランザクション同士の干渉を防ぐためにロックが必要となる場合がある

●自動ロックの動作

・ロックは、更新処理を実行する際、Oracleにより自動で設定される
・UPDATE文、INSERT文、DELETE文、FOR UPDATE句を含むSELECT文を実行した場合、Oracleは対象となる行に対して排他ロックモードで行レベルロックを設定する
・UPDATE文、INSERT文、DELETE文、FOR UPDATE句を含むSELECT文、LOCK TABLE文を実行した場合、Oracleは対象となるテーブルに対して共有ロックモードでテーブルレベルロックを設定する

●自動ロックの確認

・V$LOCKビュー、V$SESSIONビューで、UPDATE文の実行時の自動ロックの動作について確認できる

●手動ロックとSELECT FOR UPDATE文

・自動ロックの動作で問題がある場合はSELECT FOR UPDATE文を利用して、手動ロックを設定できる

●デッドロック

・ロックの取得順序によってはデッドロックが発生する場合がある
・デッドロックを避けるため、ロックの取得順序をあらかじめ決定しておく

SECTION V

起動・停止とリカバリの仕組み

ここでは、インスタンスの起動・停止時のOracleの動作と、Oracleが提供するいくつかのリカバリ機能について説明します。本章の内容をもとに、インスタンスの起動・停止、リカバリを実行した場合の動作について理解することで、日々の運用管理の迅速な実施、トラブルへの適切な対応の基礎となる知識を得ることができるでしょう。

CHAPTER

18 インスタンスの起動と停止

Oracleを利用するにはインスタンスを起動する必要があります。また、OSの再起動や、パッチの適用、一貫性バックアップの取得を行うときには、インスタンスを停止する必要があります。インスタンスの起動／停止の処理内容について理解することで、万が一トラブルが発生した場合でも迅速な問題の切り分け、対処ができるようになります。

インスタンスの起動

インスタンスの起動の流れと、起動における各ステップでアーキテクチャの構成要素がどのように関連して動作するかを説明します。

インスタンスの起動の流れ

SQL*PlusのSTARTUPコマンドを使用してインスタンスを起動すると、下表のステップを踏み、最終的な起動状態であるOPEN状態に遷移します。

表18-01 Oracleが起動するまでのステップ

起動状態	説明
未起動状態	・Oracle関連のファイルは未オープン ・バックグラウンドプロセスは未起動 ・SGAは未確保
NOMOUNT状態	・サーバーパラメータファイルをオープン ・バックグラウンドプロセスは起動済み ・SGAは確保済み
MOUNT状態	・制御ファイルをオープン
OPEN状態	・データベースにアクセス可能 ・データファイルをオープン ・REDOログファイルをオープン

通常の運用では起動処理の流れを意識する必要はありませんが、データベースの構成ファイルの一部に障害が発生した場合などは、起動処理がどこ

まで完了しているかによって、問題を切り分けます。例えば、起動処理がNOMOUNT状態で停止している場合は、サーバーパラメータファイルは正常だが、制御ファイルに問題があると判断できます。また、MOUNT状態で停止している場合は、制御ファイルは正常だが、データファイルまたはREDOログファイルに問題があると判断できます。

未起動状態からNOMOUNT状態への遷移

インスタンスを起動すると、まずNOMOUNT状態に遷移します。SQL*PlusでSYSDBA権限を指定してSYSユーザーで未起動状態のOracleに接続し、STARTUPコマンドを実行すると、Oracleはサーバーパラメータファイルを読み込み、その設定値である初期化パラメータにしたがってインスタンスを起動します。この段階でバックグラウンドプロセスが起動し、SGAが確保されます。これらの処理が完了するとNOMOUNT状態となります。

図18-01 NOMOUNT状態への遷移

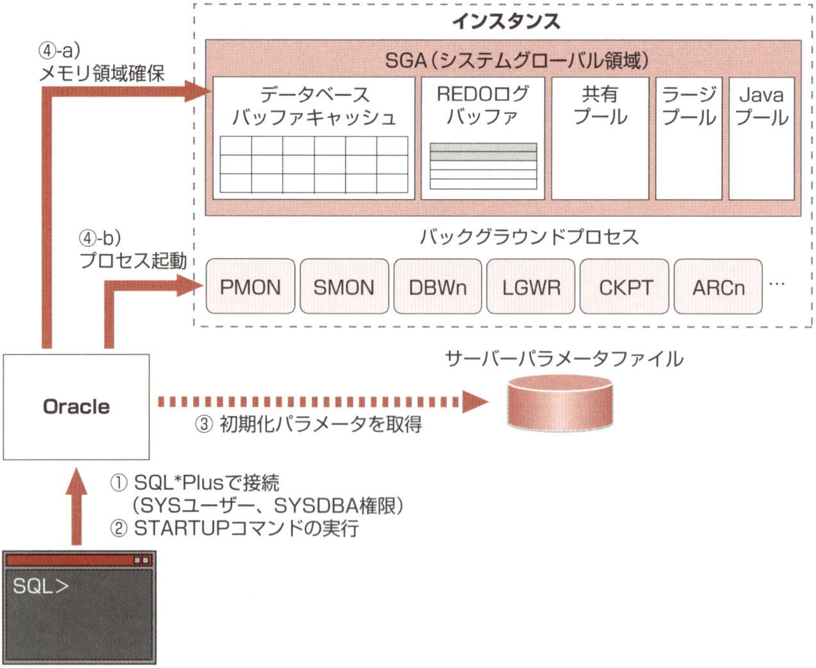

NOMOUNT状態からMOUNT状態への遷移

NOMOUNT状態の次はMOUNT状態です。インスタンスは、この段階で制御ファイルをオープンします。制御ファイルの位置は、サーバーパラメータファイルに初期化パラメータCONTROL_FILESとして格納されています。

インスタンスはその値を取得し、制御ファイルを読み出します。制御ファイルのオープンが完了すると、MOUNT状態になります。制御ファイルが複数ある場合は1つでもオープンに失敗すると、MOUNT状態に遷移できません。

図18-02 Oracleの制御ファイルの読み込み手順

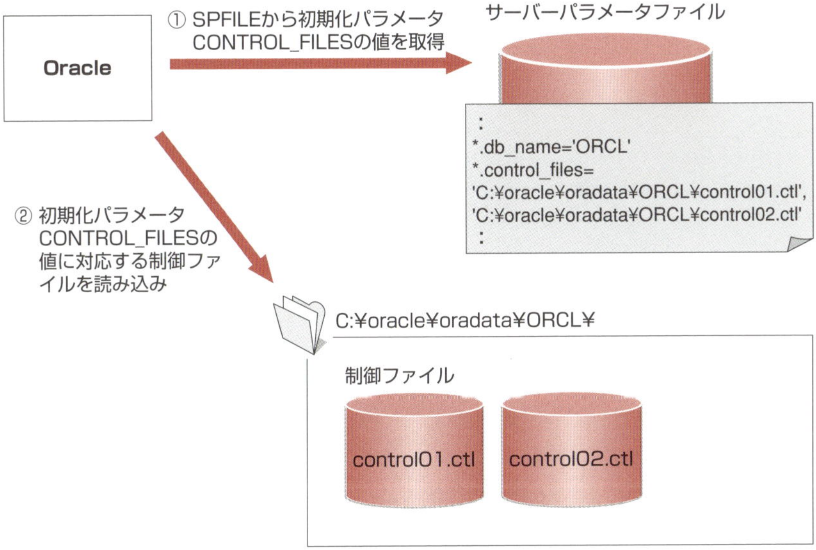

MOUNT状態からOPEN状態への遷移

MOUNT状態の次は、OPEN状態です。インスタンスは、この段階でデータファイルとREDOログファイルをオープンします。データファイルやREDOログファイルのファイルパスは、制御ファイルに格納されています。

これらのファイルのオープンが完了すると、OPEN状態になります。OPEN状態まで遷移すると、データベースに格納されたデータにアクセスできるようになります。

図18-03 OPEN状態への遷移

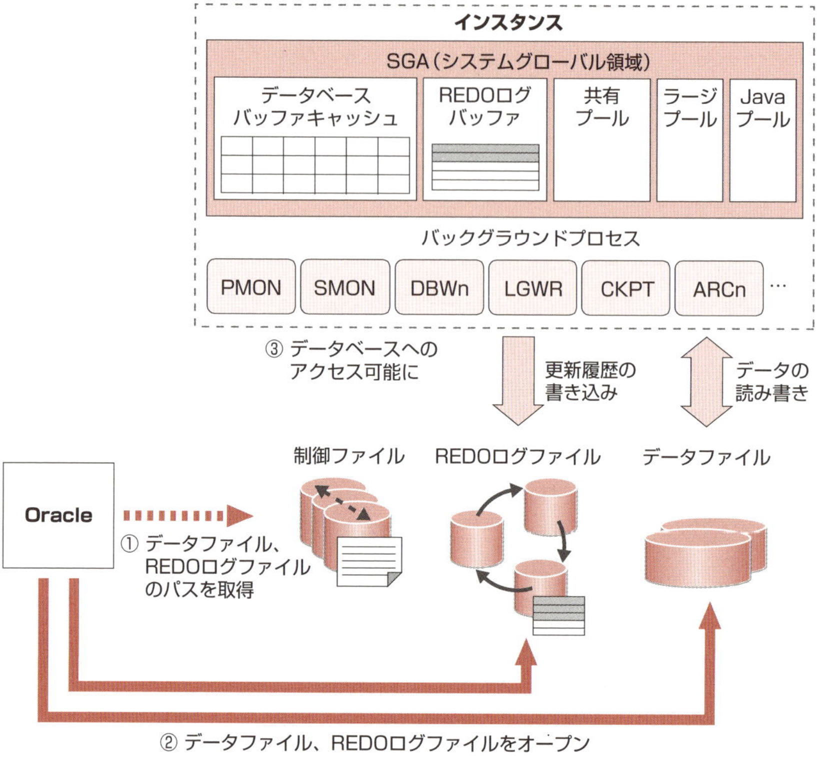

インスタンス起動時のアラートログ出力

インスタンス起動処理の流れはアラートログで確認できます。アラートログには、起動処理における各状態の遷移が随時出力されます。インスタンスの起動においてになんらかの障害が生じたときは、アラートログで状態の遷移を確認することで、問題を切り分けることができます。ここでは、インスタンス起動時にアラートログに出力されるログの内容について詳しく説明していきます。

また、インスタンス起動時のアラートログには、デフォルト以外の初期化パラメータの値や、バックグラウンドプロセスのプロセスID（PID）など、有効な情報が記録されているので、併せて説明します。

実行例 18-01 インスタンス起動時のアラートログ(Oracle 12c R1)

```
Sat Mar 14 19:35:50 2015
(省略)
Starting ORACLE instance (normal) ―――――――――――――――――――――――――――― ❶
Sat Mar 14 19:35:50 2015
CLI notifier numLatches:7 maxDescs:356
LICENSE_MAX_SESSION = 0
LICENSE_SESSIONS_WARNING = 0
Initial number of CPU is 4
Number of processor cores in the system is 2
Number of processor sockets in the system is 1
Picked latch-free SCN scheme 3
Using LOG_ARCHIVE_DEST_1 parameter default value
as USE_DB_RECOVERY_FILE_DEST
Autotune of undo retention is turned on.
IMODE=BR
ILAT =35
LICENSE_MAX_USERS = 0
SYS auditing is disabled
NOTE: remote asm mode is local (mode 0x1; from cluster type)
Starting up:
Oracle Database 12c Enterprise Edition Release 12.1.0.1.0
 - 64bit Production
With the Partitioning, OLAP,
Advanced Analytics and Real Application Testing options.
Windows NT Version V6.1 Service Pack 1
CPU                    : 4 - type 8664, 2 Physical Cores
Process Affinity       : 0x0x0000000000000000
Memory (Avail/Total): Ph:3271M/8070M, Ph+PgF:10542M/16139M
Using parameter settings in server-side spfile
  C:¥ORACLE¥PRODUCT¥12.1.0¥DBHOME_1¥DATABASE¥SPFILEORCL.ORA ―――― ❷
System parameters with non-default values:                        ┐
  processes          = 200                                        │
  nls_language       = "JAPANESE"                                 │
  nls_territory      = "JAPAN"                                    │
  sga_target         = 600M                                       ├ ❸
  control_files      = "C:¥ORACLE¥ORADATA¥ORCL¥CONTROL01.CTL"     │
  control_files      = "C:¥ORACLE¥FAST_RECOVERY_AREA¥ORCL¥CONTROL02.CTL"
  db_block_size      = 8192                                       │
(省略)                                                            ┘
  diagnostic_dest = "C:¥ORACLE"
```

18 インスタンスの起動と停止

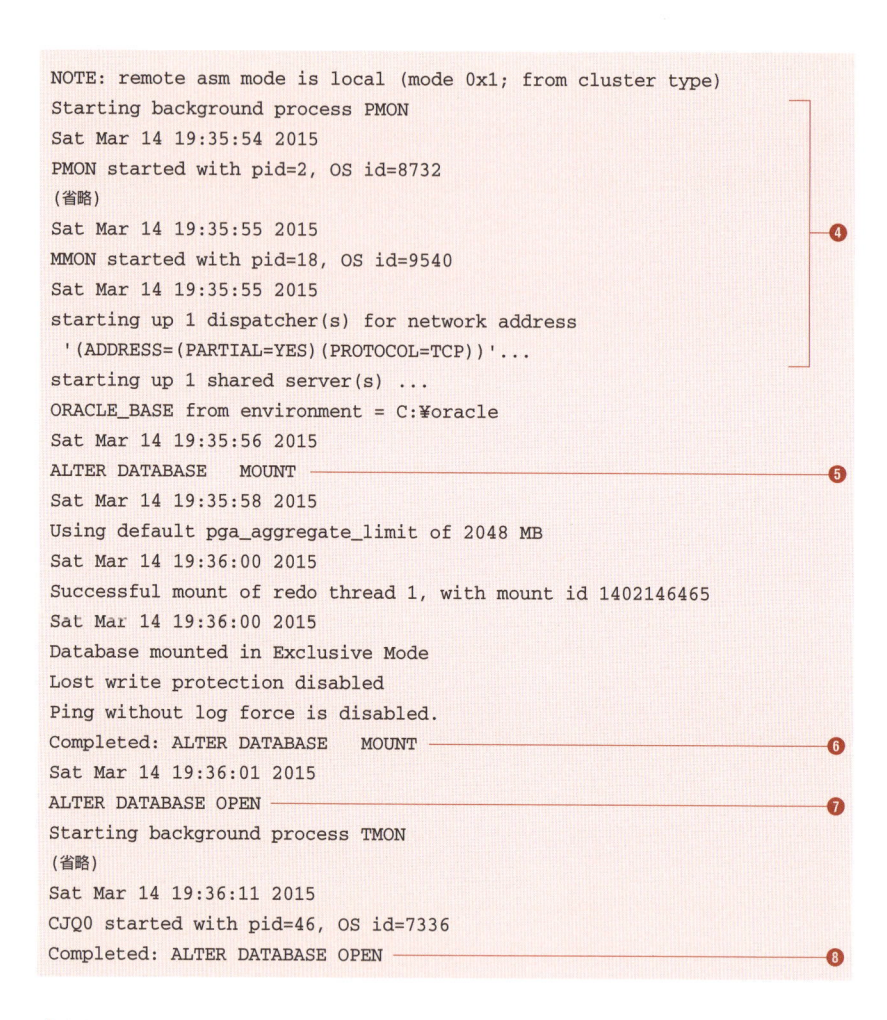

```
NOTE: remote asm mode is local (mode 0x1; from cluster type)
Starting background process PMON                              ┐
Sat Mar 14 19:35:54 2015                                      │
PMON started with pid=2, OS id=8732                           │
(省略)                                                        │
Sat Mar 14 19:35:55 2015                                      ├─❹
MMON started with pid=18, OS id=9540                          │
Sat Mar 14 19:35:55 2015                                      │
starting up 1 dispatcher(s) for network address               │
 '(ADDRESS=(PARTIAL=YES)(PROTOCOL=TCP))'...                   ┘
starting up 1 shared server(s) ...
ORACLE_BASE from environment = C:¥oracle
Sat Mar 14 19:35:56 2015
ALTER DATABASE   MOUNT ──────────────────────────────────────❺
Sat Mar 14 19:35:58 2015
Using default pga_aggregate_limit of 2048 MB
Sat Mar 14 19:36:00 2015
Successful mount of redo thread 1, with mount id 1402146465
Sat Mar 14 19:36:00 2015
Database mounted in Exclusive Mode
Lost write protection disabled
Ping without log force is disabled.
Completed: ALTER DATABASE   MOUNT ───────────────────────────❻
Sat Mar 14 19:36:01 2015
ALTER DATABASE OPEN ─────────────────────────────────────────❼
Starting background process TMON
(省略)
Sat Mar 14 19:36:11 2015
CJQ0 started with pid=46, OS id=7336
Completed: ALTER DATABASE OPEN ──────────────────────────────❽
```

表18-02 アラートログの出力と、実行された処理の対応

番号	説明
❶	インスタンスの起動開始
❷	インスタンス起動時に使用したサーバーパラメータファイルのパス（Oracle 11g以降）
❸	デフォルト値以外に設定された初期化パラメータ。デフォルト値の初期化パラメータは表示されないので、初期化パラメータのカスタマイズ内容を確認する際に有効
❹	バックグラウンドプロセスなどのプロセス群が起動
❺	MOUNT状態への遷移を開始
❻	MOUNT状態への遷移が完了
❼	OPEN状態への遷移を開始
❽	OPEN状態への遷移が完了

インスタンス起動の状態遷移とコマンド

インスタンス起動の状態遷移はコマンドで制御することができます。SQL*PlusのSTARTUPコマンドを用いてインスタンスを起動した場合、NOMOUNT状態、MOUNT状態を経て、自動的にOPEN状態に遷移します。しかし、以下の場合は、コマンドを実行して手動で状態を遷移させる必要があります。

- NOMOUNT状態やMOUNT状態にしたい場合
- インスタンス起動中にエラーが発生した場合

NOMOUNT状態やMOUNT状態にしたい場合

メンテナンス作業や起動に関連したエラーの原因の切り分けなどを行う場合にインスタンスをNOMOUNT状態やMOUNT状態にする必要があることがあります。

インスタンスの起動をNOMOUNT状態で停止する場合はSTARTUP NOMOUNTコマンド、MOUNT状態で停止する場合はSTARTUP MOUNTコマンドを使用します。

書式　インスタンスを起動し、NOMOUNT状態にする（SQL*Plus）

```
STARTUP NOMOUNT
```

書式　インスタンスを起動し、MOUNT状態にする（SQL*Plus）

```
STARTUP MOUNT
```

NOMOUNT状態を利用するのは、通常、DBCAを使用せず手動でデータベースを作成する場合のみです。MOUNT状態は、以下の作業を行うときに使用されます。

- データファイルやREDOログファイルのパス変更
- アーカイブログモードと非アーカイブログモードの切り替え

インスタンス起動中にエラーが発生した場合

インスタンス起動中にエラーが発生した場合、起動処理は途中で停止します。例えば、制御ファイルが初期化パラメータCONTROL_FILESに設定された個所にない場合は、NOMOUNT状態で起動処理が停止します。このような場合は、エラーの原因を取り除いた後、ALTER DATABASE OPEN文を実行し、NOMOUNT状態からOPEN状態へ状態を遷移する必要があります。

書式 NOMOUNT状態、MOUNT状態からOPEN状態への遷移

```
ALTER DATABASE OPEN;
```

起動状態の遷移とコマンドの対応

それぞれの起動状態と、起動状態に遷移するコマンドの対応を下図に示します。例えば、いったんNOMOUNT状態に遷移し、その後MOUNT状態、OPEN状態と遷移させたい場合は、「STARTUP NOMOUNT」→「ALTER DATABASE MOUNT」→「ALTER DATABASE OPEN」の順にコマンドを実行します。

図18-04 起動状態の遷移とコマンドの対応

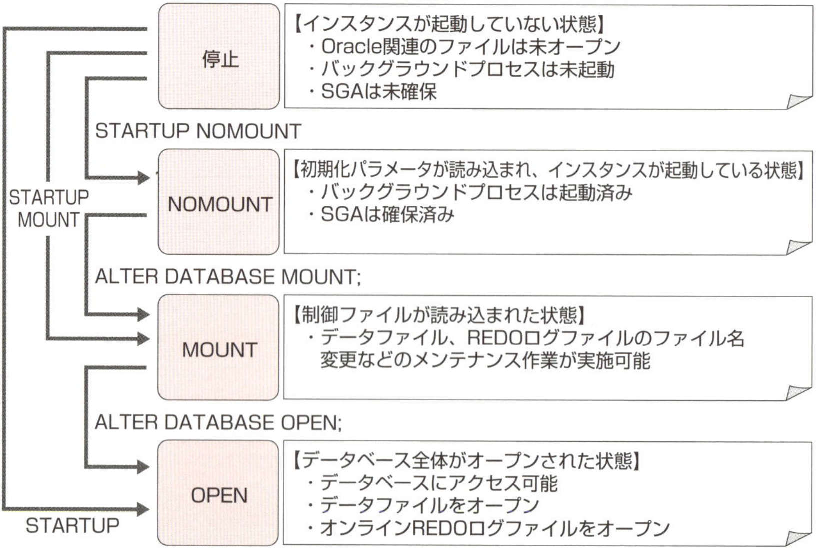

実行例 18-02 インスタンス起動の実行例（SQL*Plus）

```
SQL> connect / as sysdba
SQL> STARTUP NOMOUNT
ORACLEインスタンスが起動しました。

Total System Global Area  171966464 bytes
Fixed Size                  1289508 bytes
Variable Size             121635548 bytes
Database Buffers           41943040 bytes
Redo Buffers                7098368 bytes

SQL> ALTER DATABASE MOUNT;

データベースが変更されました。

SQL> ALTER DATABASE OPEN;

データベースが変更されました。
```

インスタンスの停止

Oracleにはインスタンス停止の方法がいくつか用意されています。方法によってプロセスの停止方法や、実行中のセッション、トランザクションの扱いが異なります。

SHUTDOWNコマンドの利用

インスタンスは、SQL*PlusのSHUTDOWNコマンドを使用して停止します。SHUTDOWNコマンドの構文を以下に示します。なお、SHUTDOWNコマンドにはオプションを指定することができ、オプションごとに停止処理の動作が異なります。

書式 SHUTDOWNコマンド（SQL*Plus）

```
SHUTDOWN [ NORMAL | TRANSACTIONAL | IMMEDIATE | ABORT ]
```

表18-03 SHUTDOWNコマンドのオプション

オプション	説明
NORMAL	デフォルト値。すでにインスタンスに接続しているセッションの終了を待ってから、インスタンスの停止処理を実行する
TRANSACTIONAL	すでに実行されているトランザクションの終了を待ってから、インスタンスの停止処理を実行する
IMMEDIATE	すでに実行されているトランザクションがあっても、トランザクションの終了を待たず、ロールバックしてインスタンスの停止処理を実行する
ABORT	インスタンスを強制停止する。データベースのデータ整合性は取れていない状態なので、再度起動したときにクラッシュリカバリが実行される

●SHUTDOWN NORMAL

何も引数を指定せずにSHUTDOWNコマンドを実行すると、NORMALオプションでインスタンスの停止処理が実行されます。SHUTDOWN NORMAL実行後、インスタンスに対する新規のセッション接続は禁止されます。Oracleはすべてのユーザーがセッションを切断するのを待ってから、インスタンスを停止します。

インスタンスの停止後、データベースは内部的に整合性の取れた状態となります。すなわち、インスタンスの停止時に、**チェックポイント**が発行され、データベースバッファキャッシュに存在するすべての更新済みブロックはデータファイルに反映されます。そのため、Oracleに接続しているセッションがない場合や、現在接続しているセッションの処理の完了を待っている場合に利用できます。一方、そのような状況でない場合は、停止処理がすぐに実行されないため注意が必要です。

●SHUTDOWN TRANSACTIONAL

SHUTDOWN TRANSACTIONALを指定すると、実行済みの更新内容が失われないように、トランザクションの終了を待ってインスタンスの停止処理を行います。SHUTDOWN TRANSACTIONAL実行後、インスタンスに対する新規のセッション接続は禁止されます。

実行中のトランザクションをコミットまたはロールバックした時点で、セッションは切断されます。すべてのトランザクションが終了した時点で、インスタンスが停止されます。インスタンス停止後、データベースは整合性の取れた状態となります。

●SHUTDOWN IMMEDIATE

データベースの整合性を維持しつつ、できる限り早急にインスタンスの停止処理を行います。SHUTDOWN IMMEDIATE実行後、インスタンスに対する新規のセッション接続は禁止されます。

実行中のSQL文は途中で終了する可能性があります。トランザクションが実行中の場合、Oracleはそのトランザクションをロールバックし、すべてのセッションを切断します。

SHUTDOWN IMMEDIATE実行時に大量のデータを更新するトランザクションを実行中だった場合、インスタンス停止前に、更新済みのデータを更新前の状態に戻すためのロールバック処理が実行されます。そのため、SHUTDOWN IMMEDIATEの実行後、インスタンスの停止までに時間がかかる場合があることに注意してください。インスタンス停止後、データベースは内部的に整合性の取れた状態となります。

●SHUTDOWN ABORT

SQL文やトランザクションの完了、セッションの切断を待たずに、強制的にインスタンスの停止処理を行います。実行中のクライアントから発行されたSQL文は終了し、データベースに接続しているすべてのセッションは切断されます。

コミットされていないトランザクションは、シャットダウン実行前にロールバックされません。したがって、SHUTDOWN ABORT実行後は、データベースは**内部的な整合性が取れていない状態**となります。

次回のインスタンス起動時に、内部的な整合性を回復するためにクラッシュリカバリ※が必要になります。そのため、**運用環境では、SHUTDOWN ABORTを使ってインスタンスを停止するべきではありません**。なんらかの理由でSHUTDOWN IMMEDIATEでインスタンスを停止できない場合などの、例外的な場合にのみ利用すべきです。

やむを得ず、SHUTDOWN ABORTを実行する場合は、インスタンス停止後にインスタンスを再度起動し、クラッシュリカバリが正常に実行され、データベースがオープンできることを確認したうえで、再度SHUTDOWN IMMEDIATEなどでインスタンスを停止してください。このような手順を踏むことで、データベースの内部的な整合性が取れた状態でインスタンスを停止することができます。

※クラッシュリカバリについては、CHAPTER 19「リカバリ処理の仕組み」で説明します。

本章のまとめ

●インスタンスの起動

・インスタンスの起動時、インスタンスはNOMOUNT状態→MOUNT状態→OPEN状態の順で状態遷移する
・NOMOUNT状態では、サーバーパラメータファイルがオープンされ、バックグラウンドプロセスが起動し、SGAが確保される
・MOUNT状態では、制御ファイルがオープンされる
・OPEN状態では、データファイル、REDOログファイルがオープンされ、Oracleが利用可能になる
・インスタンスの起動の各状態の遷移には、STARTUPコマンド、ALTER DATABASE文を使用することができる

●インスタンスの停止

・SHUTDOWNコマンドには、4種類のオプション(NORMAL、TRANSACTIONAL、IMMEDIATE、ABORT)がある
・通常の運用では、SHUTDOWN NORMALもしくはTRANSACTIONAL、IMMEDIATEを使用する
・SHUTDOWNコマンドのオプションは、インスタンスの使用状況に応じて使い分ける
・SHUTDOWN ABORTの実行後は、データベースは整合性が取れていない状態となる
・通常の運用ではSHUTDOWN ABORTを使用すべきではない

CHAPTER 19

リカバリ処理の仕組み

本章ではリカバリ処理の仕組みについて説明します。Oracleは、データベースの整合性を維持するため、トランザクションのロールバック発行時や障害の発生時に「**リカバリ**」という処理を行います。

下図の色の付いた網かけ部分が、Oracleアーキテクチャ全体から見たリカバリ処理に関連する構成要素です。

図19-01 リカバリに関連するアーキテクチャの構成要素

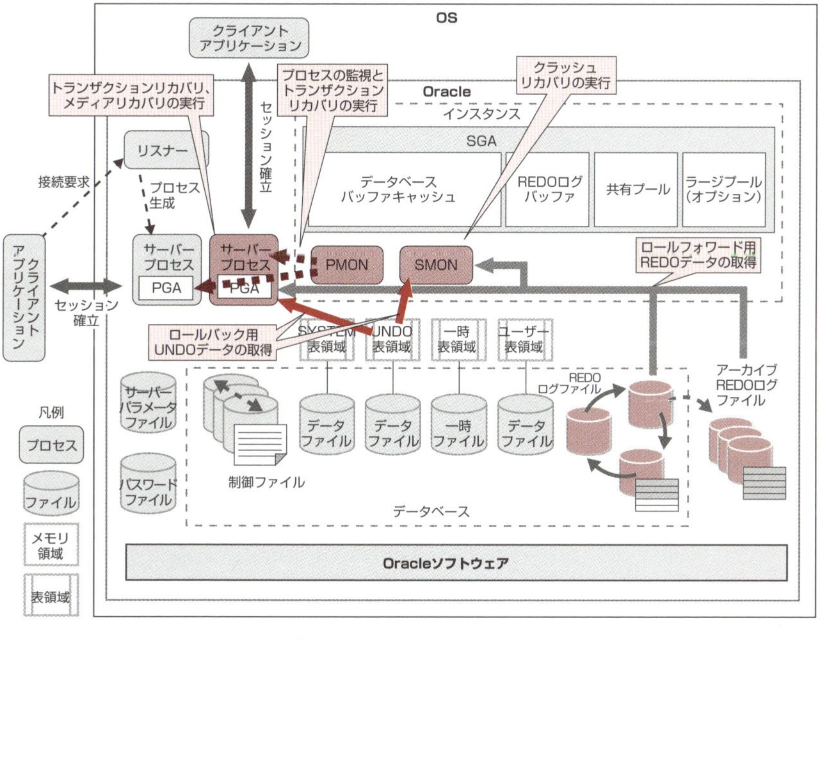

トランザクションリカバリの仕組み

トランザクションリカバリは、UNDOセグメントに格納されたUNDOデータをもとに、実行中のトランザクション処理を取り消す（**ロールバック**）ことで、トランザクション実行前の状態に戻すリカバリ処理です。

UNDOデータにはトランザクションの更新前のデータが含まれるので、トランザクション内で実行されたすべての更新に対してUNDOデータを適用することで、トランザクションの実行前の状態に戻すことができます。

トランザクションリカバリの実行とロールバック

トランザクションリカバリは、以下の場合にOracleによって**自動的**に実行されます。

- クライアントアプリケーションがROLLBACK文を発行したとき
- トランザクションを実行中のサーバープロセスが異常停止したとき
- インスタンスが異常停止／強制停止された後のインスタンス起動時

図19-02 トランザクションリカバリとUNDOデータ

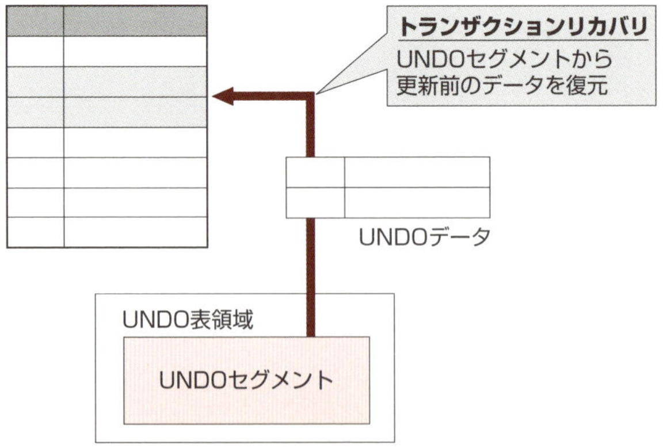

このような内部動作によってロールバックが実現されているため、ロールバック実行前にトランザクションで実行されたデータの更新量が多いと、ロールバックに時間がかかる場合があります。例えば、大量のデータを更新

するバッチ処理の途中でトランザクションをロールバックすると完了までに時間がかかります。このようなときは、ロールバックの完了を待つしかないので、焦ってサーバープロセスや、Oracleの強制終了を行わないようにしてください。

●クライアントアプリケーションがROLLBACK文を発行したとき

トランザクションの実行中に、クライアントアプリケーションがROLLBACK文を発行して、明示的にトランザクションをロールバックした場合は、**サーバープロセス**がトランザクションリカバリを実行します。

下図は、トランザクションのロールバックを実行した際のトランザクションリカバリの動作を示しています。UPDATE文を実行したとき、対象の行が更新され、更新前のデータ（**UNDOデータ**）はUNDOセグメントに保存されます（①）。ROLLBACK文を実行したとき、実行したUPDATE文による更新処理を取り消すため、UNDOセグメントから更新前のデータを取得し、更新前のデータを復元します（②）。

図19-03 ロールバックとトランザクションリカバリ

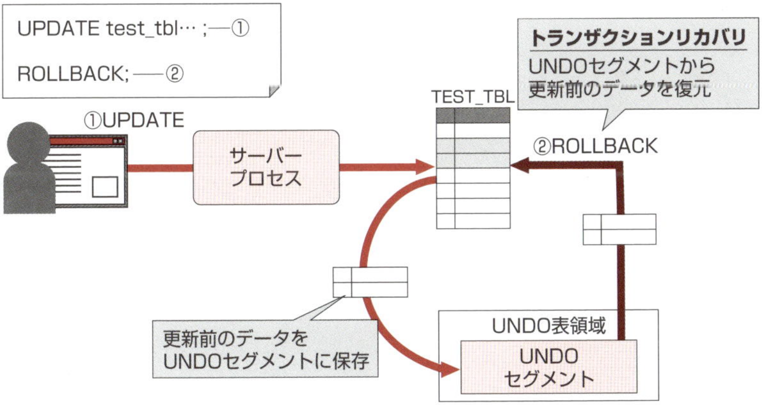

●トランザクションを実行中のサーバープロセスが異常停止したとき

トランザクション実行中にサーバープロセスが異常終了した場合は、**PMONバックグラウンドプロセス**が異常終了を検出してトランザクションをロールバックします。

図19-04 サーバープロセスの異常終了とトランザクションリカバリ

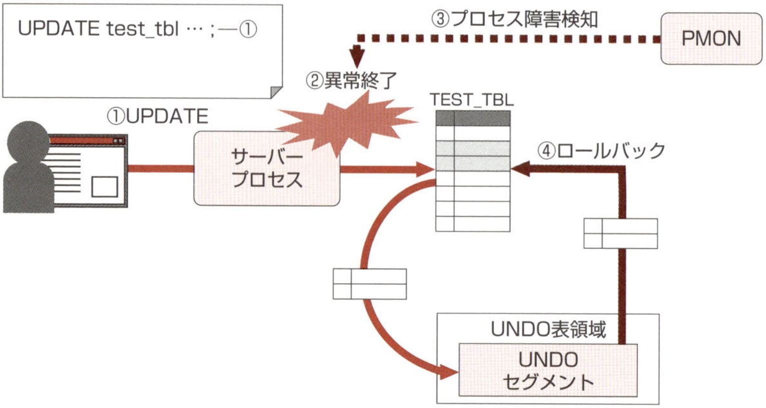

●インスタンスが異常停止／強制停止された後のインスタンス起動時

実行中のトランザクションが存在するときにインスタンスが異常停止した後や、SHUTDOWN ABORTコマンドで強制停止された後にインスタンスを起動すると、クラッシュリカバリの一環としてトランザクションリカバリが実行されます。詳細は次項「クラッシュリカバリの仕組み」で説明します。

クラッシュリカバリの仕組み

クラッシュリカバリはインスタンスに障害が発生して異常停止した後や、インスタンスをSHUTDOWN ABORTコマンドで強制停止した後のインスタンスの起動時に**SMONバックグラウンドプロセス**が自動的に行うリカバリ処理です。

インスタンスが異常停止した場合や強制停止された場合、データベースは内部的に整合性が取れていない状態になっています。そこで、クラッシュリカバリを実行し、データベースの整合性を回復して、データベースをオープンできるようにします。

図19-05 インスタンスの強制停止／異常停止とクラッシュリカバリ

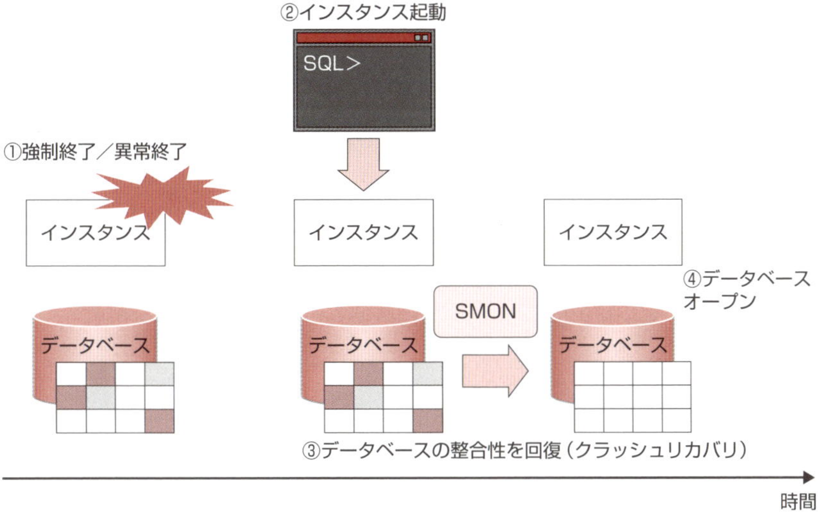

内部的な整合性を持っていないデータベースの状態

まず、内部的な整合性※を持っていないデータベースの状態について説明します。内部的な整合性を持った状態とは、コミット済みのトランザクションによる更新処理だけがデータベースに反映されている状態です。

一方、内部的な整合性を持っていないデータベースには、コミット済みであるにもかかわらずデータファイルに変更が反映されていなかったり、未コミットであるにもかかわらずデータファイルに変更が反映されていたりします。つまり、データファイルのブロックに対して本来適用されているべき変更が適用されていなかったり、適用されているべきではない変更が適用されている状態であるといえます。

※ ここの記述における「内部的な整合性」は、Oracle内部のレベルでの整合性を指しています。なお、CHAPTER 15**「トランザクションの概要とACID特性」**の「一貫性」の説明における「データの整合性」は、データベースで保持している値自体の整合性を指しており、レベルが異なります。

図19-06 データベースの内部的な整合性の有無（イメージ）

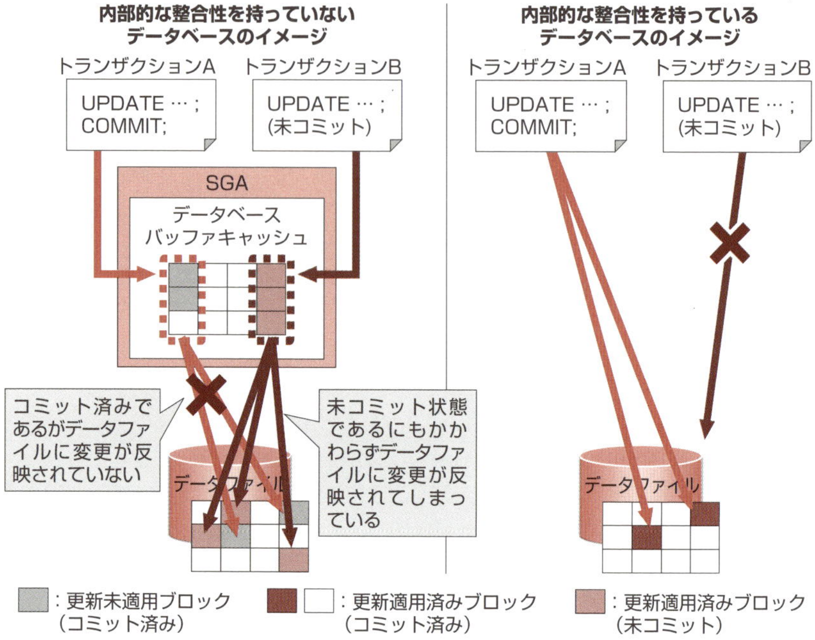

ロールフォワードとロールバックによる整合性の回復

内部的な整合性を持っていないデータベースは、クラッシュリカバリにより、ロールフォワードとロールバックを行うことで整合性を回復します。

図19-07 クラッシュリカバリによる整合性の復元

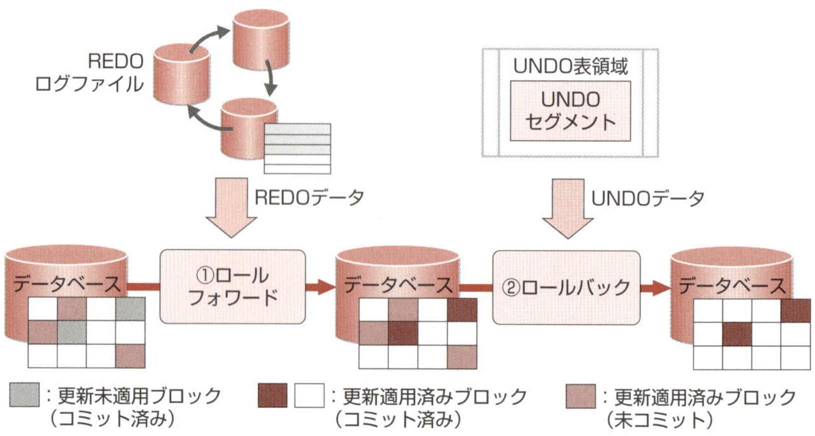

表19-01 ロールフォワードとロールバック

対処	処理内容
ロールフォワード	コミット済みのトランザクションの適用： REDOログファイルのチェックポイント以前のREDOデータに記録されたトランザクションを実行する。この処理により、コミット済みであるが、データファイルに変更が反映されていないブロックに更新処理が実行される
ロールバック	未コミットのトランザクションの取り消し： UNDOセグメントに格納されたUNDOデータを利用して、未コミットであるにもかかわらず、データファイルに変更が反映されているブロックの更新処理を取り消す

ロールフォワードの必要性と仕組み

CHAPTER 14「更新処理の仕組み」で説明した通り、トランザクションをコミットしても、更新されたデータはすぐにはデータファイルに書き込まれません。コミット完了時点では、REDOログファイルに更新内容を記録したREDOデータが書き込まれるだけです。そのため、障害発生時はロールフォワードを実行し、チェックポイント以後のREDOデータに記録された変更内容をデータファイルに反映する必要があります。

図19-08 ロールフォワードとREDOログファイル

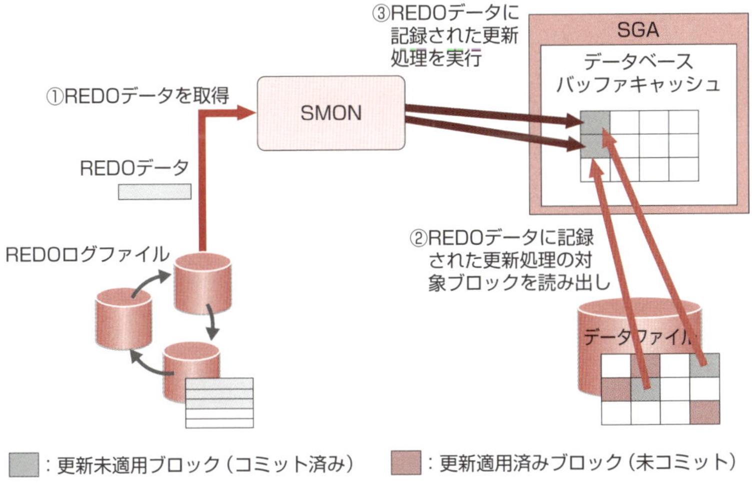

ロールバックの必要性と仕組み

トランザクション処理中で未コミットの状態にもかかわらず、更新されたデータがデータファイルに書き込まれる場合があります。例えば、トランザクションが未コミットであっても、データベースバッファキャッシュの空き領域が不足した場合は、更新済みブロックが**DBWnバックグラウンドプロセス**によってデータファイルに書き込まれます。

図19-09 更新済みブロックのデータファイルへの書き込み

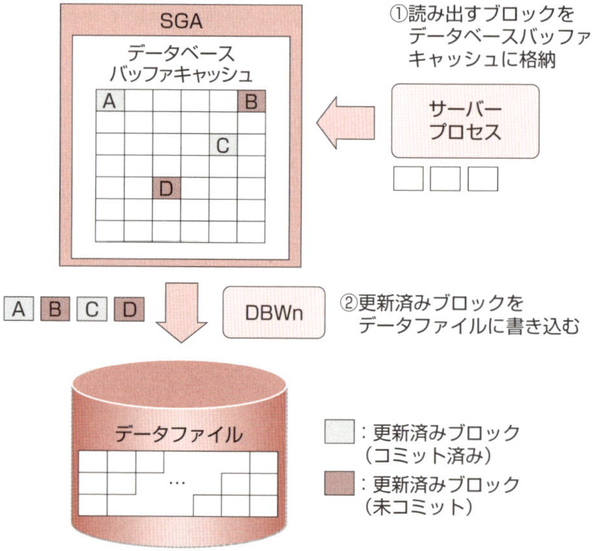

インスタンス障害発生時に実行中だったトランザクションによる更新は、中途半端な状態なのでロールバックを実行します。更新される前のデータはUNDO表領域のUNDOセグメントに、UNDOデータとして格納されています。**SMONバックグラウンドプロセス**がデータファイルの更新取り消し対象のブロックに対してUNDOデータを適用し、更新前の状態に戻します。

なお、すべてのロールバック処理が完了してなくてもデータベースはオープンされます。Oracleの内部処理に伴う一部のトランザクションのロールバック処理が完了した時点でデータベースはオープンされ、残りのトランザクションについては、SMONによって順次ロールバックされます。

図19-10 インスタンスリカバリ時のロールバック処理

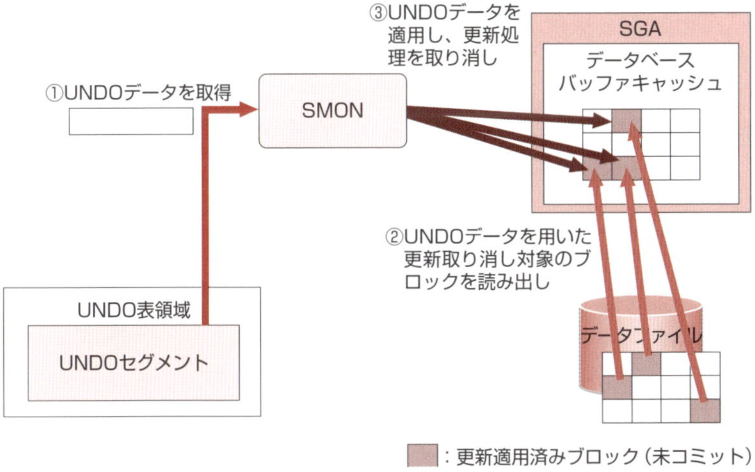

クラッシュリカバリの実行例

クラッシュリカバリを含めた、障害発生時のコミット処理とロールフォワードによるデータ更新の動作を実際に確認してみましょう。今回実行する手順の概要は以下の通りです。なお、本節の手順はWindows版Oracleを想定した手順となっています。

1）SCOTTスキーマのEMPテーブルをもとにテスト用のEMP3テーブルを作成する
2）UPDATE文を実行する
3）UPDATE文のトランザクションをコミットする
4）UPDATE文を実行する
5）タスクマネージャからOracleを強制停止する
6）Oracleを再起動し、更新処理を確認する

まず、SQL*Plusを用いてOracleにSCOTTユーザーでログインし、次の実行例に示す一連のSQLを実行します。

実行例 19-01 EMP3テーブルの作成と更新処理の実行

```
SQL> CREATE TABLE emp3 AS SELECT * FROM emp;

表が作成されました。

SQL> SELECT * FROM emp3 WHERE empno = 7369;

 EMPNO ENAME  JOB          MGR HIREDATE  SAL  COMM  DEPTNO
------ ------ ------ ------ -------- ---- ----- -------
  7369 SMITH  CLERK     7902 80-12-17  800              20

SQL> UPDATE emp3 SET ename = 'xxx' WHERE empno =7369; ――❶

1行が更新されました。

SQL> COMMIT;

コミットが完了しました。

SQL> SELECT * FROM emp3 WHERE empno = 7369;

 EMPNO ENAME  JOB          MGR HIREDATE  SAL  COMM  DEPTNO
------ ------ ------ ------ -------- ---- ----- -------
  7369 xxx    CLERK     7902 08-01-26  800              20

SQL> SELECT * FROM emp3 WHERE empno = 7499;

 EMPNO ENAME  JOB            MGR HIREDATE  SAL  COMM  DEPTNO
------ ------ -------- ------ -------- ---- ----- -------
  7499 ALLEN  SALESMAN   7698 81-02-20 1600   300       30

SQL> UPDATE emp3 SET ename = 'yyy' WHERE empno =7499; ――❷

1行が更新されました。

SQL> SELECT * FROM emp3 WHERE empno = 7499;

 EMPNO ENAME  JOB            MGR HIREDATE  SAL  COMM  DEPTNO
------ ------ -------- ------ -------- ---- ----- -------
  7499 yyy    SALESMAN   7698 81-02-20 1600   300       30
```

上記の実行例を実行した際のOracleの内部処理のイメージを下図に示します。はじめのUPDATE文の更新処理はコミット済みとしてREDOログファイルに保存されています（❶）が、2番目のUPDATE文の更新処理はコミットされていないため、コミット済みとしてREDOログファイルには保存されていません（❷）。

図19-11 更新処理の実行時点における動作イメージ

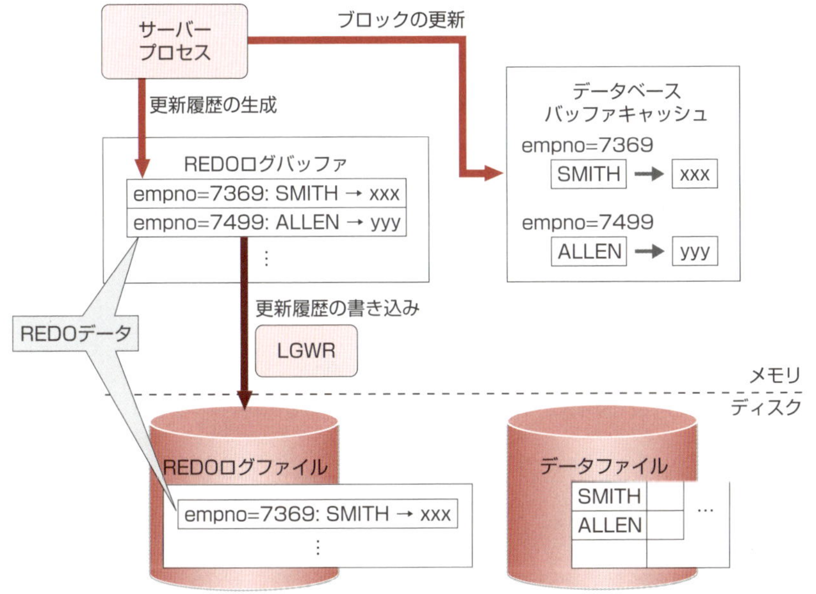

SQL*Plusはいったんこのままにしておきます。次に、障害ケースを想定してインスタンスを強制停止させます。Windowsのスタートメニューから「ファイル名を指定して実行」を選択し、ダイアログに「taskmgr」と入力して「OK」ボタンを押してください。タスクマネージャが起動するはずです。

「プロセス」タブを選択して、プロセス一覧表示画面から、「イメージ名」が「oracle.exe」となっているプロセスを選択して、「プロセスの終了」を押します。これで、インスタンスが強制停止されました。

次に、Oracleを再起動します。「すべてのプログラム」→「コントロールパネル」→「管理ツール」→「サービス」を選択します。「サービス」ウィンドウのサービス一覧表示画面で「名前」が「OracleService<ORACLE_SID>」であるサービスを右クリックして「開始」を選択します。

図19-12 oracle.exeの強制停止

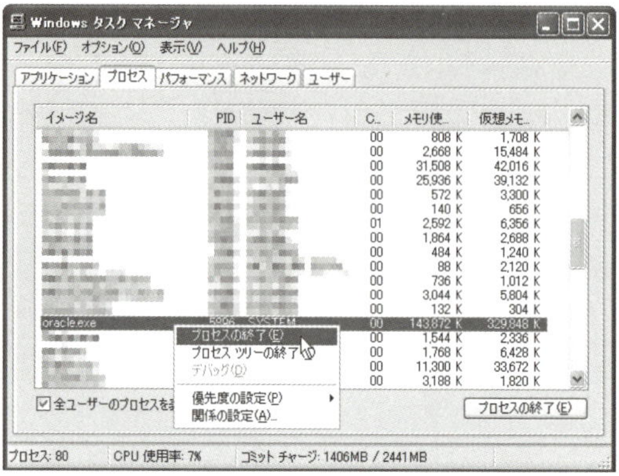

開始処理が正常に完了したことを確認したら、SQL*Plusに戻って、exitコマンドを実行してみましょう。SQL*Plusから接続していたOracleが強制停止されたため、通信エラーが発生します。

実行例 19-02 Oracle強制停止後のSQL*Plus

```
SQL> exit
ERROR:
ORA-03113: 通信チャネルでend-of-fileが検出されました
プロセスID: 0
セッションID: 168、シリアル番号: 3

Oracle Database 12c Enterprise Edition Release 12.1.0.1.0 - 64bit
Production
With the Partitioning, OLAP, Advanced Analytics and Real Application
Testing options (障害を含んでいます。)との接続が切断されました。
```

再度SQL*PlusからSCOTTユーザーでOracleに接続し、先ほどUPDATE文を実行したレコードを確認してみましょう。

実行例 19-03 Oracle再起動後の検索結果

```
SQL> SELECT * FROM emp3 WHERE empno = 7369;

 EMPNO ENAME  JOB         MGR HIREDATE  SAL  COMM  DEPTNO
------ ------ --------- ------ -------- ---- ----- -------
  7369 xxx    CLERK      7902 80-12-17  800             20
```

```
SQL> SELECT * FROM emp3 WHERE empno = 7499;

 EMPNO ENAME  JOB          MGR HIREDATE  SAL  COMM  DEPTNO
------ ------ -------- ------ -------- ---- ----- -------
  7499 ALLEN  SALESMAN   7698 81-02-20 1600   300      30
```

コミット前に実行したUPDATE文による更新処理は反映され、コミットしていないUPDATE文による更新処理は反映されていないことが確認できます。このことからインスタンスの起動時に下図のようなクラッシュリカバリ処理（ロールフォワード処理）が実行されていることがわかります。

図19-13 今回確認したクラッシュリカバリの動作イメージ

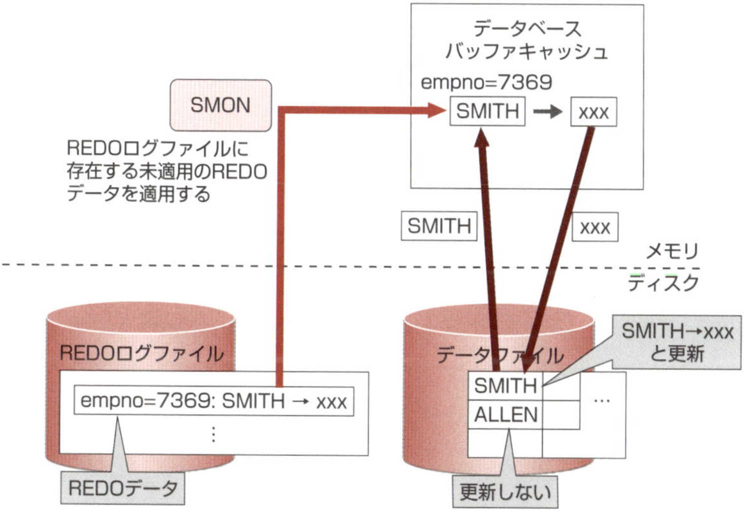

メディアリカバリとアーカイブREDOログ

運用中にインスタンス障害が発生して内部的な整合性が失われた状況でも、クラッシュリカバリによって整合性を復元し、運用を再開することができます。しかし、クラッシュリカバリでは、データベースを構成するファイルが完全に失われてしまったような状況に対応できません。このような場合は**メディアリカバリ**を行います。メディアリカバリを行うためには、バックアップの取得をはじめ、いくつかの条件がある点に注意してください。

メディアリカバリとは

メディアリカバリは、あらかじめ取得しておいたバックアップファイルからデータベースを復旧するリカバリ方法です。メディアリカバリが必要となる典型的なケースは、運用中のデータファイルが破損して、データベースが利用できなくなったときです。このような場合、バックアップ済みのデータファイルを戻し(リストア)、データファイルに対してアーカイブREDOログファイルやREDOログファイルのREDOデータを適用して、データファイルを障害発生時点まで更新します。

メディアリカバリは、SQL*PlusのRECOVERコマンドで実行します。メディアリカバリはトランザクションリカバリやクラッシュリカバリと異なり、Oracleによって自動的に実行されることはありません。

図19-14 メディアリカバリ

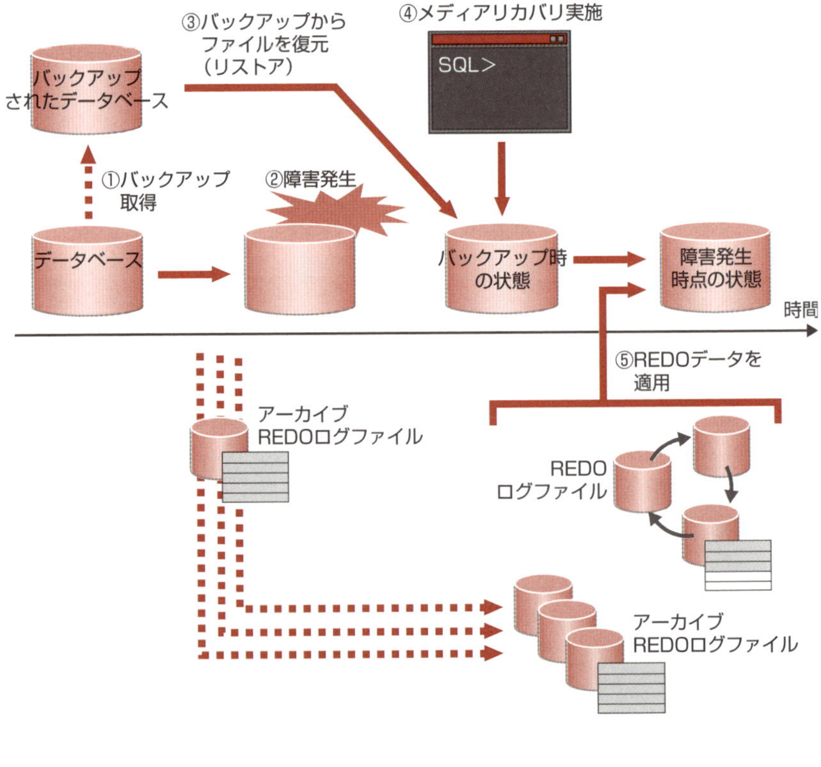

ロールフォワードに必要なREDOログファイル

メディアリカバリでは、バックアップからリストアしたデータファイルに対してロールフォワードを実行し、障害発生時点の整合性が取れたデータベースに復元します。

メディアリカバリによるロールフォワードでは、バックアップ取得時点から障害発生時点までに生成された一連のREDOデータが適用されます。つまり、メディアリカバリでは、**オンラインREDOログファイルだけでなく、アーカイブREDOログファイルも必要**です。これは、データベースがアーカイブログモードで運用されている必要があることを意味します。オンラインREDOログファイルは循環して使用されるため、継続して運用すると、書き込まれたREDOデータが、上書きされて消える場合があるためです。

メディアリカバリとクラッシュリカバリの比較

メディアリカバリ、クラッシュリカバリはともに障害が発生した際に実行されるという点では類似しています。しかし、障害の内容や、利用されるREDOログファイルなど異なる点もあります。

表19-02 メディアリカバリとクラッシュリカバリの比較

	メディアリカバリ	クラッシュリカバリ
リカバリで対処する障害の内容	データベースを構成するファイルの破損	インスタンス、OSの異常終了または強制終了
利用されるREDOログファイル	オンラインREDOログファイルとアーカイブREDOログファイル	オンラインREDOログファイル
リカバリ実行の方法	データベース管理者の明示的なコマンド指示を受けて実行	異常停止・強制停止後のインスタンスの起動時に自動的に実行
バックアップの取得	必要	不要
リストア作業	必要	不要
アーカイブログモード運用	必要	不要

本章のまとめ

●トランザクションリカバリとUNDOデータ

- Oracleのリカバリ処理にはトランザクションリカバリ、クラッシュリカバリ、メディアリカバリの３種類がある
- トランザクションリカバリは、ロールバックが必要となった場合に自動的に実行される
- ロールバックとは、UNDOデータをもとに実行される、未コミットのトランザクションの取り消し処理

●クラッシュリカバリとSMON

- クラッシュリカバリはインスタンス障害後の起動時にSMONにより自動的に実行される
- クラッシュリカバリはロールフォワードとロールバックから構成される
- ロールフォワードは、REDOデータをもとに実行される、コミット済みのトランザクションの適用処理

●クラッシュリカバリの実行例

- トランザクションの実行中にoracle.exeを強制終了することで、クラッシュリカバリの動作を確認できる

●メディアリカバリとアーカイブREDOログ

- メディアリカバリはメディア障害時などに実行すべきリカバリ処理
- メディアリカバリを実行するには、バックアップのリストアが必要
- メディアリカバリを実行するには、データベースをアーカイブログモードで運用している必要がある

SECTION Ⅵ

Oracle Net Servicesと クライアント／サーバー

Oracle Net Serivicesは、Oracleをネットワーク環境で使用するための製品です。マルチプロトコル対応を目的としたインターネットの普及前から存在する非常に歴史のある製品で、現在主流のTCP/IPを前提としたHTTPやFTPなどのネットワークサービスとはかなり色合いが異なるため、苦手意識を持っている方が多いようです。もしそうであれば、ここでの説明を理解して、Oracle Net Serivicesに対する苦手意識を払拭してもらえればと思います。

CHAPTER 20

基本的な接続形態とNet Servicesの構成

Oracleをネットワーク環境で使用する場合、「Oracle Net Services」と呼ばれるソフトウェアをクライアントマシン（インスタンスに接続するマシン）とデータベースサーバー（インスタンスが稼動するマシン）に構成する必要があります。データベースサーバー上のOracleはクライアントマシン上で動作するクライアントアプリケーションからの要求に応じてサービスを提供します。このようなアーキテクチャによるサービスの提供形態を「クライアント／サーバーアーキテクチャ」と呼びます。

Oracle Net Services

Oracle Net Servicesは、Oracleをネットワーク環境で使用するために必要なコンポーネント群をまとめた総称で、Oracle NetやOracle Net Listener（リスナー）、Net Configuration Assistant（Net CA）、Net Managerなどで構成されます。

Oracle Net Servicesは、ネットワーク環境でOracleを使用するすべてのマシンにインストールする必要があります。また、ネットワーク環境に応じて適切にOracle Net Servicesを構成する必要があります。

表20-01 Oracle Net Servicesを構成するコンポーネント

コンポーネント	説明
Oracle Net	クライアント／サーバー間のネットワーク通信を実現するソフトウェア
Oracle Net Listener（リスナー）	リモート接続を受け付ける常駐型のサーバープログラム
Net Configuration Assistant	リスナーの構成と、Oracle Net Servicesの基本的な構成を行うGUIツール
Net Manager	Oracle Net Services全般の設定を行うGUIツール

インスタンスへの接続方法

Oracle Net Servicesの構成内容やクライアント／サーバーアーキテクチャの説明に入る前に、インスタンスへの接続方法を整理します。クライアントアプリケーションからインスタンスに接続するには、以下の2つの方法があります。

- **ローカル接続**
- **リモート接続**

ローカル接続

ローカル接続とは、インスタンスが稼動するマシン（データベースサーバー）上のクライアントアプリケーションから、インスタンスにアクセスする場合にのみ使用できる接続方法です。

図20-01 ローカル接続

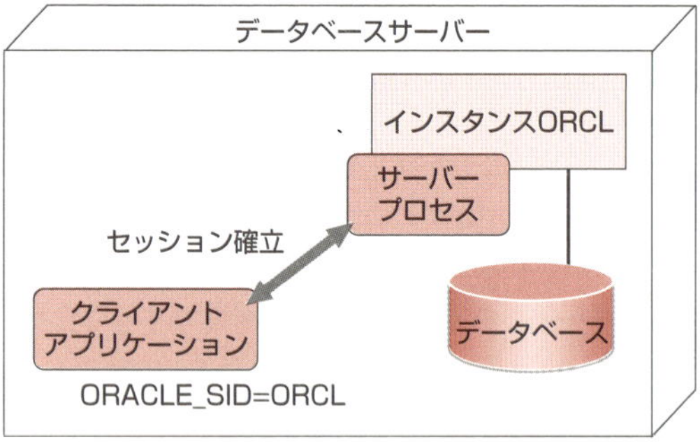

ローカル接続では、**ORACLE_SID**を用いたOracle独自のノード内の通信方式を使用しています。したがって、ローカル接続を行う場合は、クライアントアプリケーションを実行する前に環境変数ORACLE_SIDに接続先のインスタンスの名前を設定しておく必要があります。

ローカル接続のみを利用する場合、Oracle Net Servicesの構成は不要です。一般的に、ローカル接続は次の場合に使用します。なお、本書のSECTION Ⅰ～Ⅴでインスタンスに接続する実行例は、すべてローカル接続を用いて

Oracleに接続しています。

- データベースの起動や停止などの管理作業を行う場合
- スタンドアローン環境
- 単一データベースのバッチ処理

リモート接続

リモート接続は、データベースサーバー以外の接続元マシン（クライアントマシン）のクライアントアプリケーションから、ネットワークを介してインスタンスにアクセスする場合に利用する接続方法です。リモート接続のことを「クライアント／サーバー接続」と呼ぶ場合もあります。

図20-02 リモート接続

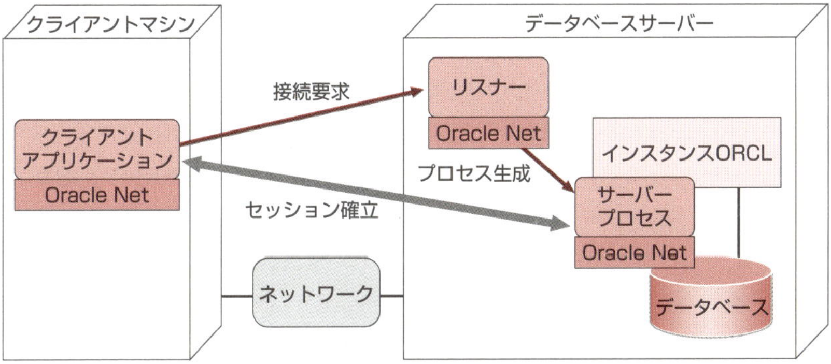

リモート接続は、**Oracle Net**とネットワークを介して通信を行います。したがって、データベースサーバーとクライアントマシンとにそれぞれOracle Netをインストールし、Oracle Net Servicesを構成する必要があります。

Oracle Netは、Oracle Net Servicesに含まれる、ネットワークを介した接続を行うためにOracleが提供しているソフトウェアです。

クライアントアプリケーションからの接続は、**リスナー**と呼ばれるプロセスが受け付け、サーバープロセスに中継します。したがって、リスナーがデータベースサーバー上で起動している必要があります。例外的な利用方法ですが、データベースサーバーのクライアントアプリケーションからリモート接続することもできます。同一マシン内のネットワーク通信（ループバック通信）を用いて通信することになります。この場合、同一マシン内でも、ローカル接続で接続しているわけではないので、クライアント側に環境変数ORACLE_SIDの設定は不要です。

クライアント／サーバーアーキテクチャ

クライアント／サーバーアーキテクチャとは、クライアント（サービスを利用するプログラム）とサーバー（サービスを提供するプログラム）がネットワークを介して通信し、サービスを実現するアーキテクチャです。Oracleでは「クライアントアプリケーション」がクライアント、「インスタンス」と「リスナー」がサーバーに相当します。

Oracleのクライアント／サーバーアーキテクチャ

現在Oracle Netがサポートするネットワークプロトコルは、TCP/IPとSSL TCP/IPです。Oracle Netを使用するには、クライアントマシンとデータベースサーバーが、これらのネットワークプロトコルで通信できるよう設定されている必要があります。例えば、TCP/IP上でOracle Netを利用するためには、クライアントマシンとデータベースサーバーがTCP/IPで適切に通信できるように設定されていなければなりません。

クライアントマシンのOSには、Windows系、Linux/UNIX系などOracle Clientが対応しているOSを自由に選択することができます※。つまり、次の図のように、Oracle Clientが対応するさまざまなOSのマシンからデータベースサーバーにアクセスすることができます。

次の図にOracleのクライアント／サーバーアーキテクチャの構成例を示します。Oracle Clientをインストールしたクライアントマシンと、Oracle Databaseをインストールしたデータベースサーバーから構成されます※※。

※ Oracle製品の各OSへの対応についてはOracle社のシステム要件のWebページを確認してください。
※※ Oracle JDBC Thinドライバを使用する場合を除きます。

図20-03 Oracleのクライアント／サーバーアーキテクチャ

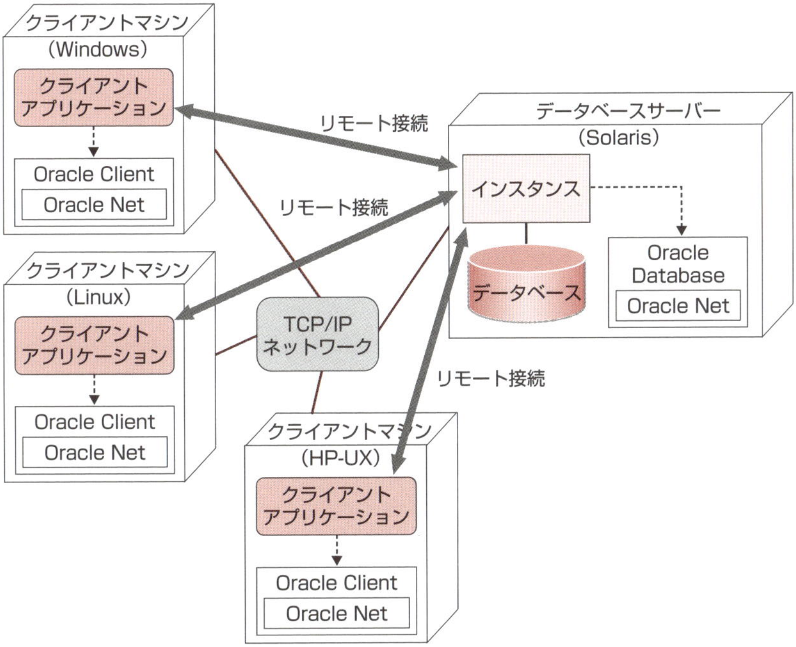

Oracle Client

Oracle Clientとは、Oracleに接続するために必要なソフトウェアで構成される製品です。Oracleに接続するクライアントマシンにはOracle Clientをインストールする必要があります※。

Oralce Clientのインストール時にはOracle Databaseのソフトウェアのインストール時と同様に、インストール先ディレクトリとしてORACLE_HOMEを指定する必要があります。なお、Oracle Net ServicesはOracle Clientに含まれるため、別途インストールする必要はありません。

また、データベースサーバーにもOracle Net Servicesが必要ですが、通常はインストールされています。

※ Oracle JDBC Thinドライバで接続する場合を除きます。

プログラミングインタフェース

Oracleと連携して動作するクライアントアプリケーションを開発する場合、動作させるプラットフォームや使用するプログラミング言語に応じて、適切なプログラミングインタフェース製品を使用する必要があります。

また、クライアントアプリケーションを動作させる場合も、プログラミングインタフェース製品のランタイム用モジュール（動作用のモジュール）が必要となります。

表20-02 プログラミングインタフェース製品

プログラミングインタフェース製品	対応プラットフォームプログラミング言語
ODBCドライバ	ODBC APIに対応したWindows系プログラミング言語
OO4O（Oracle Objects for OLE）	OLE/COM※に対応したWindows系プログラミング言語（Visual Basic、C/C++など）
ODP.NET（Oracle Data Provider for .NET）	.NET Framework※※に対応した.NET系プログラミング言語（C#、VB.NETなど）
Pro*C/C++	C/C++言語
OCI	C/C++言語
Oracle JDBC OCIドライバ	Java言語
Oracle JDBC Thinドライバ	Java言語

※ Microsoft社により策定された、ソフトウェアのコンポーネント化技術
※※ Microsoft社により策定された、ソフトウェアの共通言語基盤

プログラミングインタフェース製品とOracle Net

Oracle JDBC Thinドライバを除いたすべてのプログラミングインタフェース製品はOracleと接続する際にOracle Netを使用します。したがって、Oracle JDBC Thinドライバ以外のプログラミングインタフェース製品を用いて開発したクライアントアプリケーションをネットワーク環境で動作させる場合、クライアントマシンにOracle Clientをインストールする必要があります。

なお、いずれのプログラミングインタフェース製品を用いてデータベースサーバーに接続する場合でも、データベースサーバーにはOracle Net Servicesのインストールと構成が必要です。

図20-04 プログラミングインタフェースとOracle Net Services

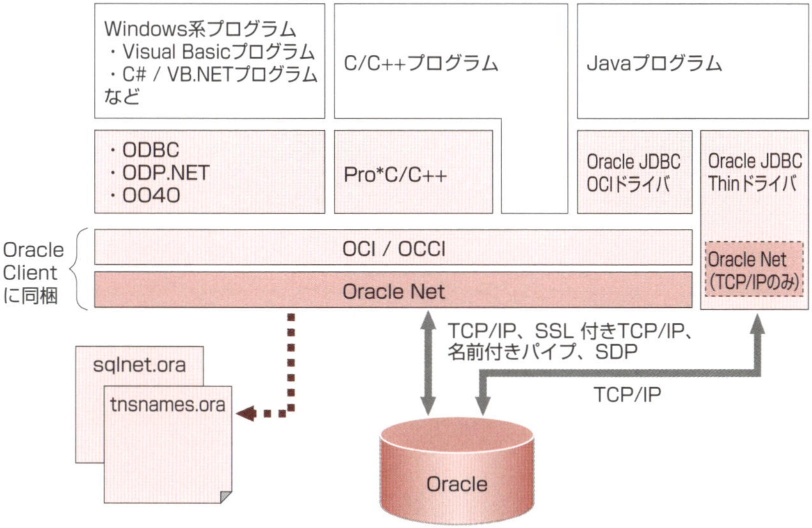

Oracle Net Servicesの構成

Oracle Net Servicesを用いた典型的なシステムの概観を図20-05に示します。データベースサーバーにある「**リスナー**」と呼ばれるプロセスがOracle Net経由で接続要求を受け付け、クライアントアプリケーションとサーバープロセス間のセッションを確立します。

クライアントマシンでは、Oracle Netに対応したクライアントアプリケーションが動作します。クライアントアプリケーションは、リスナーに対して接続要求を発行し、リスナー経由でサーバープロセスとセッションを確立します。通常は、**tnsnames.ora**という設定ファイルに、リスナーとインスタンスへの接続情報を記載します。

図20-05 Oracle Net Servicesの概観

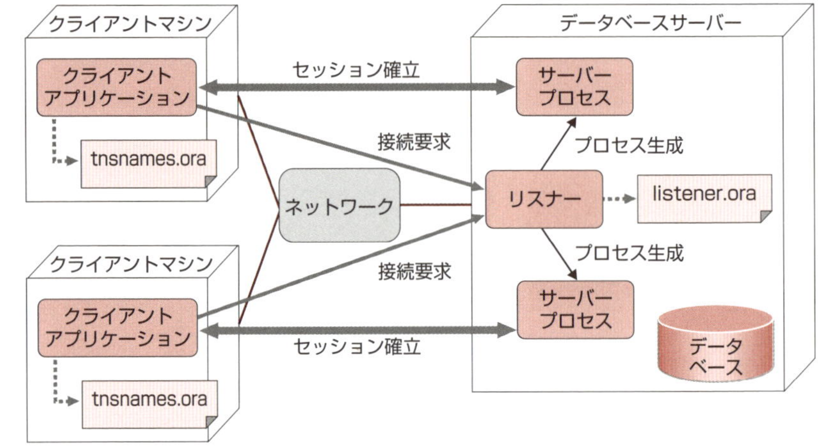

Oracle Net Servicesの設定ファイル

Oracle Net Servicesを利用するには、以下の設定ファイルを設定する必要があります。それぞれのファイルの位置付け、記述内容については、順次説明します。

表20-03 主要なOracle Net Servicesの設定ファイル

ファイル名	配置先	説明
listener.ora	・データベースサーバー	リスナーの構成情報を記述する設定ファイル
tnsnames.ora	・クライアントマシン ・データベースサーバー※	リスナーとOracleに関する接続情報（ネットサービス名）を記述する設定ファイル
sqlnet.ora	・データベースサーバー ・クライアントマシン	Oracle Netに関する各種パラメータを記述する設定ファイル

※ データベースサーバーからリモート接続する場合

設定ファイルを読み込む順序

Oracle Net Servicesの設定ファイルは、デフォルトでWindowsでは、「<ORACLE_HOME>¥network¥admin」配下に、UNIX/Linuxでは、「<ORACLE_HOME>/network/admin」配下に配置されます。

上記以外で配置できるディレクトリと優先順位を次の表にまとめます。デフォルト以外のディレクトリの優先順位が高いため、デフォルト以外のディレクトリに設定ファイルを配置した後で、これを忘れてしまうと、トラブルの元になりがちですので注意が必要です。

表20-04 Oracle Net Services設定ファイルの優先順位

優先順位	配置ディレクトリ	L	T	S
高 ↑	ユーザーレベルの設定ファイル（UNIX/Linuxのみ） $HOME（ホームディレクトリ）		○※	○※※
	環境変数またはレジストリTNS_ADMINで指定したディレクトリ	○	○	○
	システムレベルの設定ファイル（UNIX/Linuxのみ） Solaris：/var/opt/oracle/ AIX/HP-UX/Linux：/etc/	○	○	×
↓ 低	デフォルトの設定ファイル Windows：<ORACLE_HOME>¥network¥admin¥ UNIX/Linux：<ORACLE_HOME>/network/admin/	○	○	○

L：lisnter.ora／T：tnsnames.ora／S：sqlnet.ora
※ $HOME/.tnsnames.ora
※※ $HOME/.sqlnet.ora

リスナーとlistener.ora

リスナーは、データベースサーバー上で動作し、リモート接続を受け付けるプロセスです。Oracle Netを介したリモート接続を行う場合、データベースサーバー上でリスナーを起動させておく必要があります※。

リスナーがクライアントアプリケーションからの接続要求を待ち受ける動作を「**リスニング**」と呼びます。１つのリスナーは複数の接続要求をリスニングできます。また、複数のリスナーで、1つの接続要求をリスニングすることもできます。

クライアントアプリケーションからの接続要求を受けると、リスナーはサーバープロセスを起動し、サーバープロセスに接続元情報を渡して接続を引き継ぎます。サーバープロセス起動後は、クライアントアプリケーションとサーバープロセスのセッションを確立します。

※ 本節の記述は、専用サーバー接続を想定しています。

図20-06 リスナー

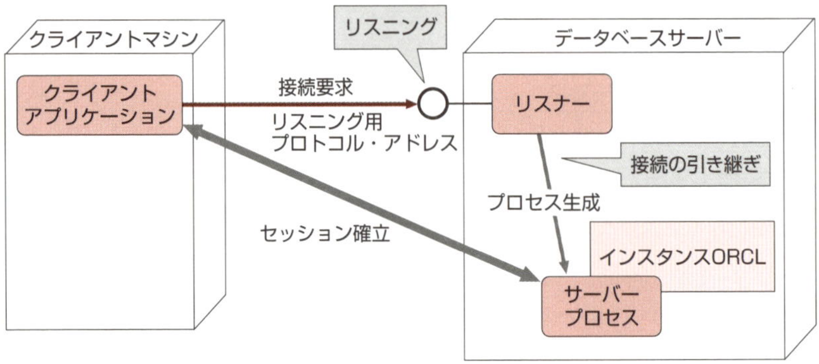

リスナーの構成情報

リスナーの構成情報として、以下の情報をlistener.oraに記述します。

- リスナーのリスニング用プロトコルアドレス
- リスナーが接続を中継するインスタンスの情報（省略可）

●リスニング用プロトコルアドレス

リスニング用プロトコルアドレスとは、リスナーがクライアントアプリケーションからの接続を待ち受けるネットワークアドレスです。ネットワークプロトコルにTCP/IPを使用する場合は、自サーバーのホスト名とTCPポート番号を指定します。

●リスナーが接続を中継するインスタンスの情報

インスタンスの情報には、グローバルデータベース名とORACLE_SIDを指定します。インスタンスはリスナーに自身の情報を登録する動的サービス登録機能を持っているため、一般的にはlistener.oraにインスタンスの情報を記載する必要はありません。

リスナーログ

リスナーログは、リスナーの起動や停止、接続要求、接続のエラーなどを記録するテキスト形式のログファイルです。1つのリスナーには、1つのリスナーログがあります。リスナーログのファイル名は、<リスナー名>.logです。デフォルトで、Oracle 10gでは「<ORACLE_HOME>¥network¥log¥」に、Oracle 11g以降では「<ORACLE_BASE>¥diag¥tnslsnr¥<ホスト名>¥<リスナー名>¥trace¥」に出力されます。

実行例 20-01 リスナーログ(下記出力は紙面にあわせて改行しています)

```
Sat Mar 14 19:57:28 2015
システム・パラメータ・ファイルは
  C:¥oracle¥product¥12.1.0¥dbhome_1¥network¥admin¥listener.oraです。
ログ・メッセージを
  C:¥oracle¥diag¥tnslsnr¥server0¥listener¥alert¥log.xmlに書き込みました。
トレース情報を
  C:¥oracle¥diag¥tnslsnr¥server0¥listener¥trace¥ora_4248_7560.trc
に書き込みました。
トレース・レベルは現在0です。

pid=4248で起動しました
リスニングしています:
  (DESCRIPTION=(ADDRESS=(PROTOCOL=tcp)(HOST=server0)(PORT=1521)))
リスニングしています:
  (DESCRIPTION=(ADDRESS=(PROTOCOL=ipc)(PIPENAME=¥¥.¥pipe¥EXTPROC1521ipc)))
Listener completed notification to CRS on start

TIMESTAMP * CONNECT DATA [* PROTOCOL INFO] * EVENT [* SID] * RETURN CODE
14-3月 -2015 19:57:36 *
  (CONNECT_DATA=(CID=(PROGRAM=)(HOST=)(USER=rywatabe))
    (COMMAND=status)(ARGUMENTS=64)(SERVICE=LISTENER)
    (VERSION=202375424)) * status * 0
リスニングしています:
  (DESCRIPTION=(ADDRESS=(PROTOCOL=tcps)(HOST=server0)(PORT=5500))
    (Security=(my_wallet_directory=C:¥ORACLE¥admin¥orcl¥xdb_wallet))
    (Presentation=HTTP)(Session=RAW))
14-3月 -2015 19:57:53 * service_register * orcl * 0  ――❶
14-3月 -2015 19:57:59 *
  (CONNECT_DATA=(SERVER=DEDICATED)(SERVICE_NAME=orcl)
    (CID=(PROGRAM=C:¥oracle¥product¥12.1.0¥dbhome_1¥bin¥sqlplus.exe)
    (HOST=client0)(USER=rywatabe))) * (ADDRESS=(PROTOCOL=tcp)
    (HOST=fe80::9a4:afc2:7de7:9bde%11)(PORT=62627)) * establish * orcl * 0 ―❷
```

❶ インスタンスORCLから動的サービス登録が実行されています。
❷ CLI01からSQL*Plusを用いてインスタンスORCLにリモート接続しています。

基本的な接続形態とNet Servicesの構成 20

Oracle 11gで導入されたXML形式のリスナーログ COLUMN

Oracle 11gからは従来のテキスト形式のリスナーログに加えて、XML形式のリスナーログが追加されています。デフォルトでは「<ORACLE_BASE>¥diag¥tnslsnr¥<ホスト名>¥<リスナー名>¥alert¥log.xml」に出力されます。

ネットサービス名とtnsnames.ora

接続を要求する側であるクライアントマシンのOracle Net Servicesの構成について説明します。通常、Oracle Netは「ネットサービス名」という名前で接続先のリスナーやインスタンスを識別します。ネットサービス名は設定ファイルtnsnames.oraに記載します。

接続記述子とリモート接続

クライアントマシンからOracle Netを用いてリモート接続を行う場合、リスナーのプロトコルアドレスと接続先インスタンスの情報から構成される「接続記述子」と呼ばれるOracle Netの接続情報が必要となります。

設定したリスナーのプロトコルアドレスから、接続要求を発行するリスナーの宛先が、また、接続先インスタンスの情報から、そのリスナーに登録されたインスタンスのうち、どのインスタンスに接続するかが決まります。

図20-07 接続記述子とリモート接続先インスタンスの決定

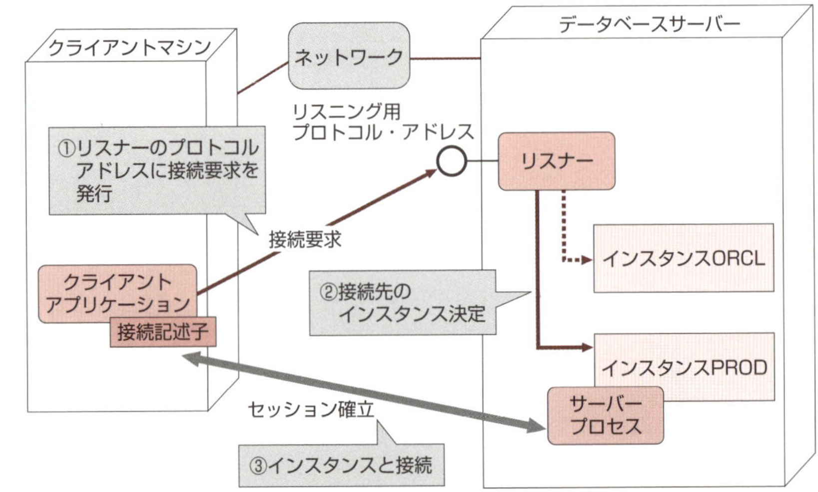

実行例 20-02 接続記述子の例

```
(DESCRIPTION=
  (ADDRESS=(PROTOCOL=tcp)(HOST=db01svr)(PORT=1521)) ———❶
  (CONNECT_DATA=(SERVICE_NAME=orcl))) ———❷
```

❶ リスナーのプロトコルアドレス
❷ 接続先インスタンスの情報

ローカルネーミングメソッドとtnsnames.ora

ネットワークシステムでは、接続記述子のようなアドレス情報は名前と対応付けて一元的に管理し、「**名前解決**」と呼ばれる「名前からアドレス情報を取得する仕組み」を用意して、管理コストを軽減するのが一般的です。

例えば、TCP/IPネットワークには、ホスト名とIPアドレスの対応関係をDNSサーバーやhostsファイルで一元的に管理し、ホスト名からIPアドレスを取得できるような名前解決の仕組みがあります。

図20-08 TCP/IPの名前解決方法

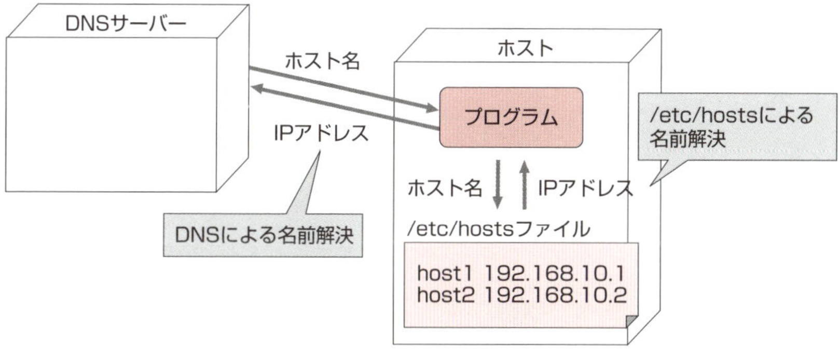

Oracle Net Servicesでも同様に、ネットサービス名から接続記述子を取得する「**ネーミングメソッド**」と呼ばれる名前解決の仕組みが用意されています。本書では「**ローカルネーミングメソッド**」というネーミングメソッドについて説明します。

ローカルネーミングメソッドとは、ネットサービス名と接続記述子の対応をtnsnames.oraをもとに名前解決するネーミングメソッドです。TCP/IPネットワークにおけるhostsファイルによるIPアドレスの名前解決に相当します。

なお、ローカルネーミングメソッドを利用する場合は、下図の通り、tnsnames.oraをすべてのクライアントマシンに配置する必要があるので注意してください。

図20-09 ローカルネーミングメソッドとtnsnames.ora

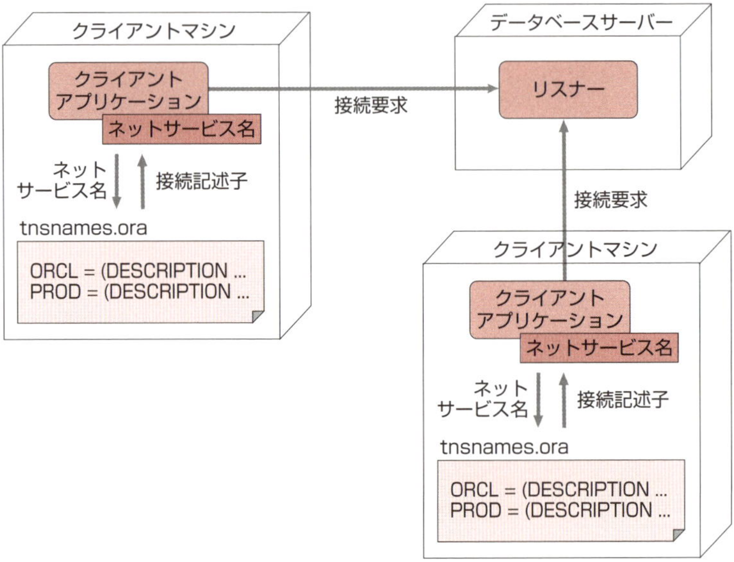

tnsnames.oraの設定例

ローカルネーミングメソッドを用いる場合、ネットサービス名と接続記述子の対応をtnsnames.oraに設定します。

実行例 20-03 tnsnames.oraの設定例

```
orcl=  ❶
  (DESCRIPTION=  ❷
    (ADDRESS=(PROTOCOL=TCP)(HOST=db01svr)(PORT=1521))  ❸
    (CONNECT_DATA=
      (SERVICE_NAME=orcl)  ❹
    )
  )
```

❶で「orcl」というネットサービス名を設定しています。❷のDESCRIPTIONパラメータでは、ネットサービス名「orcl」に対応する接続記述子を指定しています。❸では、ADDRESSパラメータで接続先リスナーのリスニングポイントを指定しています。使用するプロトコルは「TCP」、接続先ホスト名は「db01svr」、接続先ポート番号は「1521」を指定しています。❹では、SERVICE_NAMEパラメータで、接続先のインスタンス情報を定義しています。SERVICE_NAMEパラメータには、通常インスタンスの初期化パラメータSERVICE_NAMESの値を設定します。

sqlnet.ora

sqlnet.oraは、リモート接続を行う際の各種設定を追加するオプションの設定ファイルです。UNIX/Linux版Oracleでの通常の構成では、基本的にデフォルト設定をそのまま利用すれば良いため、sqlnet.oraを設定する必要はありません。Windows版Oracleでは、OS認証※を用いる場合は、「SQLNET.AUTHENTICATION_SERVICES=NTS」の設定が必要です。この設定は、デフォルトで設定済みです。設定できる主なパラメータを下記にまとめます。

※ OS認証については、**CHAPTER 07「その他の構成要素」**のコラムで説明します。

表20 05 sqlnet.oraの各種パラメータ

パラメータ	説明
NAMES.DEFAULT_DOMAIN	このパラメータにはドメイン名を指定する。このパラメータを設定した場合、ネットサービス名にドメイン名がない場合、ここで指定したドメイン名がネットサービス名に自動的に追加される
NAMES.DIRECTORY_PATH	クライアントの名前解決に使用するネーミングメソッドの順序を指定する。デフォルトは、「tnsnames, onames, hostname」で、ローカルネーミングメソッド「tnsnames」が最優先となる
SQLNET.AUTHENTICATION_SERVICES	1つ以上の認証サービスを使用可能にする

本章のまとめ

●Oracle Net Services

・Oracle Net Servicesは、Oracleをネットワーク環境で使用するために必要な製品群をまとめた総称

●インスタンスへの接続方法

・インスタンスへの接続方法には、ローカル接続とリモート接続の2種類がある

・クライアントマシンのクライアントアプリケーションからインスタンスに接続する場合はリモート接続を使用する

●Oracleのクライアント/サーバーアーキテクチャ

・Oracleのクライアント/サーバーアーキテクチャにより、さまざまなOSのマシンからネットワークを介したインスタンスへの接続が可能

●プログラミングインタフェース

・クライアントアプリケーションの開発にはプラットフォームや言語に応じたプログラミングインタフェースを使用する必要がある

●Oracle Net Servicesの構成

・Oracle Net Servicesを利用するには、設定ファイル(listener.ora、tnsnames.ora、sqlnet.ora)を適切に設定する必要がある

●リスナーとlistener.ora

・リスナーは、クライアントアプリケーションからのリモート接続を受け付ける

・litener.oraには、リスナーのリスニング用プロトコルアドレスとリスナーが接続を中継するインスタンスの情報(省略可)を記述する

●ネットサービス名とtnsnames.ora

・ローカルネーミングメソッドを用いる場合、接続情報(接続記述子)はtnsnames.oraに記載する

・tnsnames.oraに記述された接続情報は、ネットサービス名で識別することができる

●sqlnet.ora

・sqlnet.oraは、リモート接続を行う際の各種設定を追加するオプションの設定ファイル。通常の構成では、デフォルトの設定から変更する必要はない

CHAPTER 21

動的サービス登録／共有サーバー構成／データベースリンク

本章では、リスナーへのインスタンス情報の登録方法、サーバープロセスの構成方法である動的サービス登録および共有サーバー構成と、複数のデータベースを統合できるデータベースリンクについて説明します。

リスナーの動的サービス登録

リスナーは接続を中継するインスタンスの情報を保持しています。リスナーにインスタンスの情報を登録する方法には「静的サービス登録」と「動的サービス登録」の2つがあります。

静的サービス登録

静的サービス登録とは、あらかじめlistener.oraに接続を中継するインスタンスの情報を記述しておくインスタンスの登録方法です。

図21-01 静的サービス登録

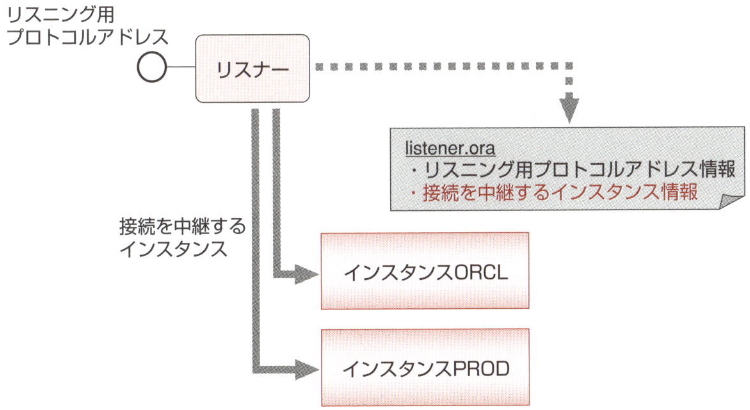

インスタンスの情報は、listener.ora内の「SID_LIST_<リスナー名>」というパラメータで指定します。以下の例は静的サービス登録を利用した場合のlistener.oraです。❶でインスタンスの情報を指定しています※。

※ 各項目の設定内容については後述します。

実行例 21-01 静的サービス登録時のlistener.ora

```
LISTENER=
  (DESCRIPTION=
      (ADDRESS=(PROTOCOL=tcp)(HOST=db01svr)(PORT=1521))
  )
SID_LIST_LISTENER=
  (SID_LIST=
    (SID_DESC=
      (GLOBAL_DBNAME=orcl)
      (ORACLE_HOME=c:¥oracle¥product¥11.1.0¥db_1)
      (SID_NAME=orcl)
    )
  )
```

❶（SID_LIST= から閉じ括弧まで）

動的サービス登録

動的サービス登録とは、リスナーが接続を中継するインスタンスの情報を動的にメンテナンスする登録方法です。動的サービス登録を利用することで、listener.oraの記述を大幅に減らすことができます。また、インスタンスの起動状態をリスナーに認識させることもできます。

図21-02 動的サービス登録

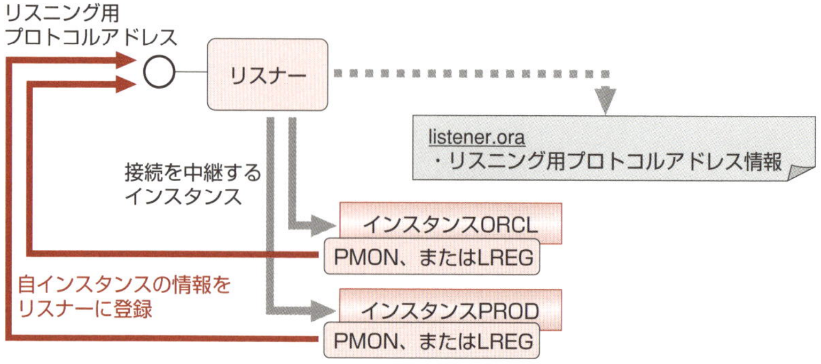

動的サービス登録を利用すると、listener.oraにインスタンスの情報を記述する必要がなくなるので、動的サービス登録時のlistener.oraは以下のようにシンプルになります。なお、以下の例ではリスナー名がLISTENER2となっています。

実行例 21-02 動的サービス登録時のlistener.ora

```
LISTENER2=
  (DESCRIPTION=
      (ADDRESS=(PROTOCOL=tcp)(HOST=db01svr)(PORT=1522))
  )
```

動的サービス登録とPMON、LREG

リスナーへの動的サービス登録は、**PMON**（Oracle 11g以前）、または**LREG**（Oracle 12c以降）が実行します。

- SERVICE_NAMESパラメータ※
- INSTANCE_NAMEパラメータ※※

※ デフォルトはグローバルデータベース名。DB_DOMAIN指定時は<DB_NAME>.<DB_DOMAIN>となり、DB_DOMAIN未指定時は<DB_NAME>となります。
※※ デフォルトはORACLE_SID

動的サービス登録でSERVICE_NAMESパラメータをリスナーに登録することは、静的サービス登録でlistener.oraのGLOBAL_DBNAMEパラメータを指定することと同じです。同様に、INSTANCE_NAMEパラメータをリスナーに登録することは、listener.oraのSID_NAMEパラメータに記述することと同じです。

表21-01 動的サービス登録と静的サービス登録のパラメータの対応関係

静的サービス登録	動的サービス登録
listener.oraのGLOBAL_DBNAME	インスタンスのSERVICE_NAMESパラメータ
listener.oraのSID_NAME	インスタンスのINSTANCE_NAMEパラメータ

動的サービス登録を行うリスナーの指定

PMONまたはLREGは、デフォルトのプロトコルアドレスをリスニングしているリスナーに動的サービス登録を行います。デフォルトのプロトコルアドレスは、ネットワークプロトコルがTCP/IPで、ポート番号が1521です。

デフォルト以外のプロトコルアドレスをリスニングしているリスナーに動的サービス登録を行うには、**初期化パラメータLOCAL_LISTENER**に登録対象のリスナーのリスニングアドレスを設定します。

書式 LOCAL_LISTENERの設定

```
LOCAL_LISTENER=(ADDRESS=(PROTOCOL=<プロトコル種別>)
                        (HOST=<ホスト名>)
                        (PORT=<ポート番号>))
```

●動的サービス登録のタイミングと手動での動的サービス登録

動的サービス登録は、インスタンス起動時にPMON、またはLREGが行いますが、登録先のリスナーが起動していない場合は、インスタンス情報を登録できないため、PMONまたはLREGは定期的にリスナーへのサービス登録を試みます。

このため、インスタンスの起動後にリスナーを起動すると、インスタンスが起動しているにもかかわらず、インスタンス情報がリスナーに登録されておらず、一時的にクライアントマシンからインスタンスの接続に失敗する場合があります。

このような場合、手動で動的サービス登録を行って、リスナーにインスタンス情報を登録します。

書式 手動での動的サービス登録の実行

```
ALTER SYSTEM REGISTER;
```

静的サービス登録の確認

リスナー制御ユーティリティLSNRCTLの**SERVICESコマンド**で、リスナーに登録されているインスタンス情報を確認することができます。

静的サービス登録の場合はSERVICESコマンドで返されるインスタンスの

状態は「UNKNOWN」となります。これは、リスナーではインスタンスの起動状態がわからないからです。このため、状態が「UNKNOWN」の場合、インスタンスが起動していない可能性もあり、このときはインスタンスに対してリモート接続を行うことはできません。

実行例 21-03 静的サービス登録時のリスナー状態

```
LSNRCTL> services listener
(DESCRIPTION=(ADDRESS=(PROTOCOL=TCP)(HOST=M78)(PORT=1521)))に接続中
サービスのサマリー...
サービス"orcl"には、1件のインスタンスがあります。
  インスタンス" orcl"、状態UNKNOWNには、このサービスに対する1件のハンドラがあります...
    ハンドラ:
      "DEDICATED" 確立:0 拒否:0
         LOCAL SERVER
コマンドは正常に終了しました。
```

動的サービス登録の確認

動的サービス登録の場合、リスナー制御ユーティリティLSNRCTLのSERVICESコマンドで返されるインスタンスの状態は「READY」となります。これは、動的サービス登録はインスタンスが起動したときに登録が実行されるので、リスナーはインスタンスが起動していることを知っているためです。

実行例 21-04 動的サービス登録時のリスナー状態

```
LSNRCTL> services listener2
(DESCRIPTION=(ADDRESS=(PROTOCOL=TCP)(HOST=db01svr)(PORT=1522)))に接続中
サービスのサマリー...
サービス" orcl"には、1件のインスタンスがあります。
  インスタンス" orcl"、状態READYには、このサービスに対する1件のハンドラがあります...
    ハンドラ:
      "DEDICATED" 確立:0 拒否:0 状態:ready
         LOCAL SERVER
コマンドは正常に終了しました。
```

なお、リスナーがどのデータベースサービスも認識していない場合は、SERVICESコマンドに対して「リスナーはサービスをサポートしていません」と表示されます。

実行例 21-05 リスナーが何も認識していない状態

```
LSNRCTL> services listener2
(DESCRIPTION=(ADDRESS=(PROTOCOL=TCP)(HOST=db01svr)(PORT=1522)))に接続中
リスナーはサービスをサポートしていません。
コマンドは正常に終了しました。
```

専用サーバー構成と共有サーバー構成

Oracleはデフォルトでは専用サーバー構成で構成されますが、リモート接続の場合、共有サーバー構成で構成することができます。

専用サーバー構成

専用サーバー構成とは、クライアントアプリケーションに対して専用のサーバープロセスを起動し、1対1で通信を行う構成です。サーバープロセスは、1つのクライアントアプリケーションからの要求しか実行しないため、クライアントアプリケーションから要求が発行されない時間帯はアイドル状態となります。そのため、大量のトランザクションを長時間にわたり実行するようなバッチ処理に向いています。専用サーバー構成を利用した接続を「**専用サーバー接続**」と呼びます。

図21-03 専用サーバー構成

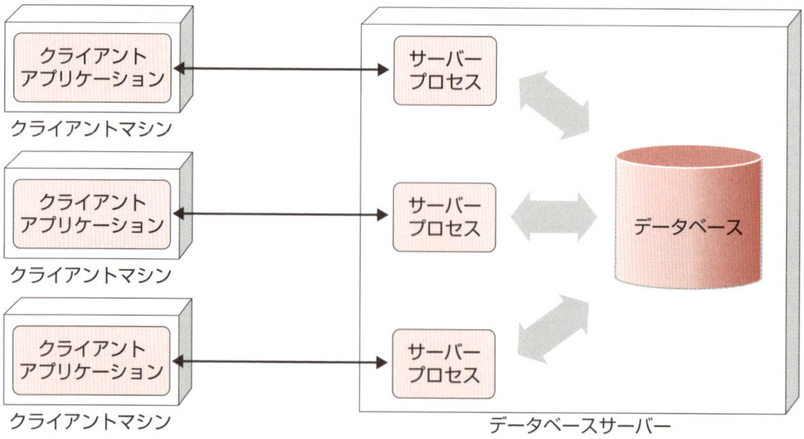

共有サーバー構成

共有サーバー構成とは、1つのセッションから発行されたリクエストを複数のプロセスが処理を実行するサーバー構成です。共有サーバー構成では、セッション数が多い場合でも、起動するプロセスの数を少なくすることができます。専用サーバー構成とは異なり、1つのクライアントアプリケーションからの要求は、異なる共有サーバープロセスにより処理される場合があります。

共有サーバー構成では、クライアントアプリケーションは「**ディスパッチャープロセス**」と呼ばれるプロセスと通信します。ディスパッチャープロセスは、クライアントアプリケーションから受け付けた要求を共有サーバープロセスに振り分ける（dispatchする）プロセスで、複数のクライアントアプリケーションからの要求を受け付けることができます。共有サーバー構成を利用した接続を「**共有サーバー接続**」と呼びます。

図21-04 共有サーバー構成

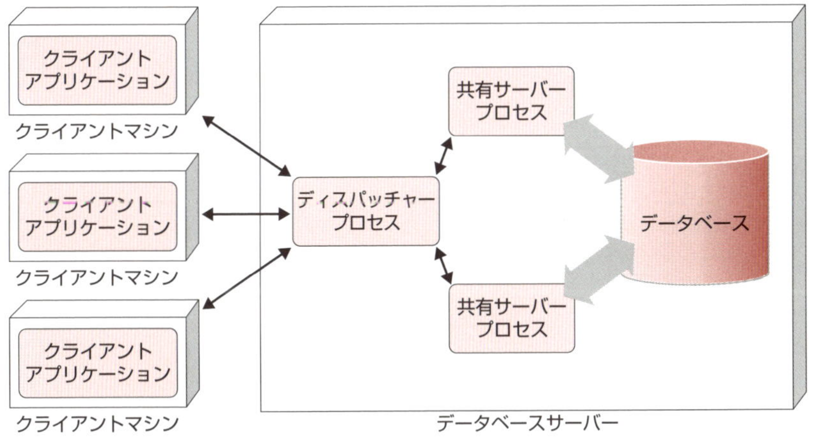

共有サーバー構成では、複数のクライアントアプリケーションからの要求を、少ない数の共有サーバープロセスで処理できるため、専用サーバー構成よりもサーバープロセス数を減らすことができ、結果として、メモリ使用量を減らすことができます。

共有サーバー構成は、多くのクライアントアプリケーションから接続があり、1つのセッション内で処理時間が短いトランザクションが数多く発行されるようなシステムに向いています。ただし、ローカル接続では、共有サーバー接続を行うことはできません。データベースサーバーで動作するクライアントアプリケーションから共有サーバー接続を行う場合は、同一マシン内でリモート接続を用いてOracleに接続する必要があります。

共有サーバー構成時に、クライアントから要求があった場合の動作を下図にまとめます。

図21-05 共有サーバー構成時にクライアントから要求があった場合の動作

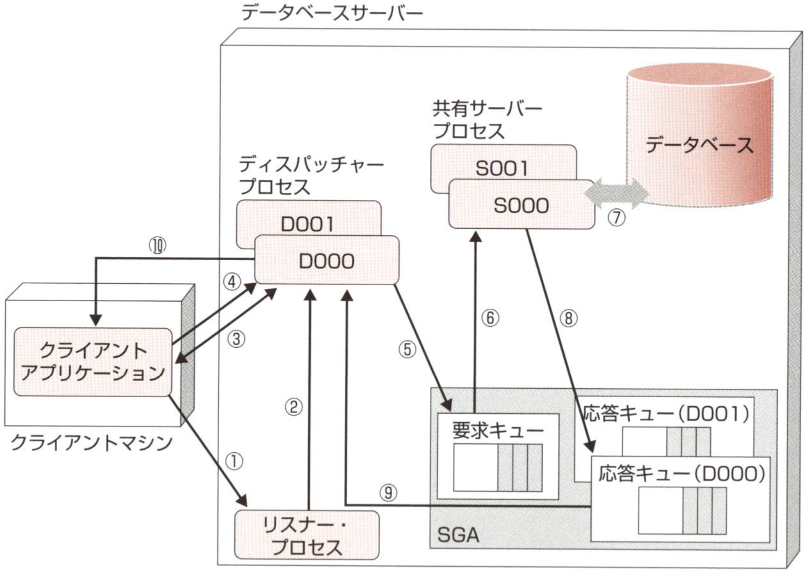

① クライアントアプリケーションがリスナープロセスに接続要求する
② リスナープロセスはディスパッチャープロセスに要求を転送する
③ クライアントアプリケーションとディスパッチャープロセスとで接続が確立する
④ クライアントアプリケーションがディスパッチャープロセスに要求を出す
⑤ ディスパッチャープロセスは受け取った要求をSGA内の要求キューに格納する
⑥ 共有サーバープロセスは要求をキューから要求を取り出す
⑦ 共有サーバープロセスが要求を処理する
⑧ 共有サーバープロセスは呼び出し先のディスパッチャープロセスに対応した応答キューに応答を格納する
⑨ ディスパッチャープロセスに応答が渡される
⑩ ディスパッチャープロセスはクライアントアプリケーションに応答を送信する

共有サーバー構成に関連する初期化パラメータ

共有サーバー構成に関連する主な初期化パラメータは以下の4つです。

表21-02 共有サーバー構成に関連する主な初期化パラメータ

パラメータ	説明
DISPATCHERS	ディスパッチャープロセスの構成。ディスパッチャープロセスのネットワーク設定および起動プロセス数
SHARED_SERVERS	共有サーバープロセスの初期起動数
MAX_SHARED_SERVERS	共有サーバープロセスの最大数。ただし、SHARED_SERVERSの設定値がMAX_SHARED_SERVERSよりも大きい場合、SHARED_SERVERSの設定値が優先される
SHARED_SERVER_SESSIONS	共有サーバー構成のセッション数の最大数

Oracle Netの通信にTCP/IPを使用する場合は、SHARED_SERVERSパラメータに1以上の値を設定するだけで共有サーバー構成になります。共有サーバープロセスは、インスタンスの起動時にSHARED_SERVERSパラメータに指定した数だけ起動し、MAX_SHARED_SERVERSパラメータを超えない範囲で負荷に応じて、プロセス数が自動調整されます。なお、ディスパッチャープロセスのプロセス数は自動調整されません。

サーバー構成とPGA

専用サーバー構成と共有サーバー構成では、PGAの主な構成要素である「セッションメモリ」と「プライベートSQL領域」が確保される領域が異なります。専用サーバー構成の場合、CHAPTER 06「Oracleのメモリ管理」で説明した通り、これらの領域はPGA内に確保されます。

一方、共有サーバー構成の場合は、これらの領域はSGA内に確保されます。ラージプールが存在する場合はラージプールに確保され、ラージプールが存在しない場合は共有プールに確保されます。

データベースリンクとOracle Net Services

データベースリンクとは、複数のデータベースが存在する分散データベース環境で用いられるデータ統合のための仕組みです。データベースリンクを利用すると、複数のデータベースに分散して存在するデータを、1つのデータベース上に存在するかのように扱うことができます。データベースリンクを利用するには、データベース間のリモート接続用のOracle Net Servicesの構成が完了している必要があります。

データベースリンクを使用しない接続

データベースリンクそのものの説明に入る前に、データベースリンクを使用せず、複数のデータベースに存在するデータにアクセスする場合について説明します。

複数のデータベースに分散して存在するデータにアクセスする場合、クライアントアプリケーションはそれぞれのデータベースに対してセッションを確立する必要があります。また、それぞれのデータベースに含まれるデータを組み合わせるSQLを実行することはできません。下図の例でいえば、TBL_AテーブルとTBL_Bテーブルを結合することや、TBL_Aテーブルへの問合せに、TBL_Bテーブルの結果を使うことはできません。

図21-06 データベースリンクを使用しない複数データベースへのアクセス

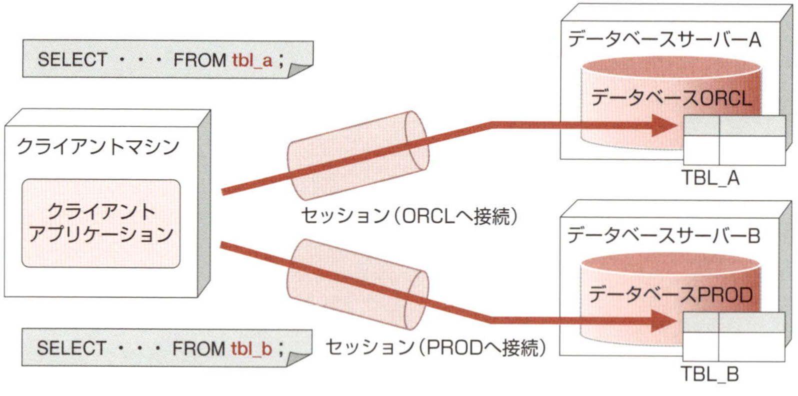

データベースリンクを使用した接続

データベースリンクを用いることで、これらの制限を取り除くことができます。クライアントアプリケーションは、データベースORCLに接続すれば、データベースPRODのデータにアクセスすることができます。また、データベースORCLのデータとデータベースPRODのデータを組み合わせたSQLを実行することもできます（図21-07の①）。

図21-07 データベースリンクを使用した複数データベースへのアクセス

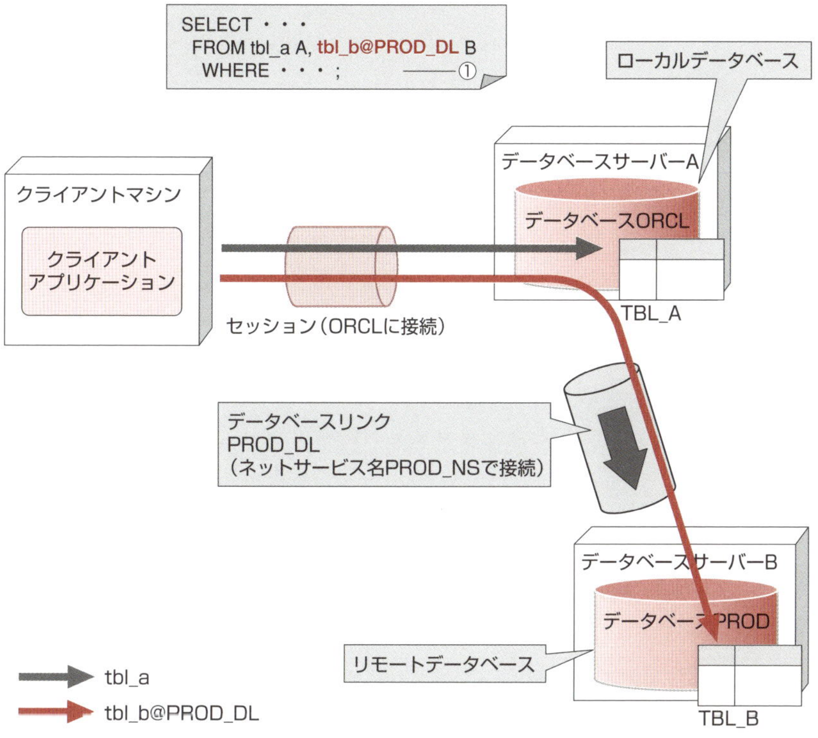

上図では、データベースORCLからデータベースPRODに対してデータベースリンクPROD_DLが設定されています。データベースリンクの向きは一方向です。データベースリンクの接続元のデータベースを「**ローカルデータベース**」、接続先データベースを「**リモートデータベース**」と呼びます。ローカルデータベース側でデータベースリンクを定義するので、リモートデータベース側にはデータベースリンクの定義は不要です。

ローカルデータベースからリモートデータベースへの通信は、Oracle Netによって実施されます。したがって、ローカルデータベースからリモートデータベースに対してリモート接続できるようOracle Net Servicesの構成が必要です。クライアントマシンからリモートデータベースに対するリモート接続でないことに注意してください。

ローカルデータベースに接続したクライアントアプリケーションがリモートデータベースのオブジェクトにアクセスするには、オブジェクト名に「<オブジェクト名>@<データベースリンク名>」を指定します。この例では、「tbl_b@PROD_DL」を指定して、データベースPRODのTBL_Bテーブルにアクセスしています。

データベースリンクの確認

データベースリンクを作成し、データベースリンクを用いた問合せおよびデータベースに存在するデータベースリンクの確認方法について説明します。

データベースリンクの作成

データベースリンクを作成する基本的な構文は以下の通りです。

書式 基本的なCREATE DATABASE LINK文

```
CREATE [PUBLIC] DATABASE LINK <データベースリンク名>
[CONNECT TO <ユーザー名> IDENTIFIED BY <パスワード>]
USING <ネットサービス名>;
```

PUBLICを明示的に指定した場合は「**パブリックデータベースリンク**」になります。パブリックデータベースリンクとは、すべてのユーザーが使用できるデータベースリンクです。特に指定しない場合は、そのリンクを作成したユーザーだけが使用できる「**プライベートデータベースリンク**」になります。

CONNECT TO句を指定した場合、ここで指定したユーザー名、パスワードでリモートデータベースに接続します。CONNECT TO句を指定しなかった場合、ローカルデータベースに接続中のユーザー名、パスワードでリモートデータベースに接続します。

USING句にはリモートデータベースに対応したネットサービス名を指定します。ここで指定したネットサービス名を用いて、ローカルデータベースがあるマシンからリモートデータベースに対してリモート接続が可能である必要があります。図21-07の例でいえば、データベースサーバーAからデータベースPRODに対して、ネットサービス名PROD_NSでリモート接続できる必要があります。

データベースリンクを使用したSQLの実行

リモートデータベースのオブジェクトにアクセスするSQLでは、オブジェクト名の後ろに「@<データベースリンク名>」を指定します。例えば、データベースリンク名「DB02」を使用した場合のSQLは以下の通りです。

実行例 21-06 データベースリンクDB02を使ったSQLの実行

```
SQL> SELECT * FROM EMP@DB02;

  EMPNO ENAME      JOB         MGR HIREDATE   SAL   COMM   DEPTNO
------- ---------- --------- ----- -------- ----- ------ --------
   7369 SMITH      CLERK      7902 80-12-17   800              20
   7499 ALLEN      SALESMAN   7698 81-02-20  1600    300       30
   7521 WARD       SALESMAN   7698 81-02-22  1250    500       30
   7566 JONES      MANAGER    7839 81-04-02  2975              20
   7654 MARTIN     SALESMAN   7698 81-09-28  1250   1400       30
   7698 BLAKE      MANAGER    7839 81-05-01  2850              30
   7782 CLARK      MANAGER    7839 81-06-09  2450              10
   7788 SCOTT      ANALYST    7566 87-04-19  3000              20
   7839 KING       PRESIDENT       81-11-17  5000              10
   7844 TURNER     SALESMAN   7698 81-09-08  1500      0       30
   7876 ADAMS      CLERK      7788 87-05-23  1100              20
   7900 JAMES      CLERK      7698 81-12-03   950              30
   7902 FORD       ANALYST    7566 81-12-03  3000              20
   7934 MILLER     CLERK      7782 82-01-23  1300              10

14行が選択されました。

SQL> UPDATE EMP@DB02 SET SAL = 1500 WHERE EMPNO = 7934;

1行が更新されました。
```

複数のデータベースに対して別々にセッションを確立した場合と異なり、データベースリンクを構成した場合、複数のデータベースのオブジェクトを処理対象とするSQLを実行することができます。例えば、ローカルデータベースのテーブルとリモートデータベースのテーブルを結合するSQLを実行することもできます。

実行例 21-07 2つのデータベースに対する問合せ

```
SQL> SELECT e.empno, e.ename, d.dname FROM EMP@DB02 e , dept d
  2  WHERE e.deptno = d.deptno;

     EMPNO ENAME      DNAME
---------- ---------- --------------
      7934 MILLER     ACCOUNTING
      7782 CLARK      ACCOUNTING
      7839 KING       ACCOUNTING
      7566 JONES      RESEARCH
      9999 TEST       RESEARCH
      7369 SMITH      RESEARCH
      7902 FORD       RESEARCH
      7876 ADAMS      RESEARCH
      7788 SCOTT      RESEARCH
      7499 ALLEN      SALES
      7844 TURNER     SALES
      7900 JAMES      SALES
      7521 WARD       SALES
      7698 BLAKE      SALES
      7654 MARTIN     SALES

15行が選択されました。
```

データベースリンクの確認

データベース内に存在するすべてのデータベースリンクはDBA_DB_LINKSビューで、接続ユーザーが所有するデータベースリンクはUSER_DB_LINKSビューで確認できます。

書式 すべてのデータベースリンクの確認

```
SELECT owner, db_link, username, host, created
FROM DBA_DB_LINKS;
```

書式 接続ユーザーが所有するデータベースリンクの確認

```
SELECT db_link, username, host, created
FROM USER_DB_LINKS;
```

表21-03 DBA_DB_LINKSおよびUSER_DB_LINKSビューの列値

列名	内容
owner	データベースリンクを所有するユーザー。パブリックデータベースリンクの場合は"PUBLIC"
db_link	データベースリンク名
username	リモートデータベースへ接続する際のユーザー名
host	リモートデータベースへ接続する際のネットサービス名
created	データベースリンクを作成した日時

実行例 21-08 データベースの作成と確認

```
SQL> CREATE DATABASE LINK prod_dl USING 'PROD_NS';

データベース・リンクが作成されました。

SQL> ALTER SESSION SET nls_date_format = 'yyyy-mm-dd HH24:MI:SS';

セッションが変更されました。

SQL> SELECT owner, db_link, username, host, created
  2  FROM DBA_DB_LINKS;

OWNER   DB_LINK   USERNAME   HOST       CREATED
------- --------- ---------- ---------- --------------------
SCOTT   PROD_DL              PROD_NS    2015-03-14 20:07:10

SQL> DROP DATABASE LINK prod_dl;

データベース・リンクが削除されました。

SQL> CREATE PUBLIC DATABASE LINK prod_dl
  2  CONNECT TO scott IDENTIFIED BY tiger
  3  USING 'PROD_NS';

データベース・リンクが作成されました。

SQL> SELECT owner, db_link, username, host, created
  2  FROM DBA_DB_LINKS;

OWNER    DB_LINK   USERNAME   HOST       CREATED
-------- --------- ---------- ---------- --------------------
PUBLIC   PROD_DL   SCOTT       PROD_NS    2015-03-14 20:07:20
```

本章のまとめ

●リスナーの動的サービス登録

・インスタンス情報の登録方法は、静的サービス登録と動的サービス登録の2つがある
・静的サービス登録ではインスタンスの情報をlistener.oraに記述する
・動的サービス登録ではPMONが自インスタンスの情報をリスナーに登録する
・サービス登録の状態はSERVICESコマンドで確認できる

●専用サーバー構成と共有サーバー構成

・クライアントアプリケーションからの接続形態には、専用サーバー構成を用いた専用サーバー接続と、共有サーバー構成を用いた共有サーバー接続がある
・専用サーバー構成では、クライアントアプリケーションと1対1の関係でサーバープロセスが起動する
・共有サーバー構成では、クライアントアプリケーションからの要求は共有サーバープロセスが処理する
・共有サーバー構成では、セッションが多い場合にプロセス数を削減できるため、メモリ使用量を削減することができる

●データベースリンクとOracle Net Services

・データベースリンクを使用することで、複数のデータベースに分散して存在するデータを、1つのデータベース上に存在するかのように扱うことができる
・リモートデータベースのオブジェクトにアクセスするには、オブジェクト名に「<オブジェクト名>@<データベースリンク名>」を指定する

●データベースリンクの利用

・オブジェクト名に「<オブジェクト名>@<データベースリンク名>」を指定すると、データベースリンクを使用した問い合わせができる
・データベース内に存在するすべてのデータベースリンクはDBA_DB_LINKSビューで、接続ユーザーが所有するデータベースリンクはUSER_DB_LINKSビューで確認できる

INDEX

【V・W・X・Y・Z】

【た行】

【な行】

【は行】

著者紹介

株式会社コーソル http://www.cosol.jp

“CO-Solutions＝共に解決する”の理念のもと、2004年4月よりデータベース技術を軸とした事業を展開。近年は、ミドルウェア製品および仮想化製品にも対応の幅を広げている。

データベース＝「Oracle」技術のサービスプロバイダーNo.1となるため、技術力の強化に力を入れており、育成プログラム、資格取得支援、人事制度の強化、経験者および未経験者の積極的な採用に努めている。

2012年度より3年連続でOracle Certification Award（旧 ORACLE MASTER Platinum Award）を受賞した。

渡部 亮太（わたべ りょうた） 株式会社コーソル 技術統括

2007年の入社以来、Oracle Databaseのサポートを中心にキャリアを積む。

業務と並行して、オラクルユーザー同士の交流と情報交換のため、有志とともにJapan Oracle User Group（JPOUG）を設立し、セミナー主催などの活動を行っている。福岡在住。一児の父。

著　　書：「プロとしてのOracle運用管理入門」（SBクリエイティブ刊）

所有資格：ORACLE MASTER 10g Platinum、11g Platinum、12c Platinum
LPIC 301、CCNA、OSS-DB Gold（PostgreSQL 9）
OCP MySQL 5 Database Administratorなど多数

■本書サポートページ

http://isbn.sbcr.jp/84086/

本書をお読みになったご感想、ご意見を上記URLからお寄せください。

■注意事項

○本書内の内容の実行については、すべて自己責任のもとで行ってください。内容の実行により発生したいかなる直接、間接的被害について、筆者およびSBクリエイティブ株式会社、製品メーカー、購入した書店、ショップはその責を負いません。
また、本書の内容に関する個別の質問、問い合わせに対し、筆者およびSBクリエイティブ株式会社はその回答の責を追わないものとさせていただきます。

○本書の内容に関するお問い合わせに関して、編集部への電話によるお問い合わせはご遠慮ください。

○お問い合わせに関しては、封書のみでお受けいたします。なお、質問の回答に関しては原則として著者に転送いたしますので、多少のお時間を頂戴、もしくは返答できない場合もありますのであらかじめご了解ください。また、本書を逸脱したご質問に関しては、お答えいたしかねますのでご了承ください。

プロとしてのOracle(おらくる)アーキテクチャ入門(にゅうもん)[第2版]
～図解と実例解説で学ぶ、データベースの仕組み～

2008年8月21日 初版 第1刷発行
2012年3月20日 初版 第5刷発行
2015年5月10日 改訂版 第1刷発行
2017年2月27日 改訂版 第2刷発行

著者……………………………株式会社コーソル　渡部亮太(わたべりょうた)
発行者……………………………小川 淳
発行所……………………………SBクリエイティブ株式会社
〒106-0032 東京都港区六本木2-4-5
TEL 03-5549-1201（営業部）
http://www.sbcr.jp/
印刷・製本………………………株式会社シナノ

装丁……………………………川原田 智（polternhaus）
組版……………………………クニメディア株式会社

落丁本、乱丁本は小社営業部にてお取替えいたします。
定価はカバーに記載されております。

Printed in Japan ISBN 978-4-7973-8408-6